多给自己鼓掌，相信自己最好。

不要活得太累

春有百花秋有月，夏有凉风冬有雪。若无闲事挂心头，便是人间好时节。

Do not live too tired

王贤宇 编著

当代世界出版社

图书在版编目（CIP）数据

不要活得太累 / 王贤宇编著 . —北京：当代世界出版社，2010.6

ISBN 978-7-5090-0660-3

Ⅰ.①不… Ⅱ.①王… Ⅲ.①人生哲学－通俗读物 Ⅳ.①B821-49

中国版本图书馆 CIP 数据核字（2010）第 118017 号

书　　名：	不要活得太累
出版发行：	当代世界出版社
地　　址：	北京市复兴路 4 号（100860）
网　　址：	http：//www.worldpress.com.cn
编务电话：	（010）83908404
发行电话：	（010）83908410（传真）
	（010）83908408
	（010）83908409
	（010）83908423（邮购）
经　　销：	新华书店
印　　刷：	三河市汇鑫印务有限公司
开　　本：	710 毫米×1000 毫米　1/16
印　　张：	17
字　　数：	300 千字
版　　次：	2010 年 9 月第 1 版
印　　次：	2010 年 9 月第 1 次
印　　数：	6000 册
书　　号：	ISBN 978-7-5090-0660-3
定　　价：	36.00 元

如发现印装质量问题，请与承印厂联系调换。
版权所有，翻印必究，未经许可，不得转载！

前言
FOREWORD

　　心态对人生具有重要意义。简而言之，人活得就是一种心态。心态调整好了，蹬着三轮车也可以哼小调；心态调整不好，开着宝马车一样发牢骚。人与人之间的区别在于心态，"要么你去驾驭生命，要么生命驾驭你。你的心态决定谁是坐骑，谁是骑师。"在面对心理低谷之时，有的人向现实妥协，放弃了自己的理想和追求；有的人没有低头认输，他们不停地审视自己的人生，分析自己的错误，勇于面对，从而走出困境，继续追求自己的理想。

　　生活犹如万花筒，喜怒哀乐，酸甜苦辣，相依相随。对这些无须过于在意，应看淡一切，看淡曾经的伤痛，好好珍惜自己、善待自己。珍惜上帝赐予的点点滴滴；善待自己，让自己的心中永远有一片阳光照耀的晴空；善待自己，把眼前的痛苦看淡，或许痛苦之后就是幸福……

　　生活中处处充满取与舍的选择。生活往往给予每一个人的都是公平的，当它给予你天才般的智慧时，可能会令你失去健康的体魄；当它给予你安逸的享受时，可能会令你失去艰苦奋斗的决心和毅力。而每一个人在生活当中，又总是有所得便有所失，得与失往往也是对等的。

　　人生匆匆，岁月无情。蓦然回首，才发现人活着是展现形形色色的心情。穷也好，富也好，得也好，失也好，一切都是过眼云烟。人生就像一张有去无回的单程车票，没有彩排，每一场都是现场直播。把握好每次演出，便是对人生最好的珍惜。把握现在，畅享人生！

　　生活里少不了挫折与不顺，对于受挫于起点，失意于前段的黯然情结，命运会赐予它一件最妙的补偿，那就是从哪里跌倒，就从哪里爬起来，使他带着现实的态度，以现实的稳健步伐走下去，去履行自己的人生，去实现自身的价值。**不论在哪里，遭受失败，都有机会从容整理行装，然后再欣然启程，这就是幸福的根蒂，也是你我永生的财富。**

　　懂得为自己喝彩，不是那种傲视一切的孤芳自赏，也不是为我独尊的狂妄不羁，它是一种醒悟或一种境地。人生自古多磨难，或许生命之于我们便注定了要历经艰难，然而艰难困苦之中更需要有欣赏自己的胸臆。为自己喝彩，恰恰是对生命的一种解释，一种表达。

在生活中被人误解的时候能微微的一笑，这是一种素养；受委屈的时候能坦然的一笑，这是一种大度；吃亏的时候能开心的一笑，这是一种豁达；处窘境的时候能自嘲的一笑，这是一种智慧；无奈的时候能达观的一笑，这是一种境界；危难的时候能泰然一笑，这是一种大气；被轻蔑的时候能平静的一笑，这是一种自信；失恋的时候能轻轻的一笑，这是一种洒脱。不管有什么事情，为了什么原因……我们每天都要开心一笑……

幸福是个美丽的玻璃球，跌碎散落在世间的每个角落。有的人捡到多些，有的人捡到少些。却没有人能拥有全部。爱你所爱，选你所选，珍惜现在所拥有的一切。在某种意义上说，心情是人生的体温计，也是命运的操控器。人活着就要有良好的心情，把握今天，设计明天，储存永远。只要用心感受，幸福就会永远存在。

生活的真谛就是要知道什么时候收，什么时候放，因为生活即是矛盾：一方面它鞭策我们不懈追求，另一方面又强迫我们在生命终结时放弃一切。睿智者说："一个人来到这个世界时，他紧握双拳；离去时，却松开了双手。"我们应明白生活的本质是快乐与幸福，热爱生活，让生活充满了奇迹和美丽。不要在我们回首往事的时候才领悟这条生活的真谛……

学会笑对人生，要真正快乐。每个人都想快乐，都想得到幸福，但期望往往太高而适得其反。**人，快乐不是他拥有很多，而是他计较的少，多是一种负担，是一种失去；少不是不足，而是另一种有余**。为何追求那虚渺的梦而忘记了沿途的风景？想拥有快乐，就要学着做减法，卸下过重的负担，去掉沉重的行李，赤脚在无际的天空畅快地奔跑。

人生如同故事，重要的并不在于有多长，而在于有多精彩。所以，**人活着就应该好好对待有限的生命和生活，学会美化它，欣赏它，让有限的生活最大限度地充满阳光和欢乐**。

编写此书时，我们运用了古今中外先哲们的名言，采撷了世界各国生动有趣的故事，力求使读者爱读，读之有益。由于水平所限，不足之处难免，敬请读者朋友指正。

目录

前　言 / 1

第一卷　命运取决于心态
——好心态是命运的领航员

1. 如果生活是一场投资，那么快乐便是最大的盈利 / 2
2. 用一颗平常心去面对世界 / 5
3. 热情是迈向成功的加速器 / 8
4. 淡然处世，乐从中来 / 11
5. 乐观让生活色彩斑斓 / 14
6. 谦虚让生命更加辉煌 / 18
7. 好心态演绎出命运的喜剧 / 21

第二卷　给自己松绑
——学会减压，善待自己

1. 学会善待自己 / 26
2. 让愤怒远离自己 / 28
3. 放松身心，给自己松松绑 / 30
4. 在浮躁与焦虑中回归平静 / 34
5. 宽恕敌人，就是胜者 / 35

6. 摆脱疲劳，别让自己活得太累 / 38

7. 善待别人也是善待自己 / 42

第三卷　体恤心灵
　　　　——看开生活，懂得取舍

1. 懂得放弃才能拥有 / 46
2. 生活的美好在于寻找 / 49
3. 小让步，大智慧 / 51
4. 用坦然抚平失意的伤痕 / 55
5. 换个角度就能换个心情 / 58
6. 人生没有走不过去的路 / 60

第四卷　给生活减负
　　　　——让自己少一些包袱

1. 活的自在，别太在意别人的眼光 / 66
2. 拒绝是为了活得真实 / 67
3. 人不能为财死 / 71
4. 难得糊涂，悠然度日 / 74
5. 知足方能常乐 / 78
6. 虚名是一种负担 / 81

第五卷　学会坚持
　　　　——再苦再难也不要轻言放弃

1. 坚忍是人生征程中一把劈荆斩棘的利剑 / 86
2. 永不言弃 / 88

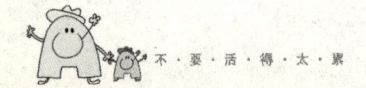

3. 希望在于不绝望 / 92

4. 坚持信念就能迈向成功 / 95

5. 经受生活的考验，展现生命的美丽 / 98

6. 用勇气收获喜悦 / 100

第六卷　为自己喝彩
　　——多给自己鼓掌，相信自己是最好的

1. 自信让你赢于人前 / 104

2. 自卑会让你倒在人生的起跑线上 / 107

3. 不要活在别人的眼光里 / 110

4. 给自己鼓掌，相信自己一定能行 / 113

5. 天生我材必有用 / 116

6. 你就是自己的奇迹 / 119

7. 天才的缺点并不比你少，或许还更多 / 122

8. 不必在意别人的标准，主宰的权力在你手里 / 125

第七卷　让微笑常伴左右
　　——用一颗感恩的心去看世界

1. 感激你的对手吧 / 130

2. 微笑让生命每一天都充满阳光 / 132

3. 抱怨不能带来快乐 / 135

4. 学会说声谢谢 / 138

5. 让自己拥有宽容的胸怀 / 140

6. 隐忍有时是一种睿智 / 143

7. 烦恼都是自找的 / 146

第八卷　苦难是人生的试金石
——在困境中寻求超越

1. 痛苦和快乐是一对孪生兄弟 / 152
2. 超越人生的困境 / 155
3. 在苦难中保持笑容 / 158
4. 坎坷之后便是坦途 / 161
5. 失败时也要挺起胸脯 / 164
6. 即使失去一切，我也会勇往直前 / 167
7. 没有人可以随便成功 / 170

第九卷　打开幸福的大门
——敞开心扉，幸福从没有走远

1. 珍惜自己所拥有的 / 176
2. 把握生命里的感动 / 180
3. 幸福就在身边 / 185
4. 打开心灵的枷锁 / 189
5. 活着便是一种幸福 / 192
6. 我们都是幸运的 / 194
7. 上帝是公平的 / 196

第十卷　穿越心灵低谷
——领悟生活的真谛

1. 快乐是不分贫富的 / 200
2. 学会自己找乐子 / 203
3. 宠辱不惊，处之泰然 / 206
4. 懂得幽默，让生活更精彩 / 208

5. 不盲目攀比 / 211
6. 不苟求完美 / 213
7. 苦日子里要过出甜来 / 215

第十一卷　笑对人生
——让快乐成为一种习惯

1. 快乐是一种习惯 / 220
2. 幸福没有什么可比性 / 223
3. 努力走好生命中的每一天 / 224
4. 简单的生活，简单的快乐 / 228
5. 将烦恼踢到门外 / 231
6. 直面生活，笑对人生 / 235

第十二卷　扬起人生的风帆
——寻找生命的每一丝精彩，拼出最美的画面

1. 点燃生命的激情 / 240
2. 给予别人是一种快乐 / 242
3. 用宽容给自己加分 / 246
4. 拥有理想，才能创造美好 / 249
5. 靠人不如靠自己，与生活搏击 / 252
6. 活出自我，活出精彩 / 255

第一卷 Chapter 1

命运取决于心态——好心态是命运的领航员

心态对人的生活有重要作用。心态调整好了,蹬着三轮车也可以哼小调;心态调整不好,开着宝马车一样发牢骚。人与人之间重要的区别在于心态,"要么你去驾驭生命,要么生命驾驭你。你的心态决定谁是坐骑,谁是骑师。"在面对心理低谷之时,有的人向现实妥协,放弃了自己的理想和追求;有的人没有低头认输,他们不停地审视自己的人生,剖析自己的错误,勇于面对现实,从而走出困境,继续追求自己的理想。

1. 如果生活是一场投资，那么快乐便是最大的盈利

生活犹如一场投资，你付出辛劳便可以收获成功，付出真情去收获朋友。生活的投资中有成也有败，而我们应该注意的是在这场投资中，我们曾不曾收获知识。

生活里，我们为无数的目标去奋斗，去争取。在一次次的投资中，倾尽所有。然而在这一次又一次的角逐中，我们所收获的可是自己真正所需要的？在生命的漫长旅程中，我们很少停留驻足，很多时候都是披星戴月，行色匆匆。可我们应该明白，生活的根本是快乐，任何时候都不应该去忽视这个本质的问题。

在为金钱为事业为家庭奔波的过程中，请回头看看，那最当初的只为快乐和开心的初愿是否还在？快乐地前进，还是满身负荷、机械式地麻木地行走、拼搏。

快乐其实是一种心态，也是一种生活态度。有的人为自己愤愤不平，认为自己本应该得到更多，结果却只是落下更多的烦恼与苦闷。有的人一无所有，却可以活得潇洒自在。很多人不能理解他们为什么可以这样快乐，原因只是在于他们懂的生活的本质便是快乐，懂得怎样去快乐。

有一位诗人。他写了不少的诗，也有了一定的名气，可是，他还有相当一部分诗却没有发表出来，也无人欣赏。为此，诗人很苦恼。

诗人有位朋友，是位禅师。这天，诗人向禅师说了自己的苦恼。禅师笑了，指着窗外一株茂盛的植物说："你看，那是什么花？"诗人看了一眼植物说："夜来香。"禅师说："对，这夜来香只在夜晚开放，所以大家才叫它夜来香。那你知道，夜来香为什么不在白天开花，而在夜晚开花呢？"诗人看了看禅师，摇了摇头。

禅师笑着说："夜晚开花，并无人注意，它开花，只为了取悦

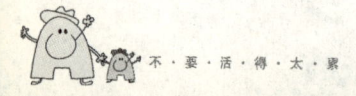

自己!"诗人吃了一惊:"取悦自己?"禅师笑道:"白天开放的花,都是为了引人注目,得到他人的赞赏。而这夜来香,在无人欣赏的情况下,依然开放自己,芳香自己,它只是为了让自己快乐。一个人,难道还不如一种植物?"

  禅师看了看诗人又说:"许多人,总是把自己快乐的钥匙交给别人,自己所做的一切,都是在做给别人看,让别人来赞赏,仿佛只有这样才能快乐起来。其实,许多时候,我们应该为自己做事。"诗人笑了,他说:"我懂了。一个人,不是活给别人看的,而是为自己而活,要做一个有意义的自己。"

  禅师笑着点了点头,又说:"一个人,只有取悦自己,才能不放弃自己。只要取悦了自己,也就提升了自己。只要取悦了自己,才能影响他人。要知道,夜来香夜晚开放,可我们许多人,却都是枕着它的芳香入梦的啊。"

一个人选择了什么样的心态,就会有什么样的心情和生活。人与人之间本没有什么太大的区别,为什么会有些人不论在什么样的境遇下都可以保持快乐?因为这部分人选择了快乐的心态来面对生活。快乐来源于自身,一个人想要快乐,就必先学会如何取悦自己,懂得去换个角度,换个心情。生活里不要自怨自艾,因为生活本是公平的,而要放宽自己的心,用一种积极的快乐的心态应对生活里的变化和起伏。

  有这样一个小故事,一位老人在回忆他年轻的时候,受过一次很大的挫折想要自杀的过程。

  在一个天气晴朗的早晨,他带着绳子悄悄地离开还在熟睡中的妻子和孩子,来到园地中的樱桃树下,在明媚的阳光照耀下,长熟的樱桃红艳欲滴,发出诱人的光彩。他爬上樱桃树,忍不住地摘下一颗放进嘴中,甘甜的味道浸入心脾。品尝着口中的樱桃,看着从樱桃树叶的间隙中洒下的细碎阳光,他突然觉得生活是这般美好,还有那么多的美好等待自己去享受和发掘,于是他放下绳子,踩着太阳在园地洒下的金黄色地毯回到家中。从那以后,不论遇到多大挫折,都能够快乐地面对,快乐地生活。

生活本来就是如此。同样的境遇，同样的事情，当你换个快乐积极的角度来看时，会发现一切都会变的不一样。生命的长卷上若想勾勒出美丽的画面，就需要去拥有一支满蘸着快乐的墨彩的心情之笔，去绘画人生最壮丽最美好的风景。

一份快乐的心态足以影响一个人的一生。有一个62岁的老太太，带着83岁的老母亲去旅游。两个人都是上了年纪的人，去深圳看"世界之窗"。83岁的老母亲不用买票。"世界之窗"有规定：66岁以上的老人不用买120元一张的门票。

这个在我们看来很普通的老太太，不过是一个退了休的职工，闲时扭扭秧歌、跳跳舞、看看报、读读书。但她从来不把自己当成老人，她和孙子一起唱周杰伦的《双截棍》，她和老伴一起驾车去旅行，看到自己落后了就去学电脑。人家问她的年龄，她总是笑着说："26岁。"其实，她是62岁。

她说："为什么不快乐呢？快乐是一种生活的态度。"

重要的是，快乐还是一种资源。她感染着全家人，使他们安详和幸福地生活着，80多岁的老母亲也跟她学会了跳舞。老母亲说："我还没有坐过飞机呢。我想去南方看看，人家邓小平80多岁还南巡呢。"

她听了，二话没说就去订飞机票。在她所居住的小区里。她被视为异端——有谁还敢带着一个80多岁的老太太坐飞机，而且是去玩？！

当她看到老母亲欣慰的微笑时，当她知道自己的快乐在不停地感染着别人时，她说："我是世界上最幸福的女人。"

快乐不分男女，不分老幼，不分尊卑，只是区别在你是否拥有一颗去快乐的心，拥有一颗懂得生活、懂得美好的心。<u>在生活中赢得了快乐，你便赢得了一切。拥有快乐，即使物质上你一无所有，你也是生命的富翁</u>。一个人的心情决定生命的航向，一念之差就可能改变一个人的一生。生命中每时每刻都在发生着悲喜剧，我们在这些体验中获得新生。如果快乐是通往天堂，那么这条道路就是由每个人快乐的心态铺就，而在生活的投资中，快乐便是最大的盈利。

2. 用一颗平常心去面对世界

人生来就很平常，平常的人才是正常的人，正常的人才能拥有一颗平常的心。何谓平常之心？范仲淹所著的《岳阳楼记》中的一句话可以借以概括——"不以物喜，不以己悲"。意思是"不因为环境称心就快乐，也不因为个人失意就悲哀"。平常心就是心灵要平静，生活要正常。平常心是一种中庸的处世心态，既不清心寡欲，也不声色犬马；既不自命清高，也不妄自菲薄；既不吹毛求疵，也不委曲求全。

在我们的周围，往往能听到这样的感叹：唉，人生嘛，真是不如意事常十八九啊！如果真是这样的话，那么如意事也不过只剩了一二。如何以这"少少许"胜过那"多多许"，使我们的生命质量之车始终高效平稳地运行到人生的彼岸？

其实，有无一颗平常之心，其结果是有天壤之别的。不是有这样的一些人吗？当他们处于人生的顺境之时，往往目空一切、颐指气使、得意忘形。生活应该很容易见过这样一类人——那种自以为很成功的人，总是装出一副权威相，虽然他们有时从地位档次很明显的小轿车里走出来，故意目不旁视，反剪着手，但给人的感觉是总不成功，总不潇洒，因为他们缺少一颗平常之心，没有一种使命感，因此总是不可避免地流露出一种小人得志的庸人气味；一旦失意失势了，他们又会牢骚满腹，怨天尤人，这也不顺眼，那也看不惯，一下便从得意的峰巅跌入失意的低谷。

反之，生活中也会见过不少真正具有平常心之人——他们处于人生的顺境时，生活朴实，待人平易，不傲慢轻松，居功也从不自满，虽不一定够得上是"日参省乎己"，但做人之准则、日常行为之规范却不敢有片刻忘怀；待到他们处于人生的逆境时，能泰然，也能释然；无冠无冕，大彻大悟；无车无鱼，不哀不怨，能受得住苦，能耐得住难，能潇洒度日月，能耕织过人生……这种人，就是芸芸众生中的不庸俗之辈，平常日月中的非寻常之人。

这种人，才真正活出了人生的价值，才没枉来人世走一遭。

有一则寓言故事很有哲理。故事讲的是，有一座古寺禅院，在三伏天的季节，禅院的草地枯黄了一大片。任谁看到禅院里这副萧条冷寂的景象，都会觉得心里压抑。于是，忍了许久的小和尚主动找到师父。"快撒些草籽吧，多难看啊！"小和尚说。

面对小和尚的请求，师父淡淡地给了回应。"等天凉了。"师父挥挥手说，"随时。"

中秋，师父买回来一大包草籽，叫小和尚去播种。秋风突起，草籽飘舞。"不好，许多草籽都被风吹走了。"小和尚大喊。"没关系，吹走的多半是空的，撒下去也不会发芽，"师父说，"随性。"

草籽撒完，几只小鸟即来啄食。"要命了！草籽都被鸟吃了！"小和尚急得跳脚。"没关系，草籽多，吃不完！"师父翻着经书说："随遇。"

午夜一场大雨，一大早，小和尚冲进禅房："师父，这下完了，好多草籽被雨水冲走了！""冲到哪儿，就在那儿发芽！"师父继续打坐，眼皮也没抬一抬，"随缘。"

半个多月过去了，原来光秃秃的地面长出了许多碧绿的青苗，连一些未播种的角落也泛着绿意。小和尚高兴地拍手，师父点点头："随喜。"

尘世的芸芸众生，有几人能有这样的境界。师父的这份平常心，看似随意，其实是洞悉了世间玄机后的豁然开朗。为什么我们在心境上，会反复震荡于浮躁、狂喜、傲慢、迷惘、不安、沮丧、焦虑、恐惧甚至绝望之间？随时、随性、随遇、随缘，必然就会随喜？我们都在不停的一路狂奔，带着汗水、伤痕和一路的风尘。摸打滚爬，身心疲惫。更多的时候我们迷失了自己，停下脚步，看看天。

世上有很多无奈苦恼的事，我们很难摆脱。世上有太多的忙碌紧张，我们无法逃避，面包是生存的需要，我们必须去孜孜以求，欲望却是人性的膨胀，为了达到目的所付出的心计劳力，比起单纯的物质需求，还要让人疲惫憔悴。常常地，内心那股压迫人心的力量，使我们一天到晚就像陀螺一样转

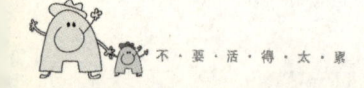

个不停，因而时时感到焦燥不安。此时理想与爱情成为物欲，成为梦中美丽的幻象，心灵的安宁被物质被欲望所奴役，心态的失衡使人生走向悲哀无助，若到极处，甚至可能铤而走险。

这样的话，拥有一颗平常心就愈加显得珍贵了。

中国旅日棋手林海峰曾经在接受中国记者的采访时，说起了自己的一段往事。在林海峰23岁那年，他参加了第四届日本围棋名人战。在第一轮的挑战中，林海峰的对手便是当时日本的顶尖围棋国手坂田荣男。由于初次参加这种大赛，在带着巨大的压力的状态下，首局林海峰败北。年轻的林海峰失去了自信，于是他前去找自己的老师——著名围棋大师吴清源请教。面对爱徒的败后失意，吴清源对林海峰说："你现在最需要的是要有一颗平常心。老天对你已经很厚了，23岁就挑战名人，这已经是多少人梦寐以求也达不到的成就了，你还有什么放不开的呢？"言毕，吴清源题写一幅"平常心"送给弟子。林海峰由此大悟，随后连胜三局，坂田扳回一局后，林海峰再胜一局，挑战成功，成为历史上最年轻的名人棋手。

回忆这段往事时，林海峰说："从此以后，我再也没有为输了棋而难过了。"他最爱用的题词是"无我"，颇具禅意的简短两字，深意却尽在其中。

平常心是一种境界，在达到这种境界之前，心路常常有极为坎坷的历程，历了险峰，经了幽谷，才发现世事沧桑，如梦、如幻，一切从生命出发，我们便可以做出最合理的选择，一面对生命尽心呵护，一面又悉心体验，东涌西没，毫无蔽障，对人宽容平和，随方就圆，因此，平常心不仅使人具有大海一样的气度，还使人稳重如山，狂风暴雨，惊涛骇浪，松林翻滚，可大海深处平静如昨，山岿然不动，以如此胸怀去实践人生，就无所畏惧，对困难也绝不退避，诸葛亮曰：淡泊以明志，宁静以致远。淡然面对人间是是非非，保持心灵宁静的同时，不忘对理想的追求，对宝贵生命的敬畏，保持一颗平常心，在生命的绿意中，我们诗意的栖居。

人，平平淡淡而来，也应平平淡淡而去。人生如一条淙淙流淌的长河，既有平静，也有波澜壮阔的时候，既有越过峰峦叠嶂时一泻千里的壮丽之美，也有走过一马平川时迂回柔情的安详。拥有一颗平常的心，是正常生活的人的平常之举。拥有一颗平常的心才能学会满足，学会放弃，学会淡泊，才能理解别人，善待自己，享受生活。

3. 热情是迈向成功的加速器

　　人是不能没有热情的，热情带给人们改变，带给人们更多的希望和成就。我们无法想象一个人如果彻底失去了热情，生活会变成怎样。因为热情让我们积极向上，因为热情催使人忘记疲劳，因为热情让人永远精神十足，因为热情把诸多的人推向成功的平台。

　　回首远望，历史上的伟人和成功人士都有着一个共同的特点，那就是热情。热情不光光是成功者自身的奋发积极，让事业一直蓬勃向上，更是可以强烈地感染身边的每一个人。热情是可以传染的。热情就像是一团红色的火焰，在黑夜里格外的耀眼，于是，越来越多的害怕黑暗与寒冷的人们便会聚集这团火焰之下，在他的带领下走向曙光，度过黑暗。这也便是很多成功人士身边可以聚集很多帮助支持他的人的原因，因为热情带来的是希望。

　　拿破仑说过："如果你拥有热情，那你就所向无敌了。"是的，一个人拥有了热情，就代表着拥有了所有最原始的动力。不论何时何地，浑身都有着使不完的力气，精力永远是充沛的。热情是疲劳与压力最好的大补药，它可以使人面临压力疲劳之时，精神振作。热情也是魅力。拥有热情与活力，身边的人也会被你情不自禁的吸引。没有人愿意和一个整日冰冷淡漠的人相处，人们总是喜欢跟充满了活力与热情、积极乐观的人相处。相反的思考，没有热情，无论你拥有什么能力，又怎样去施展与表现呢。在通往成功的道路上，拥有多大热情，就能去扩展你多大的能力。

　　美国有线电视新闻网著名脱口秀主持人拉里·金，出生于纽约的布鲁克林区，10岁时父亲因心脏病去世，从此靠着公众救济长大成人。

　　他曾经写了一本有关沟通秘诀的书，书名叫《如何随时随地和任何人聊天》。书里提到他第一次担任电台主播时的经历,他说那天如果有人碰巧听到他主持节目时,一定会认为:"这个节目完蛋了。"

那天是星期一,上午8时30分他走进了电台,心情紧张得不得了,于是不断地喝咖啡和开水来润嗓子。

节目开始时,他先播放了一段音乐,就在音乐播完,准备开口说话时,喉咙却像是被人割断似的,居然一点声音也发不出来。

结果,他连播了三段音乐,之后仍然一句话也说不出来,这时,他才沮丧地发现:"原来,我还不具备做专业主播的能力,或许我根本就没胆量主持节目。"

这时,老板突然走了进来,对着满脸丧气的拉里·金说:"你要记得,这是个沟通的事业!"

听到老板这么提醒,他再次努力地靠近麦克风,并尽全力地开始他的第一次广播:"早安!这是我第一天上电台,我一直希望能上电台……我已经练习了一个星期……15分钟前他们给了我一个新的名字,刚刚我已经播放了主题音乐……但是,现在的我却口干舌燥,非常紧张。"

终于能开口说话的他,似乎信心也唤回来了,这天,他终于实现了梦想,也成功地完成了梦想!

那就是他广播生涯的开始,从此以后,他不再紧张了,因为第一次广播经验告诉他只要能说出心里的话,人们就会感到你的真诚。

身为著名主播,拉里·金的经验是:"谈话时必须注入感情,表现你的热情,让人们能够真正地分享你的真实感受。"他在书中一再告诉我们,"投入你的感情,表现你对生活的热情,然后,你就会得到你想要的回报"。

热情是一种伟大的力量,它可以促发你所有的自信和能力,带你迈向成功。 不论是跌倒失败时,还是心灰意冷时,热情总是一次次的把力量注入你的身体,让本已枯竭的生命充满希望与朝气。

富兰克林说过:"没有热情,不可能赢得任何一场战争。"很多的成功者都彻底地履行了这句话，热情很多时候带来的还是坚持与坚强，像是强者的兴奋剂，催发着一切可能的发生，将别人眼中的不可行变为事实。

世界上第一位女性打击乐独奏家伊芙琳·格兰妮说："从一开始我就决定：一定不要让其他人的观点阻挡我成为一名音乐家的热情。"

她成长在苏格兰东北部的一个农场，8岁时她就开始学习钢琴。随着年龄的增长，她对音乐的热情与日俱增。但不幸的是，她的听力却在渐渐地下降，医生们断定是由于难以康复的神经损伤造成的，而且断定她到12岁，就彻底耳聋。可是，她对音乐的热爱却从未停止过。

她的目标是成为打击乐独奏家，虽然当时并没有这么一类音乐家。为了演奏，她学会了用不同的方法"聆听"其他人演奏的音乐。她只穿着长袜演奏，这样她就能通过自己的身体和想象，感觉到每个音符的震动，她几乎用所有的感官来感受着整个声音的世界。

她决心成为一名真正的音乐家，而不是一名耳聋的音乐家，于是，她向伦敦著名的皇家音乐学院提出了申请。因为以前这家学院从来没有一个聋学生提出过申请，所以一些教师反对接收她入学。但是她的演奏征服了所有的教师。她顺利地入了学，并在毕业时荣获了学院的最高荣誉奖。

从那以后，她就致力于成为第一位专职的打击乐独奏家的，并且为打击乐独奏谱写和改编了很多乐章，在当时几乎没有专为打击乐而谱写的乐谱。如今，她已真正地成为了独奏家，她的成功就在于当她听到了医生的诊断后没有悲观地放弃自己的追求，而是以坚强的自信和热情，执著地为实现梦想奋斗着。

一个人的成绩不是被别人左右的。相反，是自己的坚定信念和热情创造出来的。不要被他人的论断束缚了自己前进的步伐。追随你的热情，扬起你的自信，它们将带你到达你想去的地方。

生活中，你用热情去对待一切，你会获得丰厚的回报。用热情去浇灌生

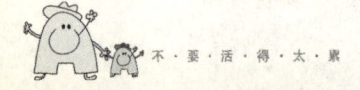

命，你会获得成功。失败里，是热情一次次伸出双手带你走出深渊。热情让老者焕发青春，让颓废黯然者重振希望。失去了热情就是生命里最大的破产，我们应该去保持和寻回自己的热情，不再虚度无聊苦闷的时光，用热情去浇灌出人生最美丽的花朵。

4. 淡然处世，乐从中来

人生如水，有激越，就有舒缓；有高亢，必有低沉。不论是绚丽，还是缤纷，是淡雅，还是清新，每个生命必定有其独自的风韵。一个人的一生，有轰轰烈烈的辉煌，但更多的是平平淡淡的柔美。人是需要一种平淡的，这种平淡无声无息，但又无处不在。

每个人，有每个人的不同生活方式。你羡慕的富人，不一定就比现在钱不如他的你快乐和幸福。可能他还羡慕你在纷繁忙碌的尘世中，拥有的这份平淡呢。其实，平淡的日子有它特有的平淡舒畅，有它特殊的美。它需用心品味的美，如宁静、安祥、隽永、深沉混合的清水，浇灌在内心喧嚣焦灼干裂的土地上，让那些成长的幼苗，在达观平淡的任凭风吹浪打胜似闲庭信步的悠然中，不急不燥不卑不亢地生长着。

这个世界既不是有钱人的世界，也不是有权人的世界，它是有心人的世界。 我们每一个人生活在红尘中，一生难免有缺憾和不如意。对那些无力改变的现实，我们可以改变的是看待这些事情的态度，用平和的态度来对待生活中的缺憾和苦难。在当今人们追名逐利的现实中，许多人在物质的最大化上下功夫，他们在物质的获得中收获了快乐的同时，也忽视了有所得是低级快乐，有所求才是高级快乐这一简单道理。我们虽然是凡者，但在人生中要努力去做个贤者，不被物质生活所累，始终保持心境的一份恬淡和安宁。

人生没有必要总是回首，还是调整心态，淡然地看待过去的得失吧。

大文豪苏轼一生也是苦味绵延。他在落难的时候，写出"大江东去，浪淘尽"等最好的诗句。他学识渊博，诗文豪健，书法漂亮，受到皇帝赏识，春风得意。因为他是一个才子，才子总是很得意的。但是他从来没有想过，他让很多人受过伤。他得意的时候，很多人恨得要死，别人没有他的才气，当然要恨他。但是他落难写的书法，这么笨、这么拙，歪歪倒倒无所谓，却变成中国书法的极品。

此时苦味出来了，他开始知道生命的苦味，"流芳百世"并不是你年轻时得意忘形的样子，而是在这么卑屈、所有的朋友都不敢见你的时候，在河边写出最美的诗句。

他先后任凤翔府判官，杭州通判，密州、徐州、湖州知州，因"乌台诗案"降为黄州团练副使。任黄州团练副使时，朋友大都避得远远的，只有他的朋友马梦得，不怕政治上受连累，帮苏轼夫妇申请了一块荒芜的旧营地使用，苏轼在其东坡筑室，所以苏轼就自称东坡居士。

苏东坡开始在那里种田、写诗，他忽然觉得：我何必一定要在政治里争这些东西？为什么不在历史上建立一个光明磊落的生命情感？

所以他那时候写出最好的诗。苏轼变成了苏东坡后，他觉得丑都可以是美。他开始欣赏不同的东西，他那时候跑到黄州的夜市喝点酒，碰到一身刺青的壮汉，那个人就把他打在地上说："什么东西，你敢碰我！你不知道我在这里混得怎样？"他不知道这个人是苏东坡，然后倒在地上的苏东坡，忽然就笑起来，回家写了封信给马梦得说："自喜渐不为人知"。这是了不起生命的过程，他过去为什么这么容易得意忘形？他是才子，全天下都要认识他，然后他常常不给人好脸色，可是落难之后，他的生命开始有另外一种包容，有另外一种力量。

所以，苏东坡酸甜苦辣咸百味杂陈最后出来的一个味觉是"淡"，所有的味觉都过了，你才知道淡的精彩，你才知道一碗白稀饭、一块豆腐好像没有味道，可是这个味觉是生命中最深的味觉。

你会发现他在做官的时候，从来没有感觉到清风徐来，但是从他的诗中看到，因为他不做官，才感觉到清风。

其实苏东坡应该感谢的是：他不断被下放，每一次的下放就更好一点。

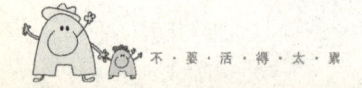

因为整个生命被现实的目的性绑住了，所以被下放的时候，才可以回到自我，才能写出这么美的句子出来。

他可以感受到：历史上那些争名争利的，最后变成一场虚空。所以"多情应笑我，早生华发"，是因为他回到自我。

经历酸、甜、苦、辣、咸以后，才知道淡的可贵。他任黄州团练副使时，写过一首很有名的词《定风波》，结尾说，"回首向来萧瑟处，归去，也无风雨也无晴"。回头看看走来的这一生，心很静，也就无所谓了。

淡然是一种心境，是思想经过历练后高素质的修养。淡然不是看破红尘，不是对人间一切事物的否定，更不是思想麻木、无所作为的得过且过。不懂淡然的人必将为生活所不受，不懂得"青菜豆腐"与"朱门酒肉"是一样的养活人；不懂淡然的人必将为工作所不受，不懂得"两弹一星"与"高官厚禄"是一样的永载史册；不懂淡然的人必将是伤痕累累心绪煎熬而憔悴不堪。

学会淡然将会使心灵净化成晶莹剔透毫无杂质的宝玉；学会淡然才能如鱼得水，自由自在地欣赏不可多得的美妙世界；学会淡然才能得意时而不张扬，失意时而不消沉；学会淡然才能得到实实在在心安理得的享受。

淡然，是古井微澜、空灵超脱的神韵。有一份淡然，就可了却骄傲、浮夸的心境，独享那份坦荡与平和。心不为世俗所扰，身不为物欲所驱。苏联著名小说《钢铁是怎样炼成的》书中的主人公保尔说过："我们不应该向命运低头，当你回首的时候无悔"，他将自己生命中最好的阶段留给后人，钢铁般的意志深深地感染几代人。

也许有人会问道："生命如此艰难地来到这个世界走一遭，难道就甘于平平淡淡地回归大地么？"其实每一个生命来到这个世界里，都有不同的使命，同样在演绎不同的角色，是否有意义应该留给后人谈论。而自己生活的每一天，都是大自然的恩赐，所以，在生命有限的时间里，就应该做自己该做的事情，千万别辜负了这个世界给予你生活的权利和希望。

拥有淡然，便映出生命的神圣与崇高，心灵更觉得天地辽阔与旷达，使人感受到世界的美好，人生的多彩。<u>作为一个普通人，过着平凡的日子是毫无疑义的。然而，珍惜生命，就是对这个世界最基本的回报，平凡而有为，则是对生命真谛的演绎</u>。以后在平凡的日子里，我们应更好地利用空间，把握时间，善待上天恩赐给我们的生命，把以往失去的东西从挤压时间中追夺

回来，尽最大的能力，努力回报这个世界。

在同时上演着许多故事的今天，只有心态淡然的人会活得开心些、快乐些。因为，生命本质就是这样，就需要这样。

5. 乐观让生活色彩斑斓

人生的旅程上没有一帆风顺，有些人不论黑暗，寒冷，不管贫穷还是低微，都可以一路高歌，在生活中踏着欢快的节奏前进，有些人却是不论天气多么明媚，阳光多么温暖，尽管是拥有别人所没有的财富与地位，却仍然是唉声叹气，拖着沉重的脚步向前走。

人生都是拥有正反两面的。一个人哪怕拥有一切，如果始终只看到生活的负面，便只能纠苦一生；相反，一个人如果能拥有一颗乐观的心态，生活则会变得色彩斑斓，始终都会充满着热情与希望，充满着快乐与幸福。

有这么一个关于乐观的小故事。

有两个人，都住在山上。

那山挺荒凉，是秃的。

第一个挺悲观，一边叹气，一边在山脚下为自己修着坟茔。

第二个挺乐观，乐呵呵的，在山坡上种了好多绿色的树苗。

岁月悠悠。转眼过了40年。

第一个人果然老了，就泪汪汪地打开坟茔的门，走了进去，再也没有出来。

第二个人却精神抖擞，在碧树下采摘着丰收的金色果实。

又过了许多年，第一个人的坟茔前长满了衰草，野狼出没。

那座花果山前却花长开，树长青，满山闪耀着生命的辉煌。

原来，悲观与乐观都是种子。

都能长出情节。

只不过，前者结的果叫无奈。

后者结的果叫甘甜。

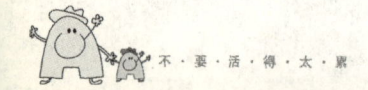

是的，人生很多时候都是如此。当你终日愁苦，去想象日子多么艰难时，人早晚会离去时，时光已经悄悄地从我们的身边流过。叫苦的回首，却发现自己的历程是一片没有一丝色彩的灰暗，几十生活里没有留下任何精彩；而乐观带来的是什么，是不论何时何地，都充满着丰收，充满着喜悦，乐观带来的不仅仅是简单的快乐，是生活里无数的精彩。

罗兰说过，开朗的性格不仅可以使自己经常保持心情的愉快，而且可以感染你周围的人们，使他们也觉得人生充满了和谐与光明。一个人的乐观不仅仅是给他自己带来丰富多彩的生活，也会渲染身边的人，给别人带去希望与热情。<u>一个人拥有乐观就是拥有了他人所无法比拟的魅力</u>。

美国总统林肯身上有许多可爱之处。他从来不遮掩自己，当有人笑话他的父亲曾是个鞋匠，林肯笑笑说："不错，我父亲是个鞋匠，但我希望我治国能像我父亲做鞋那样地娴熟高超。"林肯善于用最通俗的语言来表达最深刻的道理。他被人最常引用的名言是："你可以在任何时候愚弄某些人，也可以有时愚弄所有的人，但你不可能总是愚弄所有的人。"

林肯虽生活坎坷，饱经挫折，却仍乐观地等待明天。纵观林肯的一生，他欢乐的时刻要远远少于悲痛与烦恼的时分，但他还在坚持不懈地拼搏。这一点就连他的对手都对他敬佩不已。斯蒂芬·道格拉斯这个两次击败过林肯的竞选对手在评价老对手时说："他是他党内强有力的人物，才智超群，阅历丰富；因为他那副滑稽可笑和说笑话不动声色的模样，他是西部最优秀的竞选演说家。"南军总司令罗伯特·李将军也曾言："林肯是他一生中最敬佩的人，尽管他们的政见不同"。

林肯的可爱还在于他虽在政界混打了多年，却不改其朴实无华的本色。林肯不是一个完人，有着许多毛病，但他是一个善良的人，一个顽强的人，一个富有正义感的人，一个通情达理的人。林肯入主白宫时，想的只是要推翻奴隶制，他没想到这竟会使他成为美国历史上最伟大的总统。在当时，他曾十分耽心这样做会导致国家的分裂，但他不惜国家分裂也要推翻奴隶制，因为他坚信《独立宣言》的开场白：人生来平等。尽管林肯的个人生活很不幸，但他却使千千万万的老百姓获得了幸福。

拉尔夫·英奇说过，最幸福的似乎是那些并无特别原因而快乐的人，他们仅仅因快乐而快乐。其实真正的快乐来自哪里，就是你能从一个乐观的角度来看待，就如拉尔夫·英奇说的一样，快乐是并不需要什么特别的理由的。只要你想快乐，不论什么时候你都可以做到快乐，因为快乐的权利掌握在你自己的手里。

一个人的悲伤与快乐，最根本的源头都来自自己的内心，坐轿子的人未必是幸福的，抬轿子的人未必是不幸福的。

英特尔公司的总裁安迪·葛鲁夫曾是美国《时代》周刊的风云人物。在上世纪70年代，他创造了半导体产业的神话，很多人只知道他是美国巨富，却不知道，他的人生也有鲜为人知的苦难经历。

由于家境贫寒，安迪·葛鲁夫从小便吃尽了缺衣少食和受人藐视的苦头，他发誓要出人头地，他比同龄人显得成熟而老练。在上学期间便表现出了他的商业天才，他会在市场上买来各种半导体零件，经过组装后低价卖给同学，他只从中赚取手续费。由于他组装的半导体比原装的便宜很多，而质量却不相上下，所以在学校里很走俏。

他的学习成绩也异常优秀，他的好学与经商的聪明才智，得到了老师的表扬。可是谁也想不到，他竟是个极度悲观的人，也许是受贫困的家境影响，凡事他都爱走极端，这在他以后的经商之路上淋漓尽致地表现了出来。

那是安迪·葛鲁夫第三次破产后的一个黄昏，他一个人漫步在家乡的河边，他从早早去世的父母，想到了自己辛苦创下的基业一次次的破产，内心充满了阴云。悲痛不已的他在号啕大哭一番后，正望着滔滔的河水发呆，他想如果他就这样跳下去的话，很快就会得到解脱，世间的一切烦愁都与他无关了。

突然，对岸走来一位憨头憨脑的青年，他背着一个鱼篓，哼着

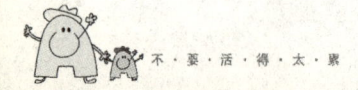

歌从桥上走了过来，他就是拉里·穆尔。安迪·葛鲁夫被拉里·穆尔的情绪感染，便问他："先生，你今天捕了很多鱼吗？"拉里·穆尔回答："没有啊，我今天一条鱼都没捕到。"拉里·穆尔边说边将鱼篓放了下来，果然空空如也。安迪·葛鲁夫不解地问："你既然一无所获，那为什么还这么高兴呢？"拉里·穆尔乐呵呵地说："我捕鱼不全是为了赚钱，而是为了享受捕鱼的过程，你难道没有觉得被晚霞渲染过的河水比平时更加美丽吗？"

一句话让安迪·葛鲁夫豁然开朗，于是，这个对生意一窍不通的渔夫拉里·穆尔，在安迪·葛鲁夫的再三央求下，成了英特尔公司总裁安迪·葛鲁夫的贴身助理。

很快，英特尔公司奇迹般地再次崛起，安迪·葛鲁夫也成了美国巨富。在创业的数年间，公司的股东和技术精英不止一次地向总裁安迪·葛鲁夫提出质疑，那个没有半点半导体知识、毫无经商才能的拉里·穆尔，真的值得如此重用吗？

每当听到这样的问题，安迪·葛鲁夫总是冷静地说："是的，他确实什么都不懂，而我也不缺少智慧和经商的才能，更不缺少技术，我缺少的只是他面对苦难的豁达心胸和面对人生的乐观态度，而他的这种豁达心胸和乐观态度，总能让我受到感染而不至于做出错误的决策。"

人生的意义在于它的正面内容，在于去选择一个积极乐观的方向，生活的美好与精彩不是来源于外界，而是源自一个人内心的乐观与向上，王尔德曾说，悲观主义者的悲观在于，如果有两个不幸的选择，那么他会全部选择，而乐观主义者的乐观在于，对于他们来说，不幸的选择根本不存在。

人的心灵犹如一个花圃，我们用乐观去浇灌，自然会开出色彩斑斓，充满芳香的鲜花。选择一个正面去面对生活，当我们成功时，去为自己欢呼高兴，当我们在逆境中时，也要为可能有的希望去快乐。用乐观去点燃生命中最璀璨的火焰，用乐观去创造色彩斑斓的生活。

6. 谦虚让生命更加辉煌

谦虚,是事业发展的不竭动力。一项事业的成功,一个目标的实现,都是努力进取、奋斗不息的过程,都是由小及大、从低级到高级的发展链条。如果小有进步即告满足,囿于一得之功、一孔之见,那就永远无法到达胜利的顶峰。在进步与成功面前,谦虚是一种清醒剂,是一个加油站,是一股原动力,它推动奋斗者在取得初步成功以后继续向着新的目标前进。当年,毛泽东在中国革命胜利的前夕即告诫全党,夺取全国胜利只是万里长征走完了第一步,今后的路程更长,工作更伟大更艰苦,如果仅仅因为第一步的胜利而骄傲,那是比校渺小的。正是这种伟大的谦虚,造就了中国历史上最伟大的业绩。

孔子谈谦虚,在《论语》中是屡见不鲜的。他的弟子子路性格直率,过于鲁莽,很多时候也表现得不够谦虚,孔子常常批评或教训他。有一次,子路、曾皙、冉有、公西华四个人陪孔子闲坐,孔子说:"你们平时总是说:'没有人知道我呀!'假如有人知道了你们,你们打算怎么办呢?"子路急忙回答说:"一个拥有一千辆兵车,夹在大国之间,加上外国军队的侵犯,甚至还赶上荒年的国家,如果让我去治理,只需用三年的功夫,我就可以使人人勇敢善战,而且还懂得作人的道理。"孔子听了,微微一笑,表示对他的批评。孔子说:"治理国家要讲礼让,可是,子路说话却一点不谦让,怎么能治理好国家呢?"

还有一次,孔子带着几个学生到庙里去祭祀,刚进庙门就看见座位上放着一个引人注目的器皿,据说这是一种盛酒的祭器。学生们看了觉得新奇,纷纷提出疑问。孔子没有回答,却问寺庙里的人:"请问您,这是什么器具啊?"守庙的人一见这人谦虚有礼,也恭敬地说:"夫子,这是放在座位右边的器具呀!"于是孔子仔细端详着那器具,口中不断重复念着:"座右"、"座右",然后对学生们

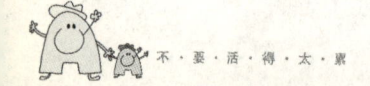

说：“放在座位右边的器具，当它空着的时候是倾斜的，装一半水时，就变正了，而装满水呢？它就会倾覆。”听了老师的话，学生们都以惊异的目光看着他，然后又看着那新奇的器具。孔子看出大家的心思，和蔼地问大家：“你们有点不相信吗？咱们还是提点水放到器具里试试吧！”说着学生们就打来了水。往器具里倒了一半水时，那器具果然就正了。孔子立刻对他们说：“看见了吧，这不是正了吗？”大家点点头。他又让学生继续往器具里倒水，器具中刚装满了水就倾倒了。孔子赶忙告诉他们：“倾倒是因为水满所致啊！”那位直率的子路率先发问：“难道没法子让它不倾倒吗？”孔子深深地望了大家一眼，语重心长地说：“世上绝顶聪明的人，应当用持重（举动谨慎稳重）保持自己的聪明；功誉天下的人，应当用谦虚保持他的功劳；勇敢无双的人，应当用谨慎保持他的本领……这就是说要用退让的办法来减少自满。”学生们听了这含义深刻的话语都被深深地打动了。

现代生活中也有这样的人，他们在艰难困苦之时常常很谦和、虚心，而在功成名就后就会变得趾高气扬，不仅再难进步，还往往因为自以为是而摔得鼻青脸肿。就此而论，可以说，战胜失败难，承受胜利更难。只有常怀谦虚之心，才能既经得起失败的考验，又经得起胜利的考验。

20世纪中国文化先驱之一、教育家蔡元培先生曾有过这样一件轶事：一次伦敦举行中国名画展，组委会派人去南京和上海监督选取博物院的名画，蔡先生与林语堂都参与其事。法国汉学家伯希和自认是中国通，在巡行观览时滔滔不绝，不能自已。为了表示自己的内行，伯希和向蔡先生说："这张宋画绢色不错…那张徽宗鹅无疑是真品…"以及墨色、印章如何等等。林语堂注意观察蔡先生的表情，他不表示赞同和反对意见，只是客气地低声说："是的，是的。"一脸平淡冷静的样子。后来伯希和若有所悟，闭口不言，面有惧色，大概从蔡元培的表情和举止上他担心自己说错了什么，出了丑自己还不知道呢！林语堂后来在谈到蔡元培先生时还就伯希和一事感叹说："这是中国人的涵养，反映外国人卖弄的一幅绝妙图画。"

谦虚是一种了不起的修养，要做到"谦谦君子，虚怀若谷"，既忠实地肯定自己，也不夸张炫耀表现自己，可真不容易。如何拿捏、还在于处理事情的时候，你表现了对别人的尊重，不看低别人，对别人的批评虚心接受，承认并改正自己的错误。一个虚怀若谷的谦谦君子肯定会忠实地表现自己，虚心公道，顶天立地，突出自己的才能，赢得威信和地位，却不刻意抹煞或贬低别人。相反，你不谦虚又怎么样，你夸张虚构也瞒不过别人，个人有一点成绩有什么了不起，不过是大海中的一点小水滴，沙漠中的一颗细沙，所谓人外有人、山外有山、天外有天，到处都可能卧虎藏龙，他可能就在你的社区里头，世界大极了，但有时候也可以是很小的。大英雄、大豪杰、大圣贤叱咤风云也只占了史书中的数章数页，有多少人物能得到后人塑像、立碑、立传而与山河共存？何不谦虚做人！看看下面这些成功名人高尚的谦虚品质吧。

　　古希腊的著名哲学家苏格拉底，不但才华横溢、而且广招门生奖掖后进，运用著名的启发谈话启迪青年智慧。每当人们赞叹他的学识渊博，智慧超群的时候，他总谦逊地说："我唯一知道的就是我自己的无知。"

　　被人们称颂为"力学之父"的牛顿发现了万有引力定律，在热学上，他确定了冷却定律。在数学上，他提出了"流数法"，建立了二项定理和莱布尼兹几乎同时创立了微积分学，开辟了数学上的一个新纪元。他是一位有多方面成就的伟大科学家，然而他非常谦逊。对于自己的成功，他谦虚地说："如果我见的比笛卡尔要远一点，那是因为我站在巨人的肩上的缘故。"他还对人说："我只像一个海滨玩耍的小孩子，有时很高兴地拾着一颗光滑美丽的石子儿，真理的大海还是没有发现。"

　　扬名于世的音乐大师贝多芬，谦虚地说自己"只学会了几个音符"。

　　科学巨匠爱因斯坦说自己"真像小孩一样的幼稚"。

　　如果你觉得你为什么老是那么腼腆，不好意思发言，不好意思争取，你觉得这是谦虚，那大可不必。这个社会谁都应该有他的一个价值定位，每一个族群或国家也是如此，谦虚和自强不息才是最重要的。所以，当你看到有一些人眼睛是移到了额头上面，走路轻飘飘，自以为很了不起，有几个钱就说话咄咄逼人、自高自大、嘴角露出高人一等的蔑视冷笑，看不起周围社会地位较低的人，请不要忘记，这种人只是在瞬间就会被蒸发掉的一点水滴，一颗在风中失去影踪的细沙！

所以，请铭记——谦让为人，其实是一种风骨和一种品位。

7. 好心态演绎出命运的喜剧

人生活在这个世上，不可能都是一帆风顺的，或者遇到困难，或者遇到挫折，或者遇到变故，或者遇到不顺心的人和事，这些都是人生前进中的正常现象。然而，有的人遇到这些现象时，或心烦意乱，或痛苦不堪，或萎靡消沉，或悲观失望，甚至失去面对生活的勇气。

不可否认，当这些现象出现时，会影响人的思维判断，会刺激人的言行举止，会打击人面对生活的勇气。比如，当你在工作中受到了上司的批评后，你会思想低落；当你在生活中遇到别人误会你时，你会感到气愤和委屈；当你失去亲人朋友时，你会悲痛至极；当你在仕途中遇到不顺时，你会怨天尤人，工作消极。

当遇到这些现象时，人的这些表现都很正常。因为人是会思维的高级感情动物，这也是人与一切低级动物重要区别之一。但这些表现不能过而极之，否则你会活得很累，活得很不开心，活得很不幸福。

人在生活中，要学会用阳光般的好心态面对生活。所谓好心态，就是一种积极的、向上的、宽容的、开朗的健康心理状态。因为，它会让你开心，它会催你前进，它会让你忘掉劳累和忧虑。当你遇到困难时，它会给你克服困难的勇气，它会让你相信"方法总比困难多"，让你去检验"世上无难事，只要肯登攀"的道理。当你遇到不顺时，它会让你的头脑更加理性，让你面对不顺时，不是悲观失望，而是反思自己的做事方法、做人原则，让你有则改之，无则加勉，更上一层楼。当你遇到委屈时，它会给你安慰，会给你容人之度，它让你的心胸像大海一样宽阔，志向像天空一样高远。当你遇到变故时，它会让你化悲痛为力量，让你感受到自然规律不可违，顺其自然则是福的真谛。它会让你的眼光更加深邃，洞察社会的能力更加敏锐，对待生活的态度更加自然，面对人生的道路更加自信。

有一则故事讲的是 Jerry 是美国一家餐厅的经理，他每天总是有好心情，当别人问他最近过得如何，他总是有好消息可以说。

当他换工作的时候，许多服务生都跟着他从这家餐厅换到另一家，为什么呢？因为 Jerry 是个天生的激励者，如果有某位员工今天运气不好，Jerry 总是适时地告诉那位员工往好的方面想。

看到这样的情境，真的让其他人很好奇，所以有一天一个同事到 Jerry 那儿问他："我不懂没有人能够老是那样地积极乐观，你是怎么办到的？"

Jerry 回答："每天早上我起来告诉自己，我今天有两种选择，我可以选择好心情，或者我可以选择坏心情，我总是选择有好心情，即使有不好的事发生，我可以选择做个受害者，或是选择从中学习，我总是选择从中学习。每当有人跑来跟我抱怨，我可以选择接受抱怨或者指出生命的光明面，我总是选择生命的光明面。"

"但并不是每件事都那么容易啊！"同事抗议地说。

"的确如此。" Jerry 说，"生命就是一连串的选择，每个状况都是一个选择，你选择如何响应，你选择人们如何影响你的心情，你选择处于好心情或是坏心情。你选择如何过你的生活。"

数年后，Jerry 意外地做了一件大家都绝想不到的事：

有一天他忘记关上餐厅的后门，结果早上三个武装歹徒闯入抢劫，他们要挟 Jerry 打开保险箱，由于过度紧张，Jerry 弄错了一个号码，造成抢匪的惊慌，开枪打中了 Jerry。幸运地，Jerry 很快地被邻居发现，紧急送到医院抢救，经过 18 小时的外科手术，以及密集照顾，Jerry 终于出院了。

事件发生六个月之后，一个朋友遇到 Jerry，朋友问他最近怎么样，他回答："我很幸运了。要看看我的伤痕吗？"

朋友婉拒了，但问了他当抢匪闯入的时候，他的心里是怎么想的。

Jerry 答道："我第一件想到的事情是我应该锁后门的，当他们击中我之后，我躺在地板上，还记得我有两个选择：'我可以选择生，或选择死。我选择活下去'。"

"你不害怕吗？"朋友问他。

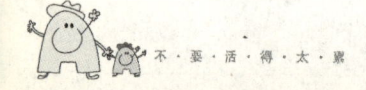

Jerry继续说:"医护人员真了不起,他们一直告诉我没事,放心。但是当他们将我推入紧急手术间的路上,我看到医生跟护士脸上忧虑的神情,我真的被吓到了,他们的眼好像写着——他已经是个死人了,我知道我需要采取行动。"

"当时你做了什么?"朋友问。

Jerry说:"嗯!当时有个硕大的护士用吼叫的音量问我一个问题,她问我是否会对什么东西过敏。我回答:'有。'这时医生跟护士都停下来等待我的回答。我深深地吸了一口气喊着:'子弹!'这时医生和护士都在笑,脸上的忧虑神情都渐渐消失了,听他们笑完之后,我告诉他们:'我现在选择活下去,请把我当作一个活生生的人来开刀,不是一个活死人。'"

Jerry能活下去当然要归功于医生的精湛医术,但同时也由于他令人惊异的心态。从他身上可以学到,每天你都能选择享受你的生命,或是憎恨它。这是唯一一件真正属于你的权利,没有人能够控制或夺去的东西——就是你的心态。如果你能时时注意这件事实,你生命中的其它事情都会变得容易许多。

好的心态来之不易,它需要你生活的阅历更加丰富,获取的知识更加充实,对待人生的态度更加积极,它需要你用修养之水浇灌,勤劳之力扶持,宽容之心呵护。

"其实人活的就是一种心态。心态调整好了,蹬着三轮车也可以哼小调;心态调整不好,开着宝马车一样发牢骚。"这是手机上的一条短信,称得上经典之谈,它生动形象地说明了人的心态的重要。其实人与人之间本身并无太大的区别,真正的区别在于心态,"要么你去驾驭生命,要么生命驾驭你。你的心态决定谁是坐骑,谁是骑师。"在面对心理低谷之时,有的人向现实妥协,放弃了自己的理想和追求;有的人没有低头认输,他们不停审视自己的人生,分析自己的错误,勇于面对,从而走出困境,继续追求自己的梦想。

我们不能控制自己的遭遇,但我们可以控制自己的心态;我们改变不了别人,我们却可以改变自己;我们改变不了已经发生的事情,但是我们可以调节自己的心态。有心无难事,有诚路定通,正确的心态能让你的人生更坦

然舒心。当然，心态是依靠你自己调整的，只要你愿意，你就可以给自己一个正确的心态。

　　心态是人真正的主人。改变心态，就是改变人生。有什么样的心态，就会有什么样的人生。要想改变我们的人生，其第一步就是要改变我们的心态。只要心态是正确的，我们的世界也会是光明的。

第二卷 Chapter 2

给自己松绑——学会减压，善待自己

生活犹如万花筒，喜怒哀乐，酸甜苦辣，相依相随，无须过于在意。人生无常，看淡一切，看淡曾经的伤痛，好好珍惜自己、善待自己。珍惜上帝赐予的点点滴滴；善待自己，让自己的心中永远有一片阳光照耀的晴空；善待自己，把眼前的痛苦看淡，或许痛苦之后就是幸福的…

1. 学会善待自己

生活犹如万花筒，喜怒哀乐，酸甜苦辣，相依相随，无须过于在意。人生无常，看淡一切，看淡曾经的伤痛，好好珍惜自己、善待自己。珍惜上帝赐予的点点滴滴；善待自己，让自己的心中永远有一片阳光照耀的晴空；善待自己，把眼前的痛苦看淡，或许痛苦之后就是幸福的…

没有人不想幸福快乐地活着，然在现实生活中不尽如人意，我们却经常不能左右幸福，因为痛苦烦恼往往不期而至。面对痛苦烦恼我们也许无法逃避，但我们可以选择善待自己。或许生活中的你正因在贫困中挣扎而痛苦；或许生活中的你正因富足中的孤寂而烦恼；或许生活中你，因事业无成、爱情失败；或许生活中的你，觉得人情冷漠、金钱至上，而丧失生活的激情。

面对这一切的一切，其结果到底怎样，是由我们自己把握的。千万不要愁肠百结、心灰意冷，放纵自己甚至放弃生活。那些非理智的行为，也只能让你体味"举杯消愁愁更愁"的滋味，让你的人生毫无生机，甚至毫无意义。我们应当看淡一切，好好善待自己，让自己的心中永远有一片阳光照耀的晴空。

生活中，善待自己就是努力活好每一天，让苦难成为痛饮的美酒，让悲怆如阳春下的白雪，瞬间消融。把握好生命的每一天，对自己负责，让自己活得轻松。

有一个故事。

在一个大热天里，禅院里的花被晒枯萎了。"天哪，快浇点水吧！"小和尚喊着，接着去提了一桶水来。"别急！"老和尚说："现在太阳大，一冷一热，非死不可，等晚上再浇水。"

傍晚，那花已经成了"霉干菜"的样子。"不早浇……"小和尚嘟噜地说："一定已经死透了，怎么浇也活不了了。""少罗嗦！浇！"老和尚指示。

水浇下去，没多久，已经垂下去的花居然缓了过来，而且生意盎然。

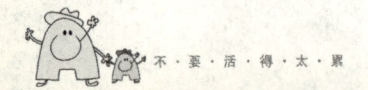

"天哪!"小和尚喊,"它们可真厉害,憋在那,撑着不死。"

　　"胡说!"老和尚纠正,"不是撑着不死,而是好好活着。"

　　"这有什么不同呢?"小和尚低着头。"当然不同。"老和尚拍拍小和尚,"我问你,我今年八十多岁了,我是撑着不死,还是好好活着?"

　　晚课做完了,老和尚把小和尚叫到面前问:"怎么样?想通了吗?""没有。"小和尚还低着头。

　　老和尚敲了小和尚一下。"笨哪!一天到晚怕死的人,是撑着不死;每天都向前看的人,是好好活着。"

　　"得一天寿命,就要好好过一天。那些活着的时候为了怕死而拜佛烧香,希望死后能成佛的人,绝对成不了佛。"

　　老和尚笑笑:"如果今生能好好过日子,都没好好过,老天何必给人死后更好的日子呢?"

　　犹如老和尚说的,今生都没好好过,老天何必给人死后更好的日子呢?我们应该学会去过好生命中的每一天,学会善待自己。<u>被别人爱着的人是幸福的,被自己疼爱的人是明智的</u>。人生不可能倒退而活,生命的意义在于它的不可复制!每一天都善待自己,用命运的自语抚慰执著、坚韧、顽强、勇敢的心,为屡败屡战的自己大声喝彩!让生命的真实在希冀中获得一次畅快呼吸!让自己更坚强,让生命更昂扬,让生活更嘹亮!给心灵最好的美容面膜!

　　善待自己,要学会在糟糕的事情已经注定,无法将它改变时,把痛苦的代价降到最低,把后遗症的伤害缩到最小。善待自己,要在行动以前知道伤害的代价,知道在伤害来临时留一个回旋的余地,知道在面对伤害时不放弃自己。善待自己,要懂得保护自己的健康躯体,精神上你是超脱的,肉体上不能是匮乏的,你才能享受生活的安闲之美。

　　在人生漫漫旅途中,或许感到疲惫,或许有些沉重,但只要有一份美丽的心情,就会觉得欣慰,就会充满自信。好好的珍惜人生,尽情的拥抱生活,虽然辛苦,也会咀嚼出甘甜与芬芳的神韵!快乐从来不是永恒的,痛苦也只是个过程,没有谁能拒绝春天来临,没有谁能永远都做好梦,最终一句,快乐掌握在自己手里,是要靠自己去找寻的,看淡一切,善待自己。

2. 让愤怒远离自己

每个人可能都听过这样一句话：愤怒距离危险仅一步之遥。这是一句古来的格言，其正确性历经时间的考验。愤怒时的所言所行会对许多人和事情造成伤害。那种压抑在心头的怒火迟早会如火山般喷发出来。

让我们从基本角度尝试着进行分析，人为什么会发怒呢？也许是对事情的进展不满意，也许是被人欺骗，也许是埋怨生活对他的残忍，等等。这些复杂的琐事就是引发愤怒的原因。当令人沮丧的事累计到一定程度时，我们便忍无可忍了，我们的感情就会如同火山一样喷发出来。愤怒是自我发展的一大障碍，它会使我们视野狭隘。当心灵充斥着愤怒和傲慢的情绪时，便没有逻辑性和公正性可言。

愤怒可以帮你达到某种目的，但并不适合所有情况。其原因是：随着年龄的增长，你有责任去调整自己的情绪，抑制挫败感。没有人有那种远见和能力，能判断出扰乱你心绪的原因所在。<u>经常发怒的人难成大事，而懂得这个道理的人则容易获得成功。</u>

培养耐心是抑制愤怒的最好办法，有耐心的人心智成熟，似一匹勇敢的战马可以超越愤怒。他可以随时控制自己的情绪，并采取最有效的办法摆脱困境。这样的人总会平心静气地享受生活。

愤怒有百害而无一利，它只会增添个人的忧虑。一个人愤怒时心脏泵出的血比平常要多，因此容易导致高血压，还可能导致心脏病。

这一切都由你的心境所决定。每个人都面临两个选择，一个是愤怒，另一个是耐心的保持冷静。

美国斯坦福大学生物课做了一个试验：把一个管子捅到鼻管里，另一头捅到冰水里。观察呼吸10分钟后的结果是：如果冰水不变色则说明心平气和，如心里很内疚很惭愧水就变白色，如果恼怒生气5分钟后则水就变成紫色。把紫色水抽出注射到小老鼠身上2—3分钟就死了。由此可以看出，压抑、忧虑、愤怒等不良情绪都会影响我们的身体健康，扰乱身体的平衡，所以千万不要生气，内心平和了，身体的整个系统才能保持平衡，疾病才不易发生，即使发生了也能很快重新平衡，使我们的身体处于舒服的状态。

生活中虽然与人为善者居多，但喜欢跟人捣鬼的也往往总有其人。遇到了那后一种人，不少人会生气发怒，以牙还牙，他们满以为这样一来，便能一泄心中之愤，给对方以致命一击。可这样做的实际结果，却总与他们的想法正好相反。你愈发怒，愈还击，就愈会使自己陷入愤怒与仇恨的深渊之中而不能自拔，而这就等于给了对方以致胜的力量。为什么呢？因为这种无休止的发怒和还击，无疑会极大地影响睡眠，影响胃口，影响学习，影响工作，影响一切的一切。无怪莎士比亚向人们提出这样的忠告："不要因为你的敌人而烧起一把怒火，热得烧伤你自己。"

用春秋时期胸怀大志的楚庄王的故事来作出回答吧。一次楚庄王大宴功臣，令他的爱姬给大家表演舞蹈，不料照明的灯柱突然倾倒，黑暗中一名武将趁机吻了楚庄王的爱姬。那女子也不示弱，她机敏地拔下了那位武将帽子上的红缨。当蜡烛重新点烧后，那女子便拿出手中的红缨交给楚庄王，让他惩罚那位对她无礼的将军。

古代大将的头盔上都有一束红缨，楚庄王只要找到帽上没有红缨的人，就知道是谁在黑暗中对他的爱姬无礼了。但是，如果当真查清了，那他必然要杀掉一位对他有用的功臣。于是，楚庄王命令在座的人全部摘下帽子上的红缨，尽情畅饮。这样一来，不仅保全了大王的面子，也保住了一位功臣的性命。

几年之后，一位将军在楚国与晋国的交战中浴血奋战，救了楚庄王的性命，这位将军不是别人，正是当年在宴会上被楚庄王的爱姬拔掉帽子上红缨的人。俗话说："不能生气的人是笨蛋，而不去生气的人才是聪明人。"

一个男人，心胸狭窄，老是控制不住自己，为一些琐碎的小事生气。

男人想改掉这个坏毛病，便去求一位大师为自己开解。

大师听了男人的讲述，一言不发地把他领到漆黑的柴房里，然后把门锁了，就离开了。

男人气得破口大骂。骂了许久，大师也不理会。男人又开始哀求，大师仍置若罔闻。男人终于沉默了。大师来到门外，问他："你还生气吗？"男人说："我只为我自己生气，我瞎了眼，怎么会到这地方来受这份罪。""连自己都不原谅的人怎么能心如止水？"大师拂袖而去。

过了一会儿，大师又来问男人："还生气吗？""不生气了。"男人说。"为什么？""气也没有办法呀。""你的气并未消逝，还压在心里，爆发后将会更加剧烈。"大师又离开了。

大师第三次来到门前，男人告诉他："我不生气了，因为不值得气。""还知道值不值得，可见心中还有衡量，还是有气根。"大师笑道。

当大师的身影迎着夕阳立在门外时，男人问大师："大师，什么是气？"大师打开房门，将手中的茶水洒在地上。男人想了很久，终于恍然大悟，向大师叩谢而去。

气就是消，既然这样我们为什么要生气？有一句经典名言说"生气是拿别人的错误来惩罚自己"，这句话是很有道理的。大多数情况下，我们生气主要是因为别人干了让自己不满的事情或者看不惯别人的所作所为。既然别人已经错了，我们为什么还要犯同样的错误呢？我们为什么不大度一点，看开一点，幽默一点，让别人的错误随风而散呢？

3. 放松身心，给自己松松绑

现代都市人久居闹市，面对紫陌红尘中的千层蛛网万般世态颇多迷惑，在繁杂的事务中不知浓缩兜裹着多少奔波而且疲劳的思绪。如果你确定自己正在 16 岁到 55 岁这个年龄段，那么你的生活中或多或少都该有些压力。在

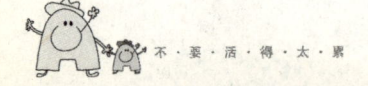

心中任它们堆积和增长可绝对不是个明智的选择，于是便希冀一种闲情逸致，向往一种宁静生活。

人，哭着喊着跑到这个世界上来，面临的首要问题就是生存。要生存，就必然遇到竞争；有竞争，就必然有压力。所以，只要你选择活着，就注定要承受生存所带来的各种各样的压力，如升学、就业、晋职等，不胜枚举，不一而足。我们只有勇于正视压力，学会承受压力，才能在日趋激烈乃至残酷的生存竞争中，永远立于不败之地。

岁月蹉跎，时光荏苒，试问又有谁能跳出红尘逍遥自在呢，人活着便注定奔波与劳碌，我们所能做的就是别让心太累。人真正长大以后才会感觉到心灵的负荷，精神的压力，最奢望的莫过于快乐的童年时代，真的希望自己永远也长不大。生活在南来北往的人群中，很多表面上的潇洒与倜傥真能代表他们的内心世界吗，其实很多的答案都是否定的。或许有许多故事在大家心中深深铭刻，伴着成长给你我很多感悟与启迪，我们能做的就是别让自己的心太累。

当过运动员或看过运动员训练的人都知道，为了增强腰部和下肢力量，运动员常在教练的指导下做一种压杠铃的负重练习。通过压杠铃的练习，运动员的力量尤其是腰部和下肢力量会迅速增强，奔跑和跳跃的能力会突飞猛进。当然，杠铃的重量一定要适当，轻了效果甚微，重了运动员受不了会闪了腰，而且杠铃重量的增加要因人而异，循序渐进。由此想到，这杠铃，就像我们人生在世所必须背负的压力，适当地背负一些压力，既能锻炼个人的能力，也能促进社会的发展和进步。但压力过度，突破了身体和心理的极限，就会使人身心俱损，甚至彻底崩溃。当你感到实在承受不了的时候，要及时给自己减压。

于是，压力就像我们平时训练时的杠铃。每天都压压杠铃，才有足够的力量奔跑和跳跃啊。记得时时调整你那副杠铃左右两边的杠铃片。放松自我，感觉宁静。

有的人工作轻松，自由，压力小，但工资有点低。他要想感到快乐，眼睛就不能老盯着工资低不放，而应该多想想——自己多自在啊。反过来，有的人工资很高，但压力大，不自由。他要想感到快乐，眼睛就不能老盯着工作压力大不放，而应该多想想——自己的工资待遇是大多数人所没有的。上

帝不可能把什么都给你。紧紧抓住不快乐的理由，无视快乐的理由，就是你总是觉得难受的原因了。

当你感到实在承受不了的时候，要及时给自己减压。人生的道路千万条，你只有量力而行，才不至于总因目标得不到实现而痛苦不堪。所以，我们要正确地估量自己，一般不要去做自己力不从心的事情。"盈则满，花至半开，酒至微醉，是为最佳。"做自己无法胜任的事情，无疑是自找苦吃。人，只有量力而行，该放就放，当止则止，才能在轻松快乐的节奏中，收获真正应该属于自己的那份成功。把一些无谓的痛苦扔掉，快乐就有了更多更大的空间。

心灵的房间，不打扫就会落满灰尘。蒙尘的心，会变得灰色和迷茫。我们每天都要经历很多事情，开心的，不开心的，都在心里安家落户。心里的事情一多，就会变得杂乱无序，然后心也跟着乱起来。有些痛苦的情绪和不愉快的记忆，如果充斥在心里，就会使人委靡不振。所以，扫地除尘，能够使黯然的心变得亮堂；把事情理清楚，才能告别烦乱；把一些无谓的痛苦扔掉，快乐就有了更多更大的空间。**人只能活一次！这是常被人们遗忘的常识。既然只能活一次，就应该讲究点"活法"。又何必活得太累，自己去折磨自己呢？**

活得太累其实是心累。处境不佳用不着痛心疾首，人生又哪来的时时都一帆风顺？为上司一个不满意的眼色又何必五分钟缓不上气来，在未来的生活中，你有的是表现的机会，何况"铁打的衙门流水的官"，这是千古不变的事实。想想这些你就会变得坦然；看到别人的业绩突出也不必眼红脑涨，嫉妒有害健康。只要自己尽力而为就行了。

既然人只能活一次，就应该活得舒心，活得快乐，活得潇洒。工作节奏太快，精神压力太大，争强好胜的心太强，生活太无规律，时间不长，精神和体力就会崩溃。本来40岁，心理和体力已近老年，钱多又有何用？莎士比亚曾诅咒过黄金：金灿灿的黄金啊，你是人类共同的娼妇！你可以使美变丑，也可以使丑变美；你可以使错误变成正确，也可以使正确变成错误；你可以使活人变成死人，也可以使死人变成活人！为了得到这金灿灿的黄金，良家女子当娼妇，善良小伙成强盗！我诅咒你，可恶的黄金！马克思曾预言过：早晚有一天人们会用黄金去盖厕所！当然，一分钱可能难倒英雄汉，没钱不行。但是，只要有保底的工资，又何必拼着身家性命追求更多的积累呢！

要活得舒心，活得快乐，活得潇洒，就要学会知足，学会随遇而安。知足、随遇而安就是幸福。我们和有钱、有势、有权的人一样，都是人。因为都是人，就没有必要仰人鼻息，笑脸求人！生活毕竟不是演戏，无须用太多的脂粉去涂抹自己，无须戴上"面具"去"逢场作戏"！想笑就笑，想唱就唱，挣多挣少都心地坦然，活得朴素自然，活得坦坦荡荡。这就是舒心，这就是快乐，这就是潇洒！

自己有多大"能量"，能干出多少成绩，应该有个自知之明。当然，我们应努力在平淡的时候去争取辉煌；而在辉煌的时候，也应清醒地看到山外有山，并非"老子天下第一"。这样就避免了浮躁，避免了错误。能够创造辉煌固然可喜，但奇迹的产生往往是多种因素造成的，天时地利人和加机遇，缺哪一样都难以奏效，这正所谓"谋事在人成事在天"也！

所以，只要我们一生都在脚踏实地去干事，即使创造不出什么辉煌，也能感受到生活的真实、追求的快乐，亦就能"得鱼固可喜，无鱼亦欣然"。人生载不动太多的烦恼和忧愁！惟有内心泰然、坦然，才能无往而不乐。如果我们能够持一颗平常心，坐看云起云落、花开花谢，一任沧桑，就能获得一份云水悠悠的好心情。做平常事，做平凡人，保持平静的心态，保持平衡的心理，如果我们能以这种最美好的心情来对待每一天，则我们的每一天都会充满阳光，洋溢着希望。

分享才能加倍快乐，美好的生命应该充满期待惊喜和感激。<u>不管昨天发生了什么，不管昨天的自己有多难堪，有多无奈，有多苦涩，都过去了，不会再来，也无法更改</u>。就让昨天把所有的苦、所有的累、所有的痛远远地带走吧，而今天，收拾心情，重新上路！轻松的旅程将伴随着愉快的收获与你一起度过人生的每一段岁月！

让感动的融融暖意，永远留在心中，即使有一天你不得不背负巨大的苦难，也不会放弃对生活的热爱。

4. 在浮躁与焦虑中回归平静

有个关于平常心的故事是这样的:

越州大珠慧海禅师者,建州人也。姓朱氏,依越州大云寺道智和尚受业。

有天,一位师父问慧海:"和尚修道,还要用功吗?"

慧海:"用功。"

师父又问:"如何用功呢?"

慧海:"饿了就吃饭,困了就睡觉。"

师父不解,便问道:"天下所有的人都是一样的,是不是也都与您一样在用功修道?"

慧海答:"不同。"

师父问:"为何不同?"

慧海答:"有人吃饭时,不肯吃饭,很多要求;睡觉时,不肯睡觉,胡思乱想。"

吃饭睡觉,看起来是一件非常简单的事情,但究竟能有多少人能快乐地把饭吃完,安稳地把觉睡好呢?禅,是生活的艺术,你在最稀松平常的事情上下工夫,让自己的生活充满祥和与快乐,饭吃得更香,觉睡得更甜,那也就是禅的意义。

大西洋沿岸有一个农场主不断地发布招聘帮手的广告,但绝大多数的人都不愿到他那里工作——从海上来的强风暴会摧毁建筑物和农作物。

终于有一个人来应聘了,这个人已过中年,矮小偏瘦。农场主问他:"你做农活是个好手吗?"他回答说:"我能在风暴声中安睡。"

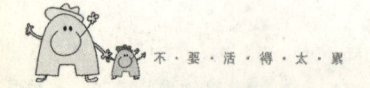

虽然农场主对他的回答不满意，但农场上实在太缺人手，所以农场主还是雇用了他。他在农场上工作很出色，每天从早忙到晚，农场主非常满意。

有一天夜里，狂风从海上吹来。农场主从床上跳起来，提着灯笼跑到隔壁去叫那个雇工，急促地叫他："快起来，风暴来了，我们去把可能被吹走的东西绑紧。"

那人翻了个身，坚定地说："不，先生，我告诉过你，我可以在风暴声中安睡。"

农场主非常生气，恨不得当场解雇他。但农场主克制住了，自己跑出去看看有什么需要做的，让他惊讶的是，所有的干草堆都盖上了防水油布，并且压得紧紧的。所有的牛都在牛栏里，所有的鸡都入了鸡圈，所有的门都拴得紧紧的，所有的窗都插上了插销，每件东西都绑紧了，没有什么会被吹走。

那一刻，农场主明白了那个雇工的意思。农场主也回到床上，在风暴声中踏实地入睡了。

<u>当你各方面都做好充分准备时，你就没有什么可害怕的。</u>

5. 宽恕敌人，就是胜者

人的一生中，总会遇到曲曲折折、坎坎坷坷。灿烂的阳光下，也有阴暗的角落；风和日丽的天空，也会有乌云飘来的时候；巨轮航行在大海上，经常会遇到狂风恶浪的挑战；车辆奔驰在大地上，经常有高山大河的阻碍；在人与人相处的过程中，也会遇到形形色色的人，或善解人意，知书达理；或心胸狭窄，蛮不讲理；或愤世嫉俗，感情用事；或宽容大度，冷静沉着……

荀子曾经说："群子贤而能容墨，知而能容愚，博而能容浅，粹而能容杂。"西谚曰："世界上最大的是海洋，比海洋更大的是天空，比天空更广阔的是人的胸怀。"这里讲的就是宽容为怀的道理。宽容是一种博大的胸怀，是一种崇高的美德。宽容，是一剂处理好人际关系的良药，是人生中实现自我价值的明灯。待人要厚，自奉要薄；责己要严，责人要宽。如果气度狭小，遇事斤斤计较，那么在生活中就会处处碰壁，烦恼也会越来越多。但如果能以实际行动来理解、宽容别人，那自己也会得到别人的理解和包容。

　　古希腊神话中有一位英雄叫海格力斯。一天他走在坎坷不平的山路上，发现脚边有个袋子似的东西很碍脚，海格力斯踩了那东西一脚，谁知那东西不但没被踩破，反而膨胀起来，操起一条碗口粗的木棒砸它，那东西竟然长大到把路堵死了。正在这时，山中走出一位圣人，对海格力斯说："朋友，快别动它，忘了它，离它远去吧！它叫仇恨袋，你不犯它，它便小如初，你侵犯它，它就会膨胀起来，挡住你的去路，与你敌对到底"。

　　宽容就是不计较，事情过了就算了。每个人都有错误，如果执著于其过去的错误，就会形成思想包袱，不信任、耿耿于怀、放不开，限制了自己的思维，也限制了对方的发展。即使是背叛，也并非不可容忍。能够承受背叛的人才是最坚强的人，也将以他坚强的心志在氛围中占据主动，以其威严更能够给人以信心、动力，因而更能够防止或减少背叛。

　　当我们走上社会，难免与人产生摩擦误会甚至仇恨，只要记起在自己的仇恨袋里装满宽容，那样你就会少一分阻碍，多一分成功的机遇。否则，你将会永远被挡在通往成功的道路上，直至被打倒。宽容地对待你的敌人、仇家、对手，在非原则的问题上，以大局为重，你会得到退一步海阔天空的喜悦，化干戈为玉帛的喜悦，以及人与人之间相互理解的喜悦。要知你并非踽踽独行，在这个世界里，我们各自走着自己的生命之路，纷纷攘攘，难免有碰撞，所以即使心地最和善的人也难免要伤别人的心，如果冤冤相报，非但抚平不了心中的创伤，而且只能将伤害者捆绑在无休止争吵的战车上。

　　1944年的冬天，饱受战争创伤的莫斯科异常寒冷，两万德国战俘排成纵队，从莫斯科大街上依次穿过。尽管天空中飘飞着大团大团的雪花，但所有的马路两边，依然挤满了围观的人群。大批苏军士兵和治安警察，在战俘和围观者之间，划出了一道警戒线，用以防止德军战俘遭到围观群众愤怒的袭击。这些老少不等的围观者大

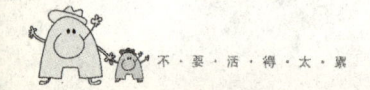

部分是来自莫斯科及其周围乡村的妇女。她们之中每一个人的亲人，或是父亲，或是丈夫，或是兄弟，或是儿子，都在德军所发动的侵略战争中丧生。当大队的德军俘虏出现在妇女们的眼前时，她们全都将双手攥成了愤怒的拳头。要不是有苏军士兵和警察在前面竭力阻拦，她们一定会不顾一切地冲上前去，把这些杀害自己亲人的刽子手撕成碎片。俘虏们都低垂着头，胆战心惊地从围观群众的面前缓缓走过。突然，一位上了年纪、穿着破旧的妇女走出了围观的人群。她平静地来到一位警察面前，请求警察允许她走进警戒线去好好看看这些俘虏。她来到了俘虏身边，颤巍巍地从怀里掏出了一个印花布包。打开，里面是一块黝黑的面包。她不好意思地将这块黝黑的面包，硬塞到了一个疲惫不堪、挂着双拐艰难挪动的年轻俘虏的衣袋里。年轻俘虏怔怔地看着面前的这位老妇人，刹那间已泪流满面。他毅然扔掉了双拐，"扑通"一声跪倒在地上，给面前这位善良的老妇人，重重地磕了几个响头。其他战俘受到感染，也接二连三地跪了下来，拼命地向围观的妇女磕头。于是，整个人群中愤怒的气氛一下子改变了。妇女们都被眼前的一幕深深感动，纷纷从四面八方涌向俘虏，把面包、香烟等东西塞给了这些曾经是敌人的战俘。

俄国作家叶甫图申科在故事的结尾写了这样一句话："这位善良的妇女，刹那之间便用宽容化解了众人心中的仇恨，并把爱与和平播种进了所有人的心田。"叶甫图申科的话，道出了人类面对敌人时所能表现出的最伟大的善良以及最伟大的生命关怀，放下屠刀的敌人不再是敌人，这些人已经是人。

佛家也曾有慧语：**仇恨永远不能化解仇恨，只有爱才能够彻底化解仇恨。**当一个人被刀子划伤而流血不止时，许多人是把伤口包扎好；但也有人是把带血的刀子包起来。关注"伤口"与"刀子"无疑是两种完全不同的情怀，如果说很多的人都自觉不自觉的属于前者，那么我们也需要更多的后者。仇恨是记忆历史的一种方式，而和解也一样是记忆历史的方式，也许在某些人看来这有点不可理解，但和解是我们的前路，因为我知道仇恨换回的只能是仇恨，和解换回的终是和解。

如果我们放眼从累生历劫去看，那么一切的众生，谁不曾做过我的父母、兄弟姊妹、亲戚眷属？谁不曾做过我的仇敌冤家？如果说有恩，个个与我有恩；如果说有冤，个个与我有冤。这样子我们还有什么恩怨亲疏之别呢？再就智慧愚笨来说，人人有聪明的时候，也有愚痴的时候，聪明的人可能变愚痴，愚痴的人也可能变聪明。坏人，有的也曾做过好事，而且不一定永远坏；好人也会犯错误，做坏事，也不一定永远好。如此我们反覆思索，所谓的亲疏、贤愚，这许多差别的概念，自然就会渐渐淡了。这绝对不是混沌，也不是不知好坏，而是要将我们自始以来的偏私差别之见，易以一视同仁的平等观念罢了！

以春风待人，以寒风自待。宽容别人，其实就是宽容我们自己。多一点对别人的宽容，其实，我们生命中就多了一点空间。有朋友的人生路上，才会有关爱和扶持，才不会有寂寞和孤独；有朋友的生活，才会少一点风雨，多一点温暖和阳光。其实，宽容永远都是一片晴天。宽容是人生途中的一盏明灯，她给人以光明，给人以纯洁。给人以温馨，给人以快乐。所以，学会宽容，就是不断在学会超越自我，超越执着的过程。当我们愈能宽容，我们就愈净化自己，使自己逾趋向光明的升华。

6. 摆脱疲劳，别让自己活得太累

人的生活丰富多彩，生活构成的元素也是形形色色的，那自然的也便会有各种各样的压力，很多时候我们都是在感慨生活是如何的累，自己是多么的疲惫。我们每天都疲于奔命，为了家庭、为了事业、为了将来，每天都是拖着疲惫的身躯，甚至都是忘记轻松是怎样的一种心情。现代的生活是快节奏的，我们都是努力地跟上别人的脚步，压力也是随之而来，疲劳更是由内到外的。我们可能都曾想过，如何才能让自己活得轻松一点呢，让自己的压力少一些呢？

人生也就是匆匆的几十年，我们应当让自己活得轻松一些，但我们为了自己心中所想得到的东西去四处忙碌时，有没有想过自己真正需要的是什么呢？希尔顿曾说过，有时候你苦苦地追求某样东西，可能到头来会发现那根本不是你想要的。现实生活中便是如此，很多时候我们没有分清自己所真正想要的，只是一味地去忙碌去奔波，却是忽略了生活的本质。人活着不是为了忙碌去忙碌，我们被压力的外套紧紧束缚，被榨干了每一丝的活力与快乐，却仍然心甘情愿的背负着。事实上，我们需要给自己减负，把压力的外套撕开扔下，让自己的身心得到放松与快乐。

高压的社会里，快节奏的生活里，我们更应该学会去减压，学会摆脱疲劳。我们去拼搏，去努力，为理想为事业奋斗，但我们应该懂得生活的本质不是让我们疲惫，我们应该学会去不让自己活得太累。

一位行者到寺庙中拜谒在这里修行的禅师，希望禅师能够解开他心中的疑惑。

行者问道："禅师，人的欲望是什么？"

禅师看了一眼行者，说道："你先回去吧，明天中午的时候再来，记住不要吃饭，也不要喝水。"

尽管行者并不明白禅师的用意，但还是照办了。第二天，他再次来到禅师面前。

"你现在是不是饥肠辘辘、饥渴难耐？"禅师问道。

"是的，我现在可以吃下一头牛，喝下一池水。"行者舔着干裂的嘴唇回答道。

禅师笑了笑："那么你现在随我来吧。"

二人走了很长一段路，来到了一片果林前。禅师递给行者一只硕大的口袋，说："现在你可以到果林里尽情地采摘鲜美诱人的水果，但必须把它们带回寺庙才可以享用。"说罢转身离去。

夕阳西下的时候，行者肩扛着满满的一袋水果，步履蹒跚、汗流浃背地走到禅师面前。

"现在你可以享用这些美味了。"禅师说道。

行者迫不及待地伸手抓过两个很大的苹果，大口大口地咀嚼起来。顷刻间，两个苹果便被他狼吞虎咽地吃了个干净。行者抚摸着自己鼓胀的肚子疑惑地看着禅师。

"你现在还饥渴吗？"禅师问道。

"不，我现在什么也吃不下了。"

"那么这些你千辛万苦背回来却没有被你吃下去的水果又有什

么用呢？"禅师指着那剩下的几乎是满满一袋的水果问。

行者顿时恍然大悟。

对于我们每个人来说，其实真正需要的是两个足够充饥的"苹果"，而剩余的只不过是些毫无用处的累赘和负担罢了。明白自己所需要的所想要的，不要背负着一些毫无意义的负担，把一些本不应该有的压力放下，你会发现你所期盼的和得到的并没有减少，而生活却是轻松许多。

很多时候，疲劳也是源自一个人对工作和对生活的态度，同样的工作同样的事情，有的人可以很轻松的做完，有的人却会愁眉苦脸疲惫不堪。

有一名老司机，开了大半辈子的卡车，几乎跑遍了全国各个角落。一天，他要指导一名新来的年轻司机。老人起初让这名年轻人自个儿开车。年轻人驾驶着18轮大卡车，在马路上跑了3个小时，最后筋疲力尽，请求老司机替换自己。

这名老司机接手后驾驶七八个小时，仍然精神十足地边握方向盘边哼着歌。年轻人很纳闷，问老人为什么开车这么长时间，却一点儿也不累。

老司机反问他："你早上离家时，都做了些什么？"年轻人回答："我向妻子告别，跟她说我去工作了。"老司机说："那就是你的问题了。"

"我的问题？"

老司机笑着说："是呀。我早上离家时也跟妻子道别，不过我不是告诉她我去工作，我说白天要开车到处兜兜风。"

生活中很多事情我们都是必须要去做的，是无法去逃避和推让的，既然必须去做何不如抱着一个轻松积极的心态呢？就如文中的老者一般，他将司机的工作当做是自己兜风娱乐，心中不是为了只是把货物送到目的地，而是去欣赏着路边的风景，想着自己在轻松的驾车出游，这样疲劳自然会少去很多。

学会去轻松的工作，培养自己轻松自在的信念感。不要总是把工作当成一项任务，而自己只是竭尽全力地去完成，那样的心态自然会给自己带来很

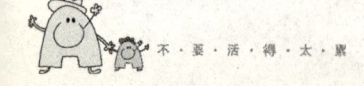

大的压力，让自己为任务的完成而疲惫不堪。换种工作的心态，在工作的过程中去寻找快乐，让本是任务的工作变得轻松而有趣。爱迪生一生发明无数，在他发明的过程中，不论是遇到困难或是碰到失败，他都会用三两句玩笑或者自嘲来让身边的人积极起来，也让自己去保持一个轻松的工作心态，好的心态会带来好的的心情。

生活工作中，我们如果没法去避免压力，那就应该想方设法地减少，尽量地去摆脱疲劳。知道怎样去生活，怎样让自己活得轻松快乐。

> 我有一个朋友美丽而又文静，说话语速总是慢慢的，音量总是小小的，但很能说到人的心底里去，你不知自己是什么时候被她看穿的。
>
> 她的工作业绩说不上骄人，但也无可挑剔；
> 她嫁了相爱的普通人，日子过得波澜不惊；
> 她不要求孩子学这学那，双休日一家三口就去游玩；
> 她每天都要午睡，每天都做健美操，生活很有规律；
> 她从不嫉妒荣誉加身的同事，也从不鄙薄偶犯错误的同事，
> 只对势利小人，冷眼旁观，却也不恼，
> 她觉得他们不会有好的心态与好的结局。
>
> 她心明如镜绝顶聪明，与周围一些拚尽全力却活得七上八下不尽如意的人相比，我总觉得她的人生本来还可以更为出彩，而她没有去做。

现在很是觉得她对待生活和工作的态度是很明智的，因为她活得轻松而且快乐，没有那么多的烦恼与压力。犹如行云流水一般，自然又很惬意。这是生活的一种哲学，很多人就是拼命努力，忙得像只旋转的陀螺，生活却很是不尽人意。相信很多人都会有这样的体会，我们有权利去选择过怎样的生活，但在选择的过程中我们也应该学会生活。<u>人生本就是短暂的，生活是一天一天的，不必要让自己的短暂生命中的每一天都充斥着忙碌与疲劳，在人生的尽头回首却只留下背负与忙碌，那时确是为时已晚</u>。我们应该把握住现在，不要让自己活得太累，这是生活告诉我们的答案。

7. 善待别人也是善待自己

生活在前行，光阴的速逝让时间变得难以把握，但我们的生活仍然继续，适应变化是个漫长的过程——从陌生到熟悉。但无论身边发生什么事，我们亦须勇敢地面对。

"平衡造就理想，反差构成现实"。很多时候，自己会对未来有所期盼，但事实却总有偏差。生活的无常的确让人疲惫，但现实总是不会完美的。那种曾经拥有的这种无奈的心情，到现在依旧清晰记得。现在回想起来，发觉以前的自己太过幼稚无知，如今自己多了份成熟和对生活的感悟。或许经历失败就是成长的代价，我们要学会的就是在这经历中成长。

人总有悲观的时候，它总因某些遗憾失落而展露。我们要善待自己。其实很多时候，我们会踩进自己设下的"陷阱"，在决定一件事时犹豫不决，想得太多而不去做，最终我们还是无所作为，为当初的放弃而后悔。因为我们顾及得太多，也许表面上是为了当时自己会感觉好些，但到头来，我们还不是遗憾吗？

孟子曾经说过："君子莫大乎与人为善。"那些慷慨付出、不求回报的人，往往容易获得成功。而那些自私吝啬、斤斤计较的人，不仅找不到合作伙伴，甚至有可能成为孤家寡人。有的同学会问：怎样才算与人为善呢？与人为善说起来很简单，做起来却不是一件容易的事，它包括相当广泛的内容。关心他人，当朋友遇到困难的时候，主动伸出友谊之手；尊重他人，不去探究他人的隐私；不在背后议论、批评他人；善于和别人沟通、交流；善于和那些与自己兴趣、性格不同的人交往；承认对方的价值和努力，对于错误要负起自己该负的责任……总的说来，善待他人的最重要原则就是"己所不欲，勿施于人"，凡事要从对方的角度来考虑。如果你能遵从这个原则，你将获得许多志同道合的朋友。

战国时代的名将吴起很懂得与人为善就是善待自己这个道理。《史记》中载有一个关于吴起的故事：他爱兵如子，深得士兵们的爱戴。有一次，一个刚刚入伍的小兵在战争中负了伤，因战场上缺医少药，等到打完仗回到后方时，那位小兵的伤口已经化脓生疽。吴起在巡营的时候发现了，他二话没说，立刻蹲下来，用嘴为那位士兵吸吮伤口、消炎疗伤。那位小士兵见大将军竟然如此对待自己，感动得热泪盈眶，说不出一句话。其他士兵们看了，也深受感动。而那位士兵的母亲听说了这件事后，却大哭起来。大家都以为她是感动而泣，可她却说："我是在为我儿子的命运担心呀！你们有所不知，当年，吴将军也曾为他的父亲吸吮过伤口，结果他父亲感念吴大将军的恩情，舍生忘死英勇杀敌，最后战死在沙场上了。"从另一个侧面可以看出，正因为吴起如此善待士兵，所以士兵们个个英勇善战。

有人说宽容是软弱的象征，其实不然，有软弱之嫌的宽容根本称不上真正的宽容。**宽容是人生难得的佳境——一种需要操练、需要修行才能达到的境界。**

穿梭于茫茫人海中，面对一个小小的过失，一个淡淡的微笑，一句轻轻的歉语，你会体味其中的包涵与谅解，这是宽容；在人的一生中，常常因一件小事、一句不注意的话，使人不理解或不被信任，但不要苛求任何人，以律人之心律己，以恕己之心恕人，这也是宽容。而"己所不欲，勿施于人"也寓理于此。在当今这样一个需要合作的社会中，人与人之间更是一种互动的关系。只有我们先去善待别人，善意地帮助别人，才能处理好人际关系，从而获得他人的愉快合作。给别人一片晴朗的天空，就是给自己一片明媚的天空。当你由衷发现他人优点、好处、能力的时候，人家同时也发现了你的优点、好处、能力。

什么叫好人？北大的教授季羡林说，好人就是想到别人的时候比想到自己的时候稍微多一点。后来，北大的教授、曾获国家最高科技奖的王选认为季先生这个要求太高了，他说，好人就是想到别人的时候和想到自己的时候一样多。

在19世纪中叶的一个冬季里，有一个少年流浪到了美国南加州的沃尔森小镇。在那里，善良的杰克逊镇长收留了这个少年。冬

季的小镇雨雪交加，镇长杰克逊家花圃旁的那条小道变得泥泞不堪，行人纷纷改道穿花圃而过，弄得里面一片狼藉。看到这些，被镇长收留下的少年心里很不忍，因此他便冒着雨雪看护花圃，让行人仍从那条泥泞的小路上走过。此时，镇长挑来了一担炉渣，将那条小路铺好了，于是行人就不再从花圃中穿行了。镇长对少年说："关照别人不就是关照自己吗！"

"关照别人不就是关照自己吗！"这虽是普普通通的一句话，却让少年的心灵受到很大震撼和启迪。他就此悟出：关照别人虽然也需要付出，但同样能得到收获。镇长的一句话，成为这个少年终生享用不尽的巨大财富，他后来成了石油大王，他就是哈默。

帮助别人，别人会感激你，善待别人就是善待自己。从在公交车上让座开始，你会觉得你的确很有风度，你会看到别人的感谢的目光，听到别人感谢的话语，你会感到这个世界很温暖，蓝天上的太阳很灿烂。和善，友爱，热情，真诚，特别是在人有困难的时候，多帮助别人，别人会感激你，认为你善良，是位好人。

"善待"，一个很简单的字眼，但要每个人都做到却是一件不简单的事！不过，只要你拥有一颗赤子之心，怀着幸福、感恩的心态去善待别人，那么这也就不是么难的事了！如果每个人都是这样想的，那么这个世界将没有争吵、相残、仇恨、战火……。

我们要学会感恩，"感谢所有支持和帮助我的人，谢谢你们的指引和鼓励，照耀了那些黑暗而漫长的道路。"当我们发现身边的朋友其实一直默默的支持你、帮助你的时候，我们会感到自己生活在温暖的大家庭里，会激起我们满脸的热情，会促使我们帮助他人，令大家做更多的好事。

慢慢地发现，生活是如此的美好。周围有很多关心你的人，也有很多你关心的人。正是这种亲切的关系，给了我们无比的勇气和希望。我们都在奋斗，前进，积极地生活着，那我们又有什么理由不珍惜眼前人，体味生活所带给我们的快乐呢？

第三卷 Chapter 3

体恤心灵——看开生活，懂得取舍

生活处处充满取与舍的选择。生活给予每一个人的往往都是公平的，当它给予你天才般的智慧时，可能会令你失去健康的体魄；当它给予你安逸的享受时，可能会令你失去艰苦奋斗的决心和毅力。而每一个人在生活当中又总是有所得便有所失，得与失往往也是对等的。

1. 懂得放弃才能拥有

很喜欢这样一幅对联："得失失得何必患得患失，舍得得舍，不妨不舍不得。"也许人生的过程就是一个不断放弃，又不断得到的过程。关键是要学会放弃，因为放弃，也是人生的一种选择。

放弃一颗树，你会得到整个森林！放弃一滴水，你就拥有整个大海！放弃一片洼地，你就会占领一座高山！ 况且有些事情放弃了并不等于失去，当你放弃了对梦的追求，回归现实，你会发现那美好的一天正等待着你，并为你敞开了一扇通往未来的大门。

放弃是至高的境界，是在左右掂量、反复论证后的一种慎重的战略选择。放弃不是自暴自弃，不是简单的丢弃，更不是不思进取、碌碌无为的颓废。不会放弃的人是不会工作的人，不懂得放弃的人就不懂得在某些特定工作环境中放弃的稍倾停顿的积极作用；不会放弃的人是不会生活的人，就不懂得放弃在实际生活中丢与得的辩证关系。不会放弃的人，将永远在无味的圈子中悲观失望、悔恨长叹；学会了放弃，将会得到意外的惊喜和收获。有时你虽然得不到阳光，但你将会受到喜雨的滋润；有时你虽然没有迎来久望的甘霖，但你必然沐浴在温暖的阳光之中。学会了放弃，你才能真正地品味幸福，你才能愉快地融入纷繁复杂而又多姿多彩的世界。

当你在崎岖小路奋力向前换来的并不是成功这时，也许你会被巨大的失落掩埋，也许你也在前行，只是停留原地，欣赏你身后那条有汗有泪、有风有雨的路。如果你也失落过，你也会放弃失落奋争未来吗？

树枝放弃叶子，是为了再让绿叶爬满枝头；白云放弃容颜，是为了尽到职责完成降雨的使命；人放弃过去的失落，是为了明天更加奋进。

只有放弃才会拥有，"舍得舍得"，有舍才有得。放弃虚伪，才会有真诚；放弃痛苦，才会有欢乐；放弃眼泪，才会有笑容；放弃争吵，才会有和睦；放弃虚荣，才会有安详。

施瓦辛格是美国家喻户晓的人物，他在每一个行业取得成功后，都会自动退位让贤。别人问为什么？他说，花无百日红。更重要一点，他懂得"放弃"的奥妙。

在当选州长后一段时间内，人们普遍怀疑施瓦辛格的能力，认为他充其量是一个头脑简单、四肢发达的会演戏的家伙。在一个酒会上，有人故意问："州长先生，我们想知道，你怎么能当选为州长，是不是靠您的健硕身材和票房神话呢？"

施瓦辛格一脸平静地说："先生们，你们以为我是在利用之前取得的名声，是吗？那你们错了！我想问一个问题——"施瓦辛格看着众人期待的眼神说。

"就您吧，先生，我想问您，您爬过山没有？"他随手指着身边的一个很有名的富翁。

"爬过，我想这里每个人都爬过，这个问题太简单了！州长先生！"富翁不屑地说。

"那好，当您爬上一个山峰后，再想爬到另外一个山峰，您会怎么做呢？"

"州长先生，这个问题我想连孩子也会回答，当然是从这个山峰往那个山峰上去了，当然，能给我一个直升机更快！"富翁话中带刺地说。大厅内一阵大笑。

"那好，先生，如果没有直升机怎么办？怎么样才是捷径呢？"

"那也简单，，没有直升机，我又不能飞上去，只能从这个山峰上下来，然后往那个山峰上爬了！"

"先生，您的意思是要先放弃之前的山峰，才能拥有之后的山峰，是吗？"

"我想是的，一个人不可能拥有两个山峰！"

"太好了，我想您已经给出我的答案了！"

大厅内沉寂了数秒钟，随即一阵掌声。

施瓦辛格取得全美健美先生称号后投身于好莱坞，他开始认为以前的声望不难取得成功，可是事实上影迷们不在乎你是什么，只在乎你的演技怎么样。明白这个道理后，他开始磨练自己的演技，甚至从跑龙套开始，并回到家中将自己以前取得的荣誉全部放到储藏室，同时还告诉媒体：请以后不要说我是健美先生，那对我来说是过去，那些冠军奖杯就在我家储藏室，如果谁想要，我愿意放弃！媒体爆炸式惊呼：施瓦辛格放弃健美先生称号在跑龙套！接着，施瓦辛格在好莱坞取得了空前成功。然后，他又想从政。面对人们的议论，说"找一个会演戏的州长对市民来说绝对是个坏消息！"他告诉人们，以前的"魔鬼终结者"已经是过去了，现在他是一个州长候选人。就这样，他又成功了。

生活就是这样，当你取得一个辉煌后，再想拥有另一个辉煌，你必须把以前的辉煌放弃，从头开始。因为，你过多的想着以前的辉煌，那无形中也许已经成了你前进的绊脚石，只有忘掉它，并从零开始，那就已经成功了一半。

人的理想和未来的选择只有一个，那么为什么把自己对选择的努力分成两半？放弃固然是痛苦的，甚至是艰难的，但是树木不剥枝不足以强干，瓜藤不修剪就结不出硕果。鱼儿不迷恋天空，才能遨游于沧海，鸟儿不痴情海洋，才能翱翔于蓝天。人呢？如果没有放弃的勇气，就不可能拥有辉煌。鱼和熊掌不可兼得，舍鱼而取熊掌也。

一个古老的寺庙里来了一位新僧，他决心潜心于佛教，忘却所有的世俗杂念，不与世俗同流合污。刚来的第一天，他就想"为什么我不能有一个比别人更别致的饭碗呢？"于是他夜里偷偷下了山，买了一个银制的钵，众人对他刮目相看。过了几天，他又想："为什么我不能有一块比别人好的洗衣板呢？"他又一次连夜偷跑下山，买了许多新物品带回寺庙。就这样，他被许许多多的生活琐事所干扰着，今天想这件事，明天想那件事，终于落得心思太重，杂念太多，一事无成。

<u>生活就是如此，只有放弃浪费精力的无用的琐事，才能领略生命的真谛和价值，生活的最高境界即是删繁就简。</u>

2. 生活的美好在于寻找

日常生活中，当我们劳累时、疲惫时、厌烦时、不满时，往往会嘟囔别人的是是非非，抱怨生活的不公不道，把那些在工作和人际等方面的不顺与不快一并地发泄在无辜的"生活"头上。每个人的路都是不同的，谁也无法代替我们去走，只有我们自己才知道其中的辛酸与美好。人的生命是有限的，有一句话是这样说的：<u>我们无法改变人生的长度，但是我们可以改变人生的宽度</u>。不是吗？

我们笑的时候，那是我们自己想笑；我们哭的时候，那是我们自己要哭。其实我们的生活好坏，都是我们自己选择的结果，不能怪任何人，曾经有多少家庭富裕的人，生活得并不幸福，曾经又有多少家庭凄惨的人，生活得反而很开心。为什么？我们应该问问自己，到底是为什么？让我们经常觉得自己是这个世界上最不幸的哪个人呢？

找了整个世界，结果还在我们自己身上，你想过得幸福么？从自己开始，用心地去寻找身边的一切值得开心的事情吧！即使树上的一只小鸟，即使别人的一个微笑，都是我们开心的理由，努力地寻找生活中的美丽吧！

一朵花之所以美丽，是因为你认为她美丽。在你的生活中，你有没有花过时间去寻找美感呢？美的感觉存在于你的心中，有时无法用文字描述出来，很多美丽的思绪闪过脑海，无法捕捉。美不是空谈，美是去经验，去生活，去感受，去欣赏。欣赏美，是一件简单的事，如果你对内在美丽的世界一无所知的话，你又如何看见外在世界的美丽？放掉偏见和固执，你将会感受到一种前所未有的美，因为美，就藏在你的心中。找到心中的美，你将可以在每一个地方都找到美。生活得美好，往往就在于生活本身。<u>美的极致就是安详</u>。德国哲学家康德说："美，是一种无目的也快乐。"人如果能放下一些偏执，放下一些无谓的烦恼，一片树叶，一朵小花，都有它的美，只要用心，生活中皆能显露美好及喜悦。

一个年轻人把家搬到了一个新的城市。他问一位当地人："这

座城市怎么样？人们友好吗？"当地人没有回答他的话，而是反问他："那你告诉我，你原来住的城市怎么样？人们友不友好？"年轻人叹口气说："唉，别提了。那里简直是一个地狱，街道肮脏混乱，人们互相仇视。这辈子我都不想再踏进那个城市一步。"当地人看看他，回答说："我要很遗憾地告诉你，这里也一样。这儿并不是你理想中的天堂。"

另一位搬来的年轻人也向这个当地人打听城市的情况。当地人问了他同样的问题。这位年轻人回答："我原先住的城市非常好，环境很不错，而且人们非常热情好客，也特别乐于助人。我真是很喜欢那里，可是我要来这里读书，所以搬来了。"当地人立刻微笑着回答："年轻人，你真是来对地方了，这里一样是一个很可爱的地方，你不久就会发现这一点。"

有人听到了这个当地人的话，不解地问："为什么两个人向你打听同样的问题，你的回答却截然不同呢？"当地人说："一个人看到的世界就是他心灵的反映，心理阴暗的人不懂得去发现生活的美丽，他们是看不到光明的。而且走到哪里都一样，人只能看到自己心里的世界。"

世界的样子，正是人心灵的反应。当你努力寻找了生活的美好，心里充满光明的时候，世界便对你敞开了大门；而如果你自己不去主动寻找那些美好的东西，堵上了心灵的窗口，你的世界就自然被黑暗所吞没。你之所以局限在自己的小世界，也正是因为你不肯打开自己的心胸，去发现生活的美景。敞开心灵，努力寻找，你便看到了美好的世界。

世上的人生都没有完美，正因如此，我们才会在人生的道路中保持高涨激情，有美好的憧憬，去追求我们的梦想，去寻找我们的生活乐趣。如果你在生活中，看不到任何的价值，那么每一天，都去寻找一个美好的事物，直到变成一种习惯。

爱因斯坦说过："要追究一个人自己或一切生物生存的意义或目的，从客观的观点来看，我总觉得是愚蠢可笑的。可是每个人都有一定的理想，这种理想决定着他的努力和判断的方向。就在这个意义上，我从来不把安逸和享乐看作是生活目的本身——这种伦理基础，我叫它'猪栏的理想'。照亮我的道路，并且不断地给我新的勇气去愉快地正视生活的理想，是善、美和真。要是没有志同道合者之间的亲切感情，要不是全神贯注于客观世界——那个在艺术和科学工作领域里永远达不到的对象，那么在我看来，生活就会是空虚的。人们所努力追求的庸俗的目标——财产、虚荣、奢侈的生活——我总觉得都是可鄙的。"

伟人的话语往往总是直接点出人们的死穴，试着想想，我们的那些所谓烦恼不就是由于我们误读了对生活的意义所导致的吗？那么我们一直所追求的真正意义和目的是什么呢？

寻找生活中美好的东西，感受生活，享受生活不要过多的怨恨什么，不要让幸福从手心溜走，不要太留恋过去，向前走眼光前视，记得不要作影子，因为影子永远在头下面。在海上航行过的人都知道，只要能能看见灯塔，心里就是安定的，因为有目标，灯塔虽然遥远，可目标希望就在前面；心态决定未来，人的性格千差万别，不会改变或许很难改变的，所以不要试图改变别人，要想获得，只有改变自己对人或事的心态。<u>不要抱怨机遇没有光临自己，其实在你抱怨的同时，机遇已经擦身而过</u>。为此我们也没有必要后悔，新的一天每时每刻都有机遇，只要你用心去体会，不断提高自己，她就一定会光临你。

生活中有很多东西值得赞赏，挖掘好的舍弃坏的，不论阴晴雷雨，太阳每天都会升起。我们每一天都要努力地去寻找生活的美好，这样才会让我们的生命变得更加有活力。

3. 小让步，大智慧

让步是一种智慧，是一种胸怀，是一种宽容，是一种高尚，是一种修养。世上的事，往往并不一定要争个你死我活、谁高谁低，因为冠军只有一个，胜者只有一个。只要你有足够的肚量和能力，你就是冠军。明明有实力夺取胜利，偏偏做出让步，确实是"棋高一着"，更加令人敬佩。

德国诗人歌德到公园散步，在一条狭窄的小路上，与一位反对他的批评家相遇。那位批评家傲慢无礼地说："知道吗，我从来不给傻瓜让路。"歌德

笑道："而我正好相反。"说完，他闪到大路一旁，让批评家先过去。

到底谁是傻瓜呢？自作聪明的人，往往会被聪明所误。学会让步是做人的一种美德，能够做到"有理也要让三分"就更难能可贵了。让步就是对人的宽容和友善。善于"让步"的人，注重心平气和地对待他人和一切事情。

学会让步是一种做人的智慧。要想使自己的一生过得轻松愉快和精彩，就必须以自己的聪明才智努力创造生活。有智慧的人，能够坦然对待生活道路上的成功与失败、清贫与富有；能坦然对待朋友与怨恨自己的人，战胜自我。<u>一个人能理智地做到容言、容事和容人，就是做人的智慧的基本表现。</u>容言，就是善容刺耳难听之言；容事，就是善容天下难容之事；容人就是善容超过自己的人和不如自己的人以及反对自己的人。善于用智慧在人际交往活动中适当做出妥协和让步，既有助于保持心境的安宁与平静，也有于人际关系的和谐。

清代大学士张英在桐城的相府与邻居的宅院间有一块空地，邻居修房砌墙越过了中界，两家人因此而发生了争执。张英的家人给他写信，试图倚仗他的权势压倒对方。不料，张英却从朝廷寄回一首诗："千里修书只为墙，让他三尺又何妨。长城万里今犹在，谁见当年秦始皇？"家人读罢，深感惭愧，立马让出了三尺地界。邻居被张家的举动感动，也让出了三尺。就这样，"六尺巷"成为千古佳话。不是张家不能压倒对方，而是不屑于与之争强斗狠。不要说多占三尺，多占六尺又怎样？想当年，长城绵延万里，天下都是秦始皇的，可如今他又在哪里？一时之勇，一时的上风，看上去威武，但人的境界却在低处。一个人的高明，不在于在干戈中获胜，而在于化干戈为玉帛。

战国时候，有一次，赵王派孔青率领大军救援廪丘。孔青是员猛将，加上足智多谋的宁越辅佐，所以，赵军大败齐军，杀死齐军统帅，缴获千余辆战车，同时留下三万具齐军尸体。孔青要把齐军尸体埋成两个大丘，以此彰显赵国的武功。宁越劝阻道："这样做太可惜，那些尸体另有用处。我们把尸体还给齐国人，这样可以从内部打击他们，从而让齐军不敢再侵犯我国。""死人又不能复活，

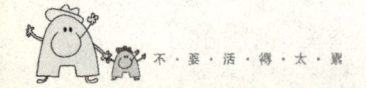

怎么能从内部打击齐国呢？"孔青想不通。宁越说："战车、铠甲在战争中丧失殆尽，府库里的钱财在安葬战死者时用光，这就叫做从内部打击他们。古代善用兵者，该坚守时就坚守，该后退时就后退。我军后退三十里，给齐国人一个收尸的机会。"孔青大致明白了宁越的用意，但转念一想，问道："如果齐国人不来收尸，那又该怎么办呢？""那就更好。"宁越胸有成竹地说，"作战不能取胜，这是他们的第一条罪状；率领士兵出国作战而不能使之归来，这是他们的第二条罪状；给他们机会他们却不收尸，这是他们的第三条罪状。老百姓将会因为这三条，而怨恨齐国的高官、将领，居于高位的人也就无法役使下面的人，这样也能做到从内部打击齐国。"孔青终于完全理解了宁越的良苦用心。宁越的主张看起来好像并不是那么咄咄逼人，相反，似乎还有点软弱，像是在向齐国让步。殊不知，这"让步"里面却大着极大的智慧。

懂得适时让步的人，乍一看是"奋斗者"眼中的懦夫，可却确确实实是上帝心目中的强者。唯有让步，才能走得更远，好比弹簧在伸得更长前要有一个收缩的过程。让步也许意味着眼前利益的不复存在，但也可能预示着更大成功的即将来临。然而，现实生活中，人们总不厌其烦地在利益前倒下。面对利益，他们眼中似乎没有任何让步的余地。并非要有看破红尘的决心，但必不可少克服利欲的能力。这是一种让步，在利益前的。还有一种让步，是在理性前的。这种让步便更难做到，如果人都能以理性的态度面对人生，或许人类社会也不需要发展数千年才到达现在的水准了；征战、党羽将不复存在，和平永存；这也未免索然无味。但是在旁人的疯狂中，能保住一块理性的净土，适而退之，方可立于不败之地。圣人难以为之，贤人无能为之，何况凡人！但倘若能在一时选择理性的让步，这一时你就会是最成功的。这种让步绝对是他人无法理解的，这才正是它的正确所在。只能听但丁所言："走自己的路，让别人去说吧。"

古贤说，"君子能伸能屈"。其实，正如热胀冷缩一样，能伸能屈也是人的本能，不一定就非要君子所能为。问题是，什么时候该伸什么时候该屈，该怎么伸怎么屈，要伸多长要屈多久，这可就大有学问了，而且学问很深奥。如果你掌握得透，运用得好，敢伸能屈，敢伸敢屈，那就是君子了，至少也能如鱼得水、游刃有余于人生。

现代商业社会，经济亢奋，物欲横流，竞争激烈，生活节奏不断加快，许多人心急火燎，浮躁妄图，急功近利，整天只知道"伸"，"进"也就是我们常说的开拓、进取、拚搏、争斗，而忽略了"屈"和"退"的作用，忽略了凡天地万物伸则易断，刚则易折，强则易败，"欲速则不达"的道理。孔子曰，"尺蠖之屈，以求信（即伸）也；龙蛇之蛰，以存身也"。宋朝朱熹更认为"屈伸消长"是"万古不易之理"。他提出，在时机未到之际，要"退自循养，与时皆晦"，要学会"遵养时晦"，要静待时机，侍机而动，卷土重来，方可成就大业。

在人的一生中，不可能永远都是一帆风顺，也不可能永远都坎坎坷坷。只要你学会了"退一步海阔天空"这句话，你将会受益匪浅，在人生的道路中也会少一些绊脚石。

有一个老人，欠了许多债，家里又养着几个儿子。因怕连累了儿子，自己吃了毒药去一家旅馆找麻烦。旅馆老板是个宽宏大量的人，没和那老人计较。结果老人去找了另外一家旅馆，和老板吵了起来，当天晚上在那家旅馆中毒性发作，死了。因死者生前与这老板有矛盾，结果老板赔了老人家里很多钱才大事化小，小事化了。原来老人以自己的死换了些钱帮家里人还清了债。因为第一家老板的退一步使老人不忍心嫁祸他，保住了自己的名声和金钱。

还有一例，在春秋时期，秦穆公在宛养了一批战马。可是没过几天，宛来了300余野人，他们肚子正饿。便在晚上把那批战马抢来吃了。地方官员报告给秦王，秦王想了想说："算了！大家都活得不容易，不就几匹马吗！再给他们（指野人们）些酒也罢！"野人们非常感激秦王的不杀之恩，他们这么做也是出于饥饿难耐啊。所以发誓说为秦王誓死效忠。秦王说："我不杀你们不是为了让你们誓死效忠！你们去休息吧！"这时秦国正与晋国交战。在龙门山之役中，秦王的战车陷在了污泥坑中，眼看就要被晋军俘虏。突然，从西面赶来了300余勇士，赤身露体，遍体图案，手持大刀杀来，所到之处晋军尸横遍野，救出了秦王。一看那勇士，却是那300多个野人。

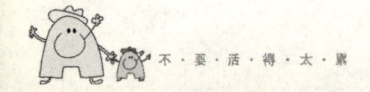

由此可见，让步的重要性！人生就是这样，你在帮助了别人的同时，也无意中帮助了自己！

对于选择让步，只有目光长远、志向远大的人才能真正做到。我们若能铭记于心，得而为之，成功必不会远，人生也会更加精彩。

4. 用坦然抚平失意的伤痕

人生在世，生活中有褒有贬，有毁有誉，有荣有辱，这是人生的寻常际遇，无足为奇。古人云：君子坦荡荡。为君子者，无妨宠亦坦然，辱亦坦然，豁达大度，一笑置之。得人信宠时勿轻狂，莫忘"贺者在门，吊者在闾"；受人侮辱时忌激愤，犹记"吊者在门，贺者在闾"。如此清醒应对，便不难达到"不以物喜，不以己悲"的思想境界。古往今来万千事实证明，凡事有所成业有所就者无不具有"坦然"这种极可宝贵的品格。

诚然，现实生活中，总是会有许多人以坦然这个词来形容自己，可是又有多少人真正的能够达到坦然呢？这些人所理解的坦然只不过是表层含义罢了，真正的坦然是一种境界，一种人生的品质升华。所谓坦然，即为释然，不为尘世所羁绊。

陶渊明不为五斗米折腰，在荡涤黑暗的官场上，他不愿同流合污，虽然曾幻想在朝廷中一展宏图。但在人格与功名之间必须做个选择时，他毫不犹豫地放弃了名利，保持正直清廉的为人，隐居深山，悠悠南山，采菊东篱，开荒南野，守拙田园。于是，他便咏出了"悟已往之不谏，知来者之可追。实迷途其未远，觉今世而昨非"的千古名句。

坦然，是一种豁达，是失意后的乐观。李白才华横溢，却在官场上处处碰壁。在被贬官之后，他依旧笑吟"长风破浪会有时，直挂云帆寄沧海"。之后，又发出"松柏本孤直，难为桃李言"的呼喊，毅然离开宫廷，游访名山胜水去了。李白的豪情洒脱，在于他的乐观，不因挫折萎靡，相信人生的美好。

坦然，亦是一种胸襟，一份宽容。蔺相如大度能容，方能与廉颇携手，

为国鞠躬尽瘁；三国时期的蒋琬，宰相肚里能撑船；林肯重用自己的政敌，宽容为怀，领导有方。

诸如此类的事例不胜枚举，自古以来，中华民族就有着宽容为怀的优秀精神，而这也正是坦然的一种表现。

在如今的社会中，坦然也是处处存在的，它隐藏在某个角落时，只要我们用心观察，就会发现。忽然想起来泰戈尔的最有名的一句诗："*天空不留下鸟的痕迹，但我已飞过。*"这不是对"坦然"作了最好的诠释？是的，许多的事得失成败我们不可预料，也承担不起。我们只需尽力去做，求得一份付出之后的坦然和快乐。

坦然并不代表随便。它是口渴时的一掬清泉，它是饥饿时的一块面包；没有失落时的耿耿于怀，没有拥有时的患得患失，有的只是失落时的坦然，有的只是拥有时的满足。生活中的阳光雨露和掌声鲜花，闪电雷鸣和风吹雨打，与苦乐成败、善恶美丑混杂而成一种复杂的人生形态，摆在了每个人面前，谁也回避不了。那些在各种形态下始终拥有踏实和欢乐者，无不是站在人生的坐标高处，承受着苦乐与荣辱，承受着得失与悲欢。"不以物喜，不以己悲"，是坦然的一种境界；"行到水穷处，坐看云起时"，更是坦然的一种风范。

只有登过山的人，才知道山的险峻挺拔，只有见过海的人，才了解海的波澜壮阔。生活，也许就是这样，她总是以微笑向人们招手，却又以苦难向人们挑战，给每一个跋涉者险山、荒漠、荆棘、风暴……我们只有坦然的面对，让荆棘、挫折成为磨砺我们意志的坚石，让激流、险滩成为锤炼我们信念的熔炉。坦然源于健康的自信与宽阔的胸怀，"热爱人生而超然物外，洞达世情而不染一尘。"当你步入坦然的境界，你就会不在意生活的缺憾，更加珍惜你所得到的点点滴滴。

有则故事说在一辆飞速行驶的列车上，有一位老人刚买的新鞋不慎从窗口掉下去了一只，周围的旅客无不为之惋惜，不料老人把剩下的一只也扔了下去。众人大惑不解，老人却坦然一笑说："鞋无论多么昂贵，剩下一只对我来说就没有什么用处了。把它扔下去，就可以让拣倒的人得到一双新鞋，说不定他还能穿呢。"老人看似反常的举动，体现了清醒的价值判断；与其抱残守缺，不如果

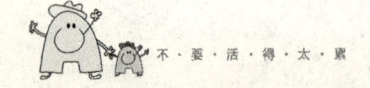

断放弃。这种坦然面对失去的豁达心态，令人顿生敬意，也发人深思。

坦然面对失去，需要及时调整心态，首先要面对现实，承认失去，不能总沉溺于已经不存在的东西之中。得到和失去其实是相对的。民间安慰丢失东西的人总是说："旧的不去，新的不来。"事实正是如此。与其为了失去的东西懊恼，不如全力争取新的得到。

坦然面对失去，就是胸襟更豁达一些，眼光更长远一些，经常为自己整整枝，打打杈，排除那些不必要的留恋与顾盼，以便集中精力于人生的主要追求。这样，大而言之，有益社会，小而言之，有益自己。

有时坦然的对象既是别人，也是自己。坦然地面对自己的缺点，错误，他人的不屑，误解。坦然地面对别人的善意，不必感激涕零，不必受宠若惊。对于自己的错误，不必耿耿于怀，羞愧难当。对于自己的缺点，不必念念不忘。大方地表达自己的善意，不必小心翼翼，深恐别人不领情。诚实地表达自己的看法，不必担心别人不赞同，不理解，不支持。你是为自己活着，而不是为任何别的人活着。不必在意别人的评价，不必在意自己在别人眼中的形象，因为你在自己心目中的形象才是决定性的。

坦然是一种心境，是面对一切的不计较，无论是金钱、名利、地位。坦然，是面对现实的一种从容不惊，一种泰然。坦然，就是要心态平和，顺其自然。它不同于古代智者的"顺天而行"、"无为而治"，也不是不在乎，任其发展。它是"有为"后的一种心理状态。人生之路并不都是充满阳光鲜花的大道，有时也会有沟沟坎坎、磕磕绊绊，许多的成败得失，并不都是我们能预料到，也不是我们都能够承担起的，但只要我们努力去做，求得一份付出后的坦然，得到的也会是一种快乐。被批评了，没关系，及时改正，吸取教训；受到表扬了，别得意，总结经验，再接再励；得到了，不沾沾自喜，矫揉造作；失去了，不颓废沮丧，妄自菲薄；只要有一颗坦然的心，真真实实的生活，得之淡然，失之坦然，笑看风云变化，你会发现原来一切也不过如此。

5. 换个角度就能换个心情

人在生活中总会经历很多事情，总会产生烦恼。其实很多事情换个角度去看就会有不一样的结果，一样的遭遇可能就不再是烦恼，而你会拥有一个好的心情。

有一个流传很广的故事，一个老太太有两个女儿，大女儿嫁给一个开伞店的；二女儿成为洗衣店的主管。这样，老太太晴天怕大女儿家雨伞卖不出去，雨天又担心二女儿家衣服晒不干，整天忧心忡忡。后来，有人对老太太说："老太太，您真有福气，晴天二女儿家顾客盈门，雨天大女儿家生意兴隆。"老太太这么一想，哎，还真是！从此，整天无忧无虑。任何事情，都有两面，抱欢喜心去看，就是欢喜，抱愁苦心去看，就是愁苦。生活很多时候都是如此，换个角度就会有着截然不同的心情。

烦恼会让人坐立不安，会让人心神不宁，但烦恼终究是可以解决。换位思考，换个角度重新审视问题，事情就会变得不一样，给你带来新的感受。一群兴致勃勃的人在登山的路上，遇到了从山上下来的满身疲惫的人，于是，登山的问下山的说，怎么样？山上有什么好玩的吗？下山的满脸失望地说，没有，什么也没有，只是一座破庙……如果你是登山的，听到这些话，就停滞不前，满心失望，请问你这次旅途愉快吗？不，一点都不愉快。这个时候，你只有给自己一个微笑，给自己一次机会，自己爬上去看个究竟，也许，你会从中发现一些新的东西。所以说生活里也同样是如此，多去发现挖掘事物好的一面，也同样会给你带来好的心情，好的际遇。同样的，换角度去看待事情，也可以让你在失败的时候能够保持一颗积极的心态。伟大的发明家爱迪生，在研究了8000多种不适合做灯丝的材料后，有人问他：你已经失败了8000多次，还继续研究有什么用？爱迪生说，我从来都没有失败过，相反，我发现了8000多种不适合做灯丝的材料……换一个角度思

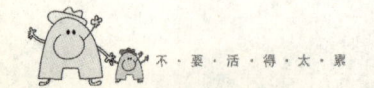

考，问题就截然不同了，有时候，能从失败中走出来也是一种成功，如果你整天沉浸在失败的痛苦之中，那么你永远无法成功。爱迪生的故事讲明，人的目光不能总是停留在负面上，悲观的看待问题，换一个积极乐观的角度更有助于你。

一片落叶，你也许会看到"零落成泥碾作尘"的悲惨命运，但是只要换个角度想，你便会发现它"化作春泥更护花"的高尚节操；一根蜡烛，不久便会"蜡炬成灰"，但它却为人照亮了前面的路。

有位哲学家曾以半杯水为例，也讲出换个角度看问题的重要性：乐观的人看再有半杯就满了，悲观的人看这半杯没了就没了。一些事情虽有不愉快或糟糕的一面，但也有好的一面。最根本的症结，在于我们每个人心中都有一位严厉的法官，他无时无刻不在批判自己、批判别人，对生活也毫不留情地批判。于是在我们的眼中，别人的缺点似乎无所遁形，而自己的内心也因一些"看不开"的事而陷入悲观失望。

有两句话是这样说的："当你眼中只看见海，而看不到其他的，就会认为没有陆地的存在，就无法成为优秀的探险家。""真正的发现之旅，并不在于寻求新的景观，而在于拥有新的眼光。"只要调整自己看问题的角度，你的世界将会变得不一样。<u>你用什么眼光看世界，世界就会以什么方式回报你的观看。</u>

有一个小男孩在心情不好时喜欢靠着墙倒立。他说："正着看这些人、这些事，我会心烦，所以我倒着看世界，觉得所有人、所有事都变得好笑了，我就会好过一点。"

当烦恼来临时，我们无法去兼顾他物。当人陷入绝境中，视野自然会变得狭小，只拘泥于自己烦心的事情，对其他事毫不关注。一个人心情烦闷、忧愁时，更要暂时避开眼前的一切，不要钻牛角尖，应将注意力转移到别的事情上，进行角色互换，或许会有意想不到的收获。

一个人做了一个梦，梦中他来到一间二层楼的屋子。进到第一层楼时，发现一张长长的大桌子，桌旁都坐着人，而桌子上摆满了丰盛的佳肴，可是没有一个人能吃得到，因为大家的手臂受到魔法

师诅咒，全都变成直的，手肘不能弯曲，而桌上的美食，夹不到口中，所以个个愁苦满面。但是他听到楼上却充满了欢愉的笑声，他好奇地上楼一看，同样也有一群人，手肘也是不能曲，但是大家却吃得兴高采烈。原来大家虽不能靠自己的力量吃到东西，但是坐在对面的人在彼此协助，互相帮助夹菜喂食，结果大家吃得很尽兴。

事情有着正反两面，人们面对事情的心态也同样有着正反两面。有的人会选择悲观、愁苦以至于消极的态度来面对，有的人却可以坐到乐观积极向上的心态。

在法国一个偏僻的小镇，据传有一个特别灵验的水泉，常会出现神迹，可以医治各种疾病。有一天，一个拄着拐杖、少了一条腿的退伍军人，一跛一跛地走过镇上的马路，旁边的镇民带着同情的口吻说："可怜的家伙，难道他要向上帝请求再有一条腿吗？"这句话被退伍的军人听到了，他转过身对他们说："我不是要向上帝请求有一条新的腿，而是要请求他帮助我，教我没有一条腿后，也知道如何过日子。"

生活中不开心的事情有很多，我们只要换个角度去看待，就会有不一样的结果，就会给自己带来更多好心情，带来更多好的变化。中国有很多古语形容换个角度看问题的方法。盘子或者碗打碎了，会叫做碎碎平安，又如塞翁失马焉知祸福的故事。一个人一无所有时，别人会安慰，"留得青山在，不怕没柴烧。"

生活里，换个角度就能换个心情。

6. 人生没有走不过去的路

人生的旅途上，没有一帆风顺，坎坷总是伴随我们走过一路。人生中不会缺乏磨难，不会没有艰辛。人生里总会有困难的时候，总需要我们去面对，我们应该告诫自己，人生没有走不过去的路，没有跨不过去的坎。当生活喂给我们一颗苦果时，我们应该去品味苦难之后回归的甘甜，去咀嚼出生活中的每一丝滋味。

日本侵略中国的时候，在农村进行大扫荡，一个农村妇女不得不经常带着两个女儿和一个儿子东躲西藏。村里很多人都受不了这种折磨，想到了自尽，她得知道后就去劝："别这样呀，没有过不去的坎，日本人总不会这猖狂的。"

她终于等到解放那一天，可是她的儿子在那炮火连天的岁月里，由于缺少医药，又极度缺乏营养，因病夭折了。丈夫不吃不喝在床上躺了两天两夜，她流着泪对丈夫说："咱们命苦呀，可再苦也得过呀。儿子没有了，咱们再生一个，人生没有过不去的坎。"

刚刚生了儿子，丈夫又因患水肿离开了人世。在这个打击下，她很长时间都没有回过神来，但最后还是挺过来了，她把三个未成年孩子搅到怀里，说"娘还在呢。有娘在，你们就别怕。"

她含辛茹苦地把孩子一个个养大，生活也慢慢好起来。两个女儿嫁人了，儿子也结了婚，她逢人便乐呵呵地说："我说吧，没有过不去的坎，现在生活多好呀。"她年纪大了，不能下地干活，她就在家里纳鞋底，做衣服，缝缝补补。

可是，上苍似乎眷顾这位一生坎坷的妇女，她在照看孙子时不小心摔断了腿，由于年纪太大了做手术危险，就一直没有做手术。她每天只有躺在床上。儿女们都哭了，她却说哭什么呢？我还活着呀。即便下不了床，她也没有怨天尤人，而是坐在床上做针线活，她会编手工艺品，会绣花，会织围巾，左邻右舍都夸她手艺好，还来跟她学手艺。

她活到86岁，临终前，她对自己的儿女们说："都要好好过啊，没有过不去的坎。"

是呀，**人生没有过不去的坎，只有过不去的人**。但面对生活的残酷与艰辛时，如果我们放弃希望，放弃对生活的热情与积极，那生活的回答也将再是摧残。只有我们始终保持一颗积极面对生活的心态，人生里就没有走不过去的路，生活给我们出了难题，自然也会给出解决的方法。

　　著名的凯勒小姐在出生后 18 个月的时候就失聪失明成了个聋哑人，然而却奇迹般地走完了一生。

　　海伦·凯勒 1880 年出生于亚拉巴马州北部一个叫塔斯喀姆比亚的城镇。在她一岁半的时候，一场重病夺去了她的视力和听力，接着，她又丧失了语言表达能力。然而就在这黑暗而又寂寞的世界里，她竟然学会了读书和说话，并以优异的成绩毕业于美国拉德克利夫学院，成为一个学识渊博，掌握英、法、德、拉丁、希腊五种文字的著名作家和教育家。她走遍美国和世界各地，为盲人学校募集资金，把自己的一生献给了盲人福利和教育事业。她赢得了世界各国人民的赞扬，并得到许多国家政府的嘉奖。

　　一个聋盲人要脱离黑暗走向光明，最重要的是要学会认字读书。而从学会认字到学会阅读，更要付出超乎常人的毅力。海伦是靠手指来观察老师莎莉文小姐的嘴唇，用触觉来领会她喉咙的颤动、嘴的运动和面部表情，而这往往是不准确的。她为了使自己能够发好一个词或句子，要反复的练习，海伦从不在失败面前屈服。

　　从海伦 7 岁受教育，到考入拉德克利夫学院的 14 年间，她给亲人、朋友和同学写了大量的信，这些书信，或者描绘旅途所见所闻，或者倾诉自己的情怀，有的则是复述刚刚听说的一个故事，内容十分丰富。在大学学习时，许多教材都没有盲文本，要靠别人把书的内容拼写在她手上，因此她在预习功课的时间上要比别的同学多得多。当别的同学在外面嬉戏、唱歌的时候，她却在花费很多时间努力备课。

　　海伦用顽强的毅力克服生理缺陷所造成的精神痛苦。她热爱生活，会骑马、滑雪、下棋，还喜欢戏剧演出，喜爱参观博物馆和名胜古迹，并从中得到知识。她 21 岁时，和老师合作发表了她的处女作《我生活的故事》。在以后的 60 多年中她共写下了 14 部著作。

　　海伦所遇到阻难是旁人所无法想象的，生活给她架上一道坎，她用对生活的热情与勇气努力跨过。人生中，没有过不去的坎。任何困难都会过去

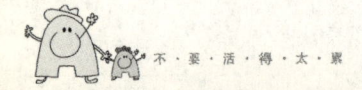

的，咬咬牙，都会看到新的曙光迎接你的，不要在阴影中后悔和痛苦。

生活中我们不必去乞求，也不可能总是阳光明媚的艳阳天，狂风暴雨随时都可能莅临。但只要我们有迎接厄运的勇气和胸怀，在低谷和挫折面前不低头，跌倒了再重新爬起来，将自己重新整理，以勇敢的姿态去迎接命运的挑战，只要我们坚信人生没有过不去的坎，就能迎来人生的辉煌。

美国有一种叫"琼斯乳猪香肠"的美食，可谓是家喻户晓。而在它的发明背后还有一段催人泪下的与命运作斗争的故事。琼斯是该食品的发明人，他原来在威斯康星州农场工作，当时他的家人生活比较困难，但他身体强壮，工作认真勤勉，也从来没有妄想发财。可天有不测风云，琼斯在一次以外事故中瘫痪了，躺在床上动弹不得。很多人都认为这下他这一辈子可交代了，然而事实却出人意料。

琼斯身残志坚，始终都与命运作着斗争。虽然他的身体瘫痪了，但他的意志却没有受到丝毫影响，依然可以思考和计划。他决定让自己活得充满希望，乐观、开朗些，他决定做一个有用的人，他不想成为家人的负担。他思考多日，最终把构想告诉家人："我的双手虽然不能工作了，但我要开始用大脑工作，由你们代替我的双手，我们的农场全部改种玉米，用收获的玉米来养猪，然后趁着乳猪肉质鲜嫩时灌成香肠出售，一定会很畅销！"

正所谓："天无绝人之路"，生活丢给我们一个难题，同时也会给我们解决问题的能力与机会。琼斯之所以能够获得成功，就是因为他坚信人生没有过不去的坎，坚信冬天之后有春天。在困难面前，他没有低头，没有被挫折吓倒，而是另辟蹊径，终于迎来了属于自己的成功。

所以，无论面对的是怎样的生活景况，无论生活带给自己的是什么样的痛苦和忧愁，请记住一句话，人生没有过不去的坎，抛弃痛苦，忘却忧愁，从容地生活，才会享受生命的本身，人生才会拥有一份轻松，拥有一份宁静，生活在自己面前才会展现一片豁朗的天空。

第四卷 Chapter 4

给生活减负——让自己少一些包袱

人生匆匆，岁月无情。蓦然回首，才发现人活着是一种心情。穷也好，富也好，得也好，失也好，一切都是过眼云烟。人生就像一张有去无回的单程车票，没有彩排，每一场都是现场直播。把握好每次演出便是对人生最好的珍惜。把握现在，畅享人生！

1. 活的自在，别太在意别人的眼光

一位年轻作家初到纽约，马克．吐温请他吃饭，陪客有30多人，都是本地的达官显贵。临入席的时候，那位作家越想越害怕，浑身都发起抖来。

"你哪里不舒服吗？"马克．吐温问。

"我怕得要死。"这位年轻作家说，"我知道，他们一定会请我发言，可是我实在不知道该说什么，一想起可能要在他们面前丢丑，我就心神不宁。""呵呵，你不用害怕，我只想告诉你——他们可能要请你讲话，但任何人都不指望你有什么惊人的言论。"

马克．吐温的话对很多年轻人来说都是适用的。对于年轻人来说，由于一直渴望充分展示才情，当机会突然降临在他们面前的时候，很多人都会一下子变得手足无措。第一次演讲、第一次独立做事、第一次被领导委派任务，你可能会紧张得一夜都睡不好觉。这时，你一定要明白，你周围的人都有自己的事要做，他们没有那么多时间把注意力完全集中到你身上，他们还是把你当成一个普通人来看待，他们并不期望你能干出多么惊天动地的大事，你只要和别人一样，按部就班地做了、说了，就算圆满完成任务了。

事实上，别人对自己的看法，就好比那一铲铲"泥沙"，然而，换个角度看，它们也是一块块的垫脚石，只要我们锲而不舍地将他们抖落掉，然后站上去，我就会站得更高看得更远，即使是掉落到最深的井，我们也能安然地脱困。

大家也许听过这样一个故事，有一天某个农夫的一头驴子，不小心掉进一口枯井里，农夫绞尽脑汁也没办法救出驴子，几个小时过去了，驴子还在井里痛苦地哀嚎着。最后，这位农夫决定放弃，他想这头驴子年纪大了，不值得大费周折去把它救出来，不过，无论如何，这口井还是得填起来。于是农夫便请来左邻右舍帮忙一起

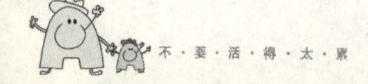

将井中的驴子埋了,以免除其痛苦。农夫的邻居们人手一把铲子,开始将泥土铲进枯井中。当这头驴子了解到自己的处境时,刚开始哭得很凄惨。但出人意料的是,一会儿之后这头驴子就安静下来了。农夫好奇地探头往井底一看,出现在眼前的景象令他大吃一惊:当铲进井里的泥土落在驴子的背部时,驴子的反映令人称奇——他将泥土抖落在一旁,然后站到铲进的泥土堆上面。就这样,驴子将大家铲倒在它身上的泥土全数抖落在井底,然后再站上去。很快的,这只驴子便得意地上升到井口,然后在众人惊讶的表情中快步地跑开。

事实上,别人对自己的看法,就好比那一铲铲"泥沙",然而,换个角度看,它们也是一块块的垫脚石,只要我们锲而不舍地将他们抖落掉,然后站上去,我们就会站得更高看得更远,即使是掉落到最深的井,我们也能安然地脱困。

2. 拒绝是为了活得真实

在这个纷繁复杂的社会,每一个人都可能或多或少地遇上一些自己不想做或不愿做的事情。而很多时候是内心里极不情愿,但又不便直接拒绝。因为人在社会上生活,要和形形色色的人打交道,即便你再正直,也不想把人家弄得很尴尬,无论对方是善意的,还是别有用心。所以,拒绝在某种程度上也是一门艺术。

大多人都听过这样一句古话:大丈夫有所为有所不为。这个"不为",就是拒绝。什么意思呢?当别人有所求而你无能为力的时候,就要行使你拒绝的权力;当你遭遇美丽、温柔的陷阱,自己的合法权益受到侵害的时候,你也要行使你拒绝的权力。

对于拒绝,许多人来都有一个错误的观念,认为拒绝是一个贬义词。拒绝代表着一种排斥、一种隔阂、一种敌视,是一种迫不得已的防卫,殊不知它更是一种主动的选择。人们在人际交往过程中为了营造所谓的和谐关系,

往往对别人的要求百依百顺，不懂得拒绝，因此使自己活得很累。其实这完全没有必要。在智者眼中，恰当地使用拒绝是一种智慧的表现。

拒绝不代表弱势，不意味着逃避或是偷懒，相反它是对自己负责，也是对别人负责。道理很简单：因为你不是"超人"，不能让每个人满意。所以当别人有所请托时，你一定要量体裁衣，只有你自己最了解自己，所以适不适合这个任务只有你自己最清楚。

学会拒绝，不是绝情，而是一种点到为止的理性。因为"拒绝"其实并不是个贬义词；相反，如果在适当的时候拒绝却能起到积极的作用，至少可以不用让别人再有不切实际的幻想，把痛苦扼杀在初级阶段。虽然拒绝在一定程度上会给别人带来不愉快，但如果为了某些原因不愿意拒绝，那这种"不愉快"将会延伸。所以说，拒绝是理性人的一种解决方式！

拒绝是人生的一种权力和智慧。生活中无不充满着诱惑和陷阱，只有学会拒绝才不会误入歧途、掉进陷阱。面对不良诱惑，你该不该拒绝？别人给你好处拉你下水，你该不该拒绝？别人请你帮忙办事，而你无能为力，你该不该拒绝？甚至违法犯罪的事，你该不该拒绝？诸如此类，应有尽有，就看你怎么对待了。

生活繁杂多变，青少年身处其中，诱惑一定不少，当这些诱惑来到你面前的时候，多少人会拒绝？有句话叫"无欲则刚"，别说青少年受年龄和经历所限，就连经历无数的成人都有可能掉入欲望的旋涡。有些人为某些事情失去理智，掉进别有用心的人设置好的陷阱里，无非是没有拒绝诱惑。在金钱、美色、名利、地位等这些致命诱惑面前打了败仗，成为俘虏，其根本原因就是放弃了自己拒绝的权力。

现实生活中，选择拒绝的人并不多。有时候，对于痛苦，我们会选择逃避，会选择掩饰，或者选择忍耐，但就是想不到拒绝，因为长期以来的温良谦恭让的教育，使我们似乎既不敢拒绝，也不会拒绝。

明朝开国皇帝朱元璋是个杀人不眨眼的天子。天下百姓都忌他万分。一次，著名画家周玄素奉朱元璋之命入宫，在宫殿墙壁上描绘明朝的江山地理图。周玄素深知朱元璋的为人，不知他葫芦里卖啥药，画他朱家地图，弄不好，岂不是保不了脑袋。思忖再三，周玄素伏地请命："臣不曾遍走天下九州，孤陋寡闻，未敢受此命，奉请皇上先给出个草图，待臣再依此描绘润色，不知皇上意下如何。"周玄素用他的机智巧妙地拒绝了朱元璋。我们可以想象，如果周玄素直接拒绝了朱元璋，那下场是可想而知的。正是因为周玄素深深地了解朱元璋，他这样做，既保住了自己的脑袋，又维护了皇帝的自尊和面子。同时又显示了自己的谦恭和才华。这个事例告诉我们，拒绝不仅是一门艺术，拒绝也需要有更高的学问。

拒绝的艺术，对于现代人来说，是很难做的。因为人在社会上奋斗离不开和人打交道。但正因为如此，你更要谨慎，更要懂得拒绝。因为社会很复杂，你可能不会有心地去伤害别人，但你不能保证别人会在有意无意之中伤害了你。所以，当对方邀请你做任何一件事情或送你一样礼物的时候，你再作出答复或接受之前，首先要确定你自己对这个人是否了解，要考虑人家为什么邀请你送你。特别是对于手中掌握着一定的权力的人来说，更要多问几个问什么。因为天下没有免费的午餐。也正因为此，我们更要学会拒绝。学会拒绝，不是要我们去刻意地拒别人于千里之外，而是为了更好的保护自己，更好的使自己活跃在社会这个大舞台。因为不是任何场合任何礼物，我们每个人都能去都能接受的。我们的工作我们的职责很多时候驱使我们要克制自己，必须拒绝。我们可以想想，那么多贪官如果他们开始就懂得拒绝，最终总不至于走向深渊。因为他们没有约束自己，没有起码的做人做事的准则，更没有想过学会拒绝，所以他们的结果是必然的。

拒绝的学问，说起来容易做起来难。因为想要学会拒绝，必须对自己有一定的约束，思想上必须有一道防线。一个放纵自己的人，永远都学不会拒绝。其实，很多时候，适时的拒绝，会赢得别人对你的暗自敬佩。对上司的拒绝，需要的不仅是勇气，更需要智慧；对有求于你的人的拒绝，不仅需要你的谦恭，更需要你的真诚。有了勇气，你的智慧才能得以发挥，你的拒绝也会变得妙趣横生；有了谦恭，你的真诚才能使人相信，你的拒绝也会变成感动。因为拒绝也是一门艺术。

2009年10月31日上午11时，我国著名科学家钱学森在北京逝世。对当代中国人来说，钱学森这个名字太过熟悉。除了科学上的巨大成就，钱老最让人感动的，就是他"懂得拒绝"的高贵

品质。

  钱学森1935年赴美国留学。10年后，他成为当时一流火箭专家，由于发表了"时速为一万公里的火箭已成为可能"的惊人火箭理论而誉满全球。这位加州理工学院的教授在"二战"期间，跟其导师冯·卡门参与了当时美国绝密的"曼哈顿工程"——导弹核武器的研制开发工作，在美国是屈指可数的稀世之才。为了笼络钱学森的心，美方不但为他提供了优越的生活条件和科研环境，而且还授予他上校军衔。但新中国成立后，钱学森毅然放弃了美国的优厚待遇，选择了回国。

  钱学森拒绝和放弃过的东西还有很多。1947年秋天，钱学森回国探亲期间，国民政府通过胡适邀请钱学森担任北京大学校长，被他拒绝了。1956年，国防部第五研究院初建时，钱学森就是院长了，但后来却主动要求"降职"，成了副院长。钱学森是全国政协第六、七、八届副主席。1992年，他致信当时的政协主席李先念，请求辞去政协的一切职务。这一年，他还致信当时的中国科学院院长周光召，请求免去他"学部委员"，即今天的"院士"称号。

"我姓钱，但是我不爱钱。"这是钱学森对金钱的态度。"我是一名科技人员，不是什么大官，那些官的待遇，我一样也不想要。"这是钱学森对官位和地位的不屑。金钱、名誉、地位，在钱学森这里，都没有生存的市场。钱学森退休后，他给自己定下许多"原则"，谁说情都不能破。比如：不题词，不为别人的书写序，不参加任何成果鉴定会，不出席任何应景活动，不出国，不到外地开会，不上名人录等等。

  古人曾经说过：**有所不为才能有所作为**。面对人世的各种诱惑，只有懂得拒绝，才会走向成功和辉煌。在这个世界上能够真正懂得拒绝的人实在不多，钱学森拒绝了很多荣誉和官位，而世界并没有忘记他，给了他更高的声誉。

  了解了拒绝，你就会在处理一些问题上把握好分寸。

  懂得了拒绝，你就会在一种很幽默的气氛中使自己和他人都不至于陷入两难境地。

  学会了拒绝，你就能在社会这个竞技场上游刃有余，永远立于不败之地。

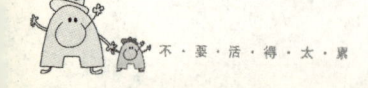

3. 人不能为财死

在现代社会生活中，金钱是财富。然而财富有许多种，健康是财富，快乐是财富，幸福是财富。财富并不是简单的金钱。金钱是一种有用的东西，但是，只有在你觉得知足的时候，它才会带给你快乐；否则的话，它除了给你烦恼和妒忌之外，毫无任何积极的意义。

我们不应将金钱与财富等同起来，更不应简单地将追求金钱和拥有金钱与体现人生价值、追求幸福等同起来。关于金钱，我们需要一种生活的智慧。

有这么一个故事。

有一个叫卡恩的年轻人，站在百货公司的橱窗前，目不暇接地看着形形色色的商品。他身旁有一位穿戴很体面的犹太绅士，这位绅士正站在那儿抽雪茄。卡恩恭恭敬敬地对绅士说：

"您的雪茄好像不便宜吧？"

"两美元一支。"

"好家伙……您一天抽多少支呀？"

"10支。"

"天哪！您抽多久了？"

"40年前就抽上了。"

"什么？您仔细算算，要是不抽烟的话，那些钱足够买下这幢百货公司了。"

"这么说，您不抽烟？"

"我不抽烟。"

"那么，您买下这幢百货公司了吗？"

"没有。"

"告诉您，这幢百货公司就是我的。"

谁也不能说卡恩不聪明，因为第一，他算账算得很快，一下子就计算出每支两美元的雪茄，每天抽10支，40年所花的钱可以买一幢百货公司；第二，他懂得勤俭持家、积少成多的道理，并且身体力行，从来没有抽过两美元一支的雪茄。

但是谁也不能说卡恩具有生活的智慧，因为他不抽雪茄也没有省下买一幢百货公司的钱。卡恩的智慧是死智慧，绅士的智慧是活智慧。是关于生活，关于金钱的智慧，

罗兰说过，爱钱的人很难使自己不成为金钱的奴隶。多数人在有了钱之后，会时时刻刻为保存既有的和争取更多的钱而烦心。他的生意越大，得失越重，越难以找回海阔天空的心境。

很多人拥有金钱，却并不能快乐，就是因为不能懂得金钱与生活的智慧，金钱应为生活得更好服务，是为了让生活更加美好，而不是给生活添加负担。**人不能为了金钱，却去舍弃生活的原本目的——快乐。**

曾听到过这么一个故事，金山寺的山顶上来了一位财主，他说：要捐出百两黄金，给金山寺的菩萨重塑金身。听说来了一位大财主，金山寺的主持亲自陪同他。

他们两人来到高高的金山寺的山顶，眼前漫江碧透，百舸争流，好一张繁华景象。主持就问这位财主说："施主啊，您看到了什么？"那位财主说："在我的眼里，看到的是一张盛世繁华运输图啊，您看这南来的，北往的，东去的，西来的，人们忙忙碌碌都在为各自的生机奔忙着。"

"但是，施主啊，"这位主持说："在我的眼里，看见的和你们看见的不一样。有什么不一样呢？这千船万帆，在我的眼里只有两面帆，哪两面帆？一面是"名"，还有一面是"利"，世人熙熙攘攘皆为名来，忙忙碌碌全为利去，世上的人，不是为了名，就是为了利，所以在我的眼里，我就看见了这两面图，两面帆。"

那位财主说："主持啊，你当然不同啦，因为你是出家人，出家人四大皆空，两袖清风，您的眼中只看见两面帆，因为你一无所有。你看我就不同啊，什么不同？你看，我家中有房屋千间，有良田万顷，有金银满仓，我还有5个儿子，两个女儿，儿子个个待虎

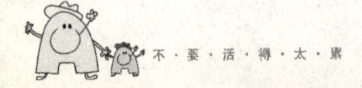

背熊腰，女儿个个貌若天仙，都才貌双全，我还有一个贤淑的妻子，上得厅堂，入得厨房，我还有两个美丽的小妾，我每天是美酒佳肴，人世间所有的荣华富贵我都尝过了。人家有的，我都有了，人家没有的，我也有。你看，这人世我还有什么不满足的？我还有什么不值得骄傲的？像你出家人，四大皆空，两袖清风，一无所有。当然你的眼光和我不一样。"

那位主持就说："哦？施主啊，你什么都有啦？"财主回答："是的，我什么都有啦。"主持反驳说："我来说一样东西你没有的，我看你上山来的时候啊，好像是别人用担架抬上来的，你什么都有了吗？您的身体，您的健康状况如何啊？您的健康有没有啊？你既然有了健康，为什么要别人抬上来呢？"

一说到健康，这位财主若有所失，他说："主持啊，提到身体，我非常的惭愧。我年轻的时候，拼命的打拼，拼命的赚钱，前半辈子，我耗尽自己的精力，我赚了很多很多的钱，可是呢，我的身体状况不如以前了，不行了，不瞒您说，有一位算命的跟我说呀，我的生命不会超过一百天。我的身体不行了，我浑身都是病，每天我浑身痛得像散了架一样，连骨头缝里都会痛。我今天来金山寺，来菩萨面前许愿：假如菩萨能救我的命，我愿意给菩萨重塑金身。"

主持论："哦，原来呀，你什么都有，就是没有健康，是不是？那么我今天就送你一道数学题，你去算一算，来，我告诉你，你的房屋千间，我给你算一亿，你的良田万顷，我给你再算一个亿，你的骡马成群，我再给你算一个亿，你的金银满斗加一个亿，粮食满仓加一个亿，你的娇妻加一个亿，美妾加一个亿，儿女加一个亿，你统统算上，我告诉你等于几？"

财主问："等于几？"主持说："等于一百天后，你眼睛一闭，手一撒，脚一伸，你到阎王那里去报到了，统统等于零。"主持这样一说，就把财主的头说得低了下去。主持接着说："一百天以后，你撒手西归，你的娇妻美妾谁来陪伴？你的牛马谁给你驱使？你的房屋谁来居住？你的良田谁来给你耕耘？你的金钱谁来替你挥霍？统统都是零！金钱是身外之物，生不带来，死不带去，您还要钱干什么？身体都没有了，还要钱干什么？"那位财主幡然醒悟，散尽家财，多行善事，却是活到九十八岁的高龄。

现实生活中便是如此，我们整日绞尽脑汁，放弃休息，放弃玩乐。只为追求更多的金钱，但很多时候却是忽略了自己的身心健康。**金钱是身外之物，生不带来，死不带去，我们所有事业的辉煌，它都要建立在你的身体健康的基础之上，有了健康做基础，你什么都有了，没有了健康，你统统都等于零！**

人活在世，不能为了金钱财富而去毁掉自己的健康，那样便是得不偿失。犹如前半生是用健康去买金钱，后半生却要用金钱去买健康一样，中间却要忍受失去健康的痛苦。

人需要金钱，却不能被金钱蒙住双眼，不能为财而损失自己的快乐和健康。尽追逐金钱而丧失健康，那将是人一生中最大的损失。看透金钱的本质，懂得生命的意义不在于不停地追逐财富。人们应该去发现真正的财富——快乐与健康。

4. 难得糊涂，悠然度日

多数人都推崇"难得糊涂"四个字，似乎没有参透这几个字，这人生活得就不够豁达，在社会上也未能左右逢源。难得糊涂，是看透了世态炎凉，却又做不到视而不见，在生活的种种细节中，不为之所困，豁达之极。

这个世上有很多类型的人——有人被称为智慧，是因为把别人放置在陷阱上的诱饵一个个识破；有人被称为廉洁，是因为把金钱美女的进攻一次次拒之门外；有人被称为勇敢，是因为在大义面前把个人的生死置之度外；有人被称为上进，是因为无论是酷暑严寒，还是白天黑夜都倾心钻研；有人被称为幸福，是因为可以将爱人的小缺点毫无怨言地包容；有人被称为幸运，是因为在锲而不舍中终于等到可以施展才华的机会……以上诸多显示人生百态的处事方法，若仔细地予以研究，便可以从中找出可以称之为"规律"的共性，这就是必要程序或关键时刻的"难得糊涂"。请看：诱饵上面并没有标签，享用了，终究是可以一饱口福的东西；但宁可饿着肚皮，放着"美食"而不用，偏要追根溯源，不就是一份难得的"糊涂"吗？金钱与美色，对于人之生存，都是满足欲望的"橄榄"，可称之为梦寐以求的东西；但在主动送上门来时，却能按捺住生活所需和生理所求而不动心，不也是一份难得的"糊涂"吗？水火无情，歹徒的刀枪更无情，是别人躲避都恐怕来不及的；但面对他人生命、财产受到侵害时，作为一个局外人却能挺身而出，用身躯为屏障，抵挡住水火与刀枪，置个人最宝贵的生命于不顾，岂不更是一份难得的"糊涂"吗？安逸、舒适与娱乐的光阴，是人人所喜欢的；但在"左邻右舍"皆处于优哉游哉的消遣时，自己却动用理智去放弃这份欢乐，苦行僧似地研究学问，其所以能够如此，也是拥有一份难得的"糊涂"呀！爱人（妻子或丈夫）的小缺点，必然会影响对方的正常利益，应当及时指出促其改正才是；但为了避免摩擦，却能够"视而不见"的包容，求得天长地久的和谐，岂不也是一份不可多得的"糊涂"吗？……如此看来，以上诸多"难得糊涂"的处事方法，实际上已升华成为了一种修养、一种情操、一种聪明、一种姿态、一种方法、一种气度、一种境界、一种对于取舍的选择、一种舍我其谁的道义、一种由谋事而达成功的行为艺术。

从前在山中的庙里，有一个小和尚被要求去买食用油。在离开前，庙里的厨师交给他一个大碗，并严厉地警告："你一定要小心，我们最近财务状况不是很理想，你绝对不可以把油洒出来。"

小和尚答应后就下山到城里，到厨师指定的店里买油。在上山回庙的路上，他想到厨师凶恶的表情及严重的告诫，愈想愈觉得紧张。小和尚小心翼翼地端着装满油的大碗，一步一步地走在山路上，丝毫不敢左顾右盼。很不幸的是，他在快到庙门口时，由于没有向前看路，结果踩到了一个洞。虽然没有摔跤，可是却洒掉三分之一的油。小和尚非常懊恼，而且紧张到手都开始发抖，无法把碗端稳。终于回到庙里时，碗中的油就只剩一半了。厨师拿到装油的碗时，当然非常生气，他指着小和尚大骂："你这个笨蛋！我不是说要小心吗？为什么还是浪费这么多油，真是气死我了！"小和尚听了很难过，开始掉眼泪。

另外一位老和尚听到了，就跑来问是怎么一回事。了解以后，他就去安抚厨师，并私下对小和尚说："我再派你去买一次油。这

次我要你在回来的途中，多观察你看到的人和事物，并且需要跟我做一个报告。"

小和尚想要推卸这个任务，强调自己油都端不好，根本不可能既要端油，还要看风景、作报告。不过在老和尚的坚持下，他只有勉强上路了。在回来的途中，小和尚发现其实山路上的风景真是美。远方看得到雄伟的山峰，又有农夫在梯田上耕种。走不久，又看到一群小孩子在路边的空地上玩得很开心，而且还有两位老先生在下棋。这样边走边看风景，不知不觉就回到庙里了。当小和尚把油交给厨师时，发现碗里的油，装得满满的，一点都没有损失。

其实，我们想比较快乐地过日子，也可以采纳这位老和尚的建议。与其天天在乎自己的成绩和物质利益，不如每天努力在上学、工作和生活中，享受每一次经验的过程，并从中学习成长。一位真正懂得从生活经验中找到人生乐趣的人，才不会觉得自己的日子充满压力及忧虑。这也是"难得糊涂"的境界，正因为我们的有些"漫不经心"，可能就会收获很多，而且其过程中也是愉快而轻松地。

把"难得"与"糊涂"合并为一个词汇的创造者，就是生活在清代的郑板桥老人。他做山东潍县县令，身为百姓的"父母官"，当然得关心百姓的民生疾苦。他上任时正是灾荒年，"人相食，斗粟值钱千百"，他又是"衙斋卧听萧萧竹，疑是民间疾苦声"地负责任，遂"为民请赈"，要求开国家的粮仓来救济灾民，结果没有得到批准。他在情急之下，以赤诚之心，"难得糊涂"地对待上司的指令，自作主张打开粮仓以救百姓，并同时采取了一系列积极有效措施，从而使百姓"活者无算"，赢得了百姓的爱戴，却也因此得罪了大吏。为什么郑板桥只有采取"难得糊涂"的方式，才能做上一件"父母官"的分内事呢？带着这个问题去仔细察看、品味人世间诸多具体事时，这才发现几乎无处不包含着"难得糊涂"的因素。也就是说，人们为了实际得到或达到计划目的，就必须相反地放弃什么、装作什么、不在意什么、不看重什么，甚至可以牺牲什么。如历史上的——刘玄德佯装惧怕雷声的"巧借闻雷来掩饰"，诸葛亮从不弄险却孤注一掷的"空城计"，越王勾践有福不享的"卧薪尝胆"，孙武小题大做的斩吴王姬，孙膑清醒着吃猪食人粪的假痴不癫；兵法中的——将在外君命有所不受；救赵却去围魏，声东却是要击西，弄浑水是为了摸鱼，杀人却要借刀。又如儒家的"中庸"、道家的"无为无不为"、佛家的"有生皆苦"；佛教戒淫，皇家在佛事中却创造了男女交媾的"欢喜佛"等等，都说明了"难得糊涂"作为一种处事方法（技巧），对成就一件事情或达到一种目的的重要作用。

从郑板桥老人的为官经历中可以看出，他的"难得糊涂"，是对人生价值的有目的取舍，在宁可得罪上司上表现出"糊涂"，在民生大义方面则为聪明。否则，在清史大卷上，他的名字就不会熠熠生辉了。人生在世，的确有许多事情要做，又不可能有那么强的精力与体魄，凡事都去争个高低上下；通往功名利禄和施展才华的道路有千条万径，可你只能择其中的一条而行之；最有能力者，也不过是脚踏"两只船"，只能兼顾二三个行当，即便是被称为"精通"，却也要有个主次之别。如果把这种说法作为人生成就一番事业的经验，拿来仔细与生活中的大小事情对照了，真个就是上至帝王将相的运筹帷幄、定国安邦之策，下至平民百姓的处邻交友、家庭和睦之事，都大同小异地包含了"难得糊涂"的因素。而有必要把这种带有普遍性的对照写出来，说给形形色色的明白人，让他们三思之后，看看是否也可以对一些事情"糊涂"起来，从而权衡利弊、减少草率、创新思维、别开路径，纵然置身于各类繁杂的客观环境，也能够游刃有余、充满信心且技艺称心地处理问题，集中精力地去把最为适合自己的事情做好、做大，做出可以体现人生大义与生命价值的效益来倡导正确的"难得糊涂"之处事方法。

人的一生从无知到懂事、明理是一个必然。尽管明白人生道理的同时也给我们增添着人生的烦恼，但那不仅是一个人生的规律，而且大体上还是一个好处多于坏处的事。因此一般说来，对于年轻人来说，追求做个糊涂人总不是个好提议。而人到中年以后，才需要更多地运用适当糊涂那样的人生艺术。

由上看来，"难得糊涂"中所指的应该是一种人生的境界，是在懂得一定人生道理，或者到了人生的某种阶段后才能进行的一种人生修炼所得，否则那就可能只是做了一个真正糊涂的人而让人笑话了。

所以为了我们有时能够悠然的生活，请多多参悟这"难得糊涂"的禅意吧。

5. 知足方能常乐

　　知足常乐是一种看待事物发展的心情，不是安于现状的骄傲自满的追求态度。《大学》曰："止于至善"。这是说人应该懂得如何努力而达到最理想的境地和懂得自已该处于什么位置是最好的。知足常乐，知前乐后，也是透析自我，定位自我，放松自我。才不至于好高骛远，迷失方向，碌碌无为，心有余而力不足，而弄得心力交瘁。

　　知足是一种处事态度，常乐是一种幽幽释然的情怀。知足常乐，贵在调节。可以从纷纭世事中解放出来，独享个人妙趣融融的空间，对内发现自已内心的快乐因素，对外发现人间真爱与秀美自然，把烦恼与压力抛在九霄云外，感染自身及周围的人群，促进人际关系的逐步亲近平和，进一步拥抱浅景淡色与花鸟虫鱼。知足常乐，对事，坦然面对，欣然接受；对情，琴瑟各鸣，相濡以沫；对物，能透过下里巴人的作品，品出阳春白雪的高雅。做到知足常乐，良好心态就会和待人处事并驾齐驱，充满和谐、平静、适意、真诚。这是一种人生底色，当我们都在忙于追求、拼搏而找不着北的时候，知足常乐，这种在平凡中渲染的人生底色所孕育的宁静与温馨对于风雨兼程的我们是一个避风的港口。休憩整理后，毅然前行，来源于自身平和的不竭动力。真正做到知足常乐，人生会多一份从容，多一些达观。

　　明朝时，有个名叫胡九韶的金溪人。他的家境很贫困，一面教书，一面努力耕作，仅仅可以衣食温饱。每天黄昏时，胡九韶都要到门口焚香，向天拜九拜，感谢上天赐给他一天的清福。妻子笑他说："我们一天三餐都是菜粥，怎么谈得上是清福？"胡九韶说："我首先很庆幸生在太平盛世，没有战争兵祸。又庆幸我们全家人都能有饭吃，有衣穿，不至于挨饿受冻。第三庆幸的是家里床上没有病人，监狱中没有囚犯，这不是清福是什么？"

　　看到这则故事，不免想起西方基督教徒们在餐前的祷告。这于基督教的

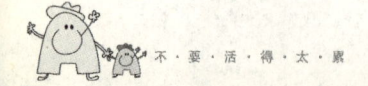

教义也是相连的。人活一世，能保证每天简简单单地吃饱喝足，这不就是一种幸福的存在了吗？

　　古人的"布衣桑饭，可乐终身"是一种知足常乐的典范。"宁静致远，淡泊明志"中蕴含着诸葛亮知足常乐的清高雅洁；"采菊东篱下，悠然见南山"中尽显陶渊明知足常乐的悠然；沈复所言"老天待我至为厚矣"表达着知足常乐的真情实感。更多的时候，知足常乐是融合在平平淡淡才是真的意境中。知足常乐，是一种人性的本真，在孩童时代，我们会为拥有自己梦想得到的东西而喜上眉梢，笑逐颜开，烙下一串串深刻的记忆，今日重温，也许会忍俊不禁，无论行至何方，所处何位，知足常乐永远都是情真意切的延续。

　　《醒世恒言》里有一个人变鱼的故事——唐肃宗乾元年间，青城县代理县令薛伟于七夕之夜受了些风寒，发起高烧来，竟神思恍惚，进入了梦乡，便寻思要找个清凉之处。顷刻之间，梦魂来到青城外，上了龙安山，来到半山腰的东潭，变成了一条金色鲤鱼恣意地畅游于三江五湖之中。他还来到龙门山下的河津跳龙门，却撞破了头皮，甚觉没趣。在潭中闲逛了几天之后，腹中空空，这时正好有一条渔船驶过，船上垂下一条线来，薛伟闻到了鱼饵的香味。起先他还是有警觉的："我明明知道他饵上有钩子，若是吞了这饵，可不就被钓了上去？"于是便围着渔船游了一圈，但最终还是"怎挡那饵香恰似钻入鼻孔一般"，便又自解道："我是人身，比鱼重得多，这小小鱼钩怎能轻易地把我钓上去？再说，即使被他钓了上去，我是县太爷，他是渔户，哪能不认识我，自然会把我送回家去，这不是不吃白不吃吗？"想到这里，心情一下子得到了平衡，便把口往那鱼饵上一合，还不曾咽下，就被那渔户一扯，拉上了渔船。

　　薛伟变鱼上钩的故事发人深省——他虽然"明明知道他饵上有钩子"，曾一度有所警觉，但还是未能抵挡"那饵香恰似钻入鼻孔一般"，于是就百般寻思"香饵"可食的种种理由来引以自慰：从"我是人身，比鱼重得多，这小小鱼钩怎能轻易地把我钓上去"，到"即使被他钓了上去，我是县太爷，他是渔户……"他官家之身的那种优越感和权力欲最后决定了他"不吃白不吃",把"香饵"理解为"小民"理所应当的孝敬,最终坠入泥潭,越陷越深,不能自拔。

薛伟最可悲之处是他忽视了自己贪欲的恶性膨胀,因此,他心里防腐的城堡全面崩溃。此刻他已不是人身,已变成了一条贪吃的馋鱼,最终被渔人钓了去,也就成了顺理成章之事了。

人世间充满了种种诱惑,常使意志薄弱者走火入魔,贪欲是人类隐于内心的最大且最危险的恶魔。《菜根谭》一书里有"降魔先降心,心伏则群魔退"的名言,意思是说,降伏恶魔的人首先需要降伏自己心中的恶魔邪念,这样,外界的所有恶魔诱惑都会自然地败退。因为外来的种种恶念和诱惑,如果没有心魔这个内应,就不会攻破心灵的城堡。

薛伟变鱼上钩的悲剧故事纯属不知足所致。我们应当从薛伟变鱼上钩的悲剧中吸取教训,自觉地控制自己的贪欲,学会知足,抵住各色诱惑,才能避免掉入危险的陷阱中去。

当然,知足常乐,不是要睡在成绩簿上睡大觉,沾沾自喜,盲目乐观,矫揉造作,狂放不羁。事情的发展不可能一蹴而就,在这个层面上,知足常乐符合辩证唯物主义原理。要懂得运用辩证唯物主义的观点去分析问题,洞察暂时的成功,而后乐于进取,乐于开拓,为将来取得更大的成功鼓足信心,做好充分的准备。乐观的心态才不至于扭曲前进的风帆。

很多事情都是我们经历过了,才懂得它的弥足珍贵,最主要是我们遗落了那一份拥有时的心旷神怡。现代人匆匆的脚步已定格为一种时代的风景,竞争与挑战接踵而至,在前进的道路上,当我们取得一些成绩的时候,如果我们都能乐由心生,对待困难的工作情绪,就会如阳光般朗朗映照。知足常乐,在烦躁与喧嚣中,会过滤一种压抑与深沉,沉淀一种默契与亲善,澄清一种本真与回归,久而久之,步伐轻盈,精力充沛。小说《笑傲江湖》里有一句话:莫思身外无穷事,且尽生前有限杯。虽是虚构,却不失为一种人生感悟,点出"人生一世,草木一秋"的真谛。人人都能知足常乐,世间便少一点横眉冷对,多一点笑脸相迎。

6. 虚名是一种负担

虚名和虚荣并不相同，虚荣只是内心的一种自我满足感，会使人脱离现实看世界；而虚名是别人加给自己的一种名誉。一般来说，名与实是相符的，一个人的名声和他的实际贡献是相等的。但是，有些人获得了名誉之后，就不再继续发展自己的才能，也不再作出自己的贡献，这种名誉就和实际渐渐地不相符合了，也就成了虚名。

虚名会使人放弃努力，沉睡在他已经取得的名誉上，不思进取，最后将一事无成。还有一些人取得名誉之后，就不顾自己的实际，拼死拼活地要维护自己的名誉，结果，早早地就被名誉束缚住了，这实际上是得不偿失的。

格林是一名长跑冠军，他极看重自己在公众心目中的形象。他在得了胃病后，不愿告诉他人，也不去及时诊治，将病情当成秘密一样加倍守护，惟恐自己给人留下一个弱者的印象。终于有一天，格林再也挺不住了，他被家人送往医院。3天后他便离开了人世。主治医生说他不是死于劳累，而是被自己的名气累死的。

为了保持自己在公众中的"光辉形象"，格林付出了生命的代价，但这并不值得。这也给我们我们一个警示——虚名是一种负担。

名誉毕竟是人的身外之物，虽然很重要，但是，人的生命更重要。为了追求名誉，而影响、伤害健康，甚至送掉性命，这是舍本逐末，是最愚蠢的选择。

不过，几乎没有人不喜欢鲜花和掌声。在成长的过程中，你肯定也会多次与鲜花和掌声打交道。如果你沉迷其中，并且为了保护这份荣誉而愿意损失其他一切，包括健康的话，那就是一种愚蠢至极的行为，而你的这份虚荣心，最终会使你丧失一切。

面对荣誉，应该保持清醒的头脑，我们要懂得珍惜荣誉，也要为自己争

取荣誉，但不能被荣誉打垮。不能被荣誉所累，否则，你就逃不脱荣誉的怪圈了。

现在社会有很多事业有成的人，他们常常在这种名誉下，生活得很苦很累，失去了常人生活的乐趣，总是想着自己的一言一行、一举一动都要符合自己的身份，这就像给自己带上了名誉的枷锁，失去了生活的自由，也失去了生命的本真。

虚名和金钱物质一样都是身外之物，它是一种意识上的虚华东西，只是人们的一种评判结果，冠以其名。虚名只是一个名称，像一个无形的空壳套在人们身上，是一种念，是思想上的东西。虚名会使人放弃努力，沉睡在他已经取得的名誉上不思进限，直至最后一事无成。中国古代有一个伤仲永的故事，说的就是被虚名所误的人生教训。

仲永小时候过目不忘，能吟诗做赋，被人称为神童。然而成名之后，他父亲沉醉在虚名之下，不让他继续学习，渐渐地长大后，他就和一般人一样，才华"泯然众人矣"。他的那些天赋、才能都随时间消逝了，一生无所作为。这就是虚名可以毁掉人生的例子。

还有一些人取得名誉后，就不顾自己的实际情况，拼死拼活地维护自己的名誉，结果，早早地就为名誉累死了，这是得不偿失的。

秦末楚霸王项羽，在当时的诸侯中式首屈一指、无人能与其抗衡，然而最终却落得个"兵败自刎"的可悲下场。对于这个曾经不可一世的"西楚霸王"而言，之所以落得个此等悲惨结局，除了他有勇无谋、怨天尤人以及缺乏远大志向等方面的因素之外，还有很重要的一个方面，就是过于看重自己的颜面和名声。

在鸿门宴上因担心留下残杀功臣的恶名而放走了自己的强劲竞争对手刘邦，即使是在兵败被围、穷途末路的情况之下，也以"无颜见江东父老"为由，弃热心救助之人的好心于不顾，拔剑自刎，从而失去了"以退为进，东山再起"的事业良机。

荣誉面前，我们应该保持清醒的头脑，要懂得荣誉的珍贵，更要为自己争取荣誉。如果让荣誉所累，让荣誉打垮，那么，你就会成为荣誉的牺牲品。

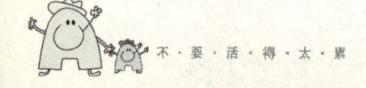

不为虚名所累，就是一切要以人为本，该怎么做就怎么做，该追求自己的人生目标，就应该义无反顾地抛开这一切身外之物，走自己的路，干自己的事，不因小成就妨碍自己的大成功，这样才能获得真正的荣誉。

在现实生活中，人们对于名利一般只有两种态度：一种是淡泊，另一种是追逐。前者含有褒义，淡泊名利的人不是世俗的人，品格高洁；后者含有贬义，追逐名利的人的品质不怎么好。

世界上最著名的大科学家爱因斯坦说，除了科学之外，没有哪一件事物让他过分喜欢，而且他也不特别讨厌哪一件事物。遇到声名毁誉，听则听矣，不妨"呼我为牛即为牛，呼我为马即为马"，不为其所累，不为其所羁，保持自己心灵的自然和精神的超脱，拥有一份真正属于自己的生活。

第五卷 Chapter 5

学会坚持——再苦再难也不要轻言放弃

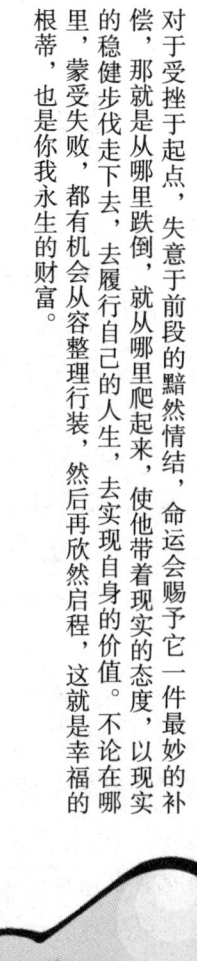

对于受挫于起点,失意于前段的黯然情结,命运会赐予它一件最妙的补偿,那就是从哪里跌倒,就从哪里爬起来,使他带着现实的态度,以现实的稳健步伐走下去,去履行自己的人生,去实现自身的价值。不论在哪里,蒙受失败,都有机会从容整理行装,然后再欣然启程,这就是幸福的根蒂,也是你我永生的财富。

1. 坚忍是人生征程中一把劈荆斩棘的利剑

　　生命旅程上的风风雨雨是无法回避的。人生的使命，就是为了实现一个崇高的愿望与困难作殊死的抗争。一般来说，困难无处不有，无时不在，每一个人都是在克服困难中努力实现人生的价值。但这并不意味着每个人都因此变得十分坚忍了。所谓坚忍，是特指那种对于看来难以抗拒的巨大困难所拥有的特殊心理承受能力。从空间上说，他对突如其来的重重打击从不失态；从时间上说，他能长久地经受困难的积压直至困难不得不仓皇而逃。他在风云变幻的严重时刻丝毫不会惊慌失措。他甚至对于困难有一种天生的嗜好，因为胜利的产生总是来自于与困难的抗争。的确，伟大的生命是由一连串的身心磨难构成的。正是在那种痛苦的甚至非人的磨难中，生命才最充分地迸出它那地火般奔腾的伟力。

　　坚忍的人总是拥有一个坚不可摧的信念，那就是正义必胜。无论什么时候，真善美总是人类进程中高高扬起的旗帜。真诚使人亲近，善良使人感泣，美丽使人愉悦。一切维护真善美的行为都是正义的，一切虚伪、狠毒、丑恶的行为，都是非正义的。正义与非正义，从来是在有形的无形的搏斗中决胜，当着非正义的行为肆虐无忌时，热爱真善美的人们便需要一种惊人的坚忍，毕竟，正义最终是不可战胜的。

　　大树不畏狂风的侵袭而直立生长、高耸入云；星星不因光辉被月亮掩盖而隐却不现；历史不为万物的阻挡而停下其前进的脚步。而人在困难面前只有守住一份坚忍，才能不改变志节。守住一份坚忍，和郑板桥一同吟唱"千挠百折还坚韧，任尔东西南北风"。守住一份坚忍，是陶潜的不为五斗米折腰，是李白的"安能摧眉折腰事权贵"，是范仲淹的"不以物喜，不以己悲"。守住一份坚忍，是孟子的"富贵不能淫，贫贱不能移，威武不能屈"。

　　纵观历史，只有那些忠于志节的正直的人才能永载史册，名垂千古，而那些趋炎附势或被困境所压倒的人终将淹没在历史前进的大潮中。坚忍是在极端恶劣的环境下，能坚守自己的原则，不改变自己的志节，忠心于自己理想的一种崇高品质。

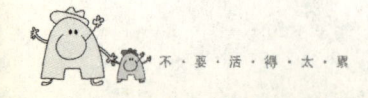

越王勾践没有在失败的困境之下改变自己的雄心终成大业；屈原没有在众多小人的构陷下而移风易节，与其合流合污；文天祥不因敌人的围追堵截而屈服。守住一份坚忍，就是守住心中的那个太阳，那片光明。

女排姑娘们守住一份坚忍，在众多的压力下，在连输两局的情况下不折不挠，连扳三局，赢得了最终的胜利，体现了我们中华民族的民族精神！

而那些在金钱的诱惑之下，频频改变自己志节和信仰的贪官腐吏们终将落得遭人唾弃的下场。古有秦桧、严嵩，今有成克杰、胡长清，当他们这些社会的蛀虫大把大把地收钱时，可曾扪心自问过："我的志节哪里去了？"

守住一份坚忍，是种子冲出岩缝而焕发出来的生命光辉，而不是在激流中失去棱角的鹅卵石。守住一份坚忍，是古人的"守予心之所向兮，虽九死其犹未悔"，而非"墙头草，随风倒"。在如今汹涌的社会大潮中，盲目崇拜，盲目跟随，使某些人乱了方寸。惟有心存坚忍，才能使自己不为外物所役，做到我心有主，棱角分明。守住一份坚忍，寻回自己真正的信念，即使你的才华暂被外物掩盖，但只要不失去自我，就坚信：我是金子，我要发光。

也许，常常会有这样那样的一些事情使我们的心灵哭泣，但愈是这种时候愈是需要我们更多一些坚忍，愈是接近胜利得到时候愈是难以忍受，愈是接近天明时天色愈是黑暗，愈是春暖花开之时愈有可能出现"倒春寒"。在这种时刻，一个人的坚忍，甚至可以成为所有同伴生命勇气的支撑。奇迹常常在坚忍中产生。

天下事最难的不过十分之一，能做成的有十分之九。要想成就大事业的人，尤其要有恒心来成就它，要以坚忍不拔的毅力、百折不挠的精神、排除纷繁复杂的耐性、坚贞不屈的气质，作为涵养恒心的要素。

宋濂，字景濂，浙江金华人，是元末明初的著名学者。他一生中数十年如一日地刻苦学习，在学术上做出了卓越贡献。他主修《元史》，还写了大量优美的散文。著有《宋学士文集》，他的《送东阳马生序》就被选在了中学语文课本中。

宋濂从幼年时就热爱读书。当时家里穷，买不起书，他就向藏书的人家借书，抄录后再按期归还。由于他守信用，人家才肯借书给他，他便能够遍览群书。二十多岁的宋濂读书更加勤奋了。但由于没有名师指点，遇到问题经常得不到解决，他就步行百里，去找名师请教。他请教的这位老前辈是位大学者，对学生要求很严厉。宋濂在向他请教时，每次都是十分恭敬，躬着身子侧耳倾听。由于他虚心好学，老师也传授了他很多知识。

有一天，宋濂出门访师的时候，正值数九寒天。他只穿上草鞋，背上行李，踏着尺深积雪，顶着寒风去访师。等他好容易赶到客店时，四肢都冻僵了，但他仍旧坚持向老师求教。由于家境贫苦，宋濂年少求学之时每日都是粗茶淡饭，穿着破旧棉衣也毫不在意。同学里有不少是富家子弟，穿着绫罗绸缎，满身珠光宝气，但他丝毫没有羡慕之意，而是把全部心思都用在了求学读书上。就这样经过长期刻苦努力，宋濂终于成为一位著名的学者。

一个人，不管他现在的处境是多么的恶劣，或者先天的条件是多么糟糕，只要他保持着高昂的斗志，坚忍的意志，那么他就是大有希望的；但是，如果他颓废消极，心如死灰，那么，人生的锋芒和锐气也就消失殆尽。

走向人生远方的途中，并不全是鲜花遍野，更多的时候是榛莽遍地，每一步都要砍断拦路的荆棘和缠绕的葛藤，每一步都考验着我们的心性与毅力。然而我们终究会从迷雾中走出，虽然被枝杈划破的肌肤隐隐作痛，但不要让沉重的压力成为叹息的理由，不要让挫折的阴影占据头顶的天空。当我们踩在那仿佛高不可攀的险峰上，当我们渡过那看似深不可测的江河时，我们会在心底告诉自己，就这样风雨兼程，坚忍将是我们的唯一选择。它就是我们手里持有的利剑，帮助我们去斩断那些痛苦、挫折和困苦。终会有欣慰的笑容洋溢在眼角，只要我们永葆一颗坚忍的心！

2. 永不言弃

生活中，我们无法回避挫折，只能面对。重要的是在挫折中能坚持到底，永不言弃，直至击败挫折。还记得刘翔永不言弃的速度，中国女排永不言弃的顽强，爱迪生永不言弃的勇气。他们之中有一个共同的特点，那就是

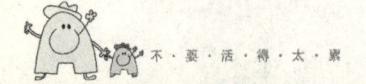

坚信挫折是人生的考验，这不是看你的技术，而是要靠的是毅力，毅力是决定考验成败的关键。这一切都告诉我们，永不言弃是一种品格，更是一种顽强，永不言弃的人总会胜利。

老鹰是最顽强的动物之一，当一只雏鹰出生后不久，便会接受一次生与死的考验。雏鹰父母会在雏鹰生长的合适时期把它从悬崖的巢穴上扔下去，让它学会做鹰的关键——飞翔。如果调整不当，雏鹰便会有生命危险。然而在雏鹰被扔出去的时间内，雏鹰必须学会飞翔。雏鹰在做最后的努力，它挣扎着，努力使劲地拍打着自己的翅膀，如果雏鹰这时候放弃的话，它便会被摔下悬崖而死。但是它做出了最后的努力，克服了困难。终于，它感觉到自己已经浮在了空中，它学会飞翔，它在空中自由自在地翱翔，它想：永不言弃的感觉太棒了！

丘吉尔一生最精彩的演讲，也是他最后的一次演讲。在剑桥大学的一次毕业典礼上，整个会堂有上万个学生，他们正在等候丘吉尔的出现。正在这时，丘吉尔在他的随从陪同下走进了会场并慢慢的走向讲台，他脱下他的大衣交给随从，然后又摘下了帽子，默默的注视所有的听众，过了一分钟后，丘吉尔说了一句话："Never give up!"（永不放弃）丘吉尔说完后穿上了大衣，带上了帽子离开了会场。这时整个会场鸦雀无声，一分钟后，掌声雷动。永不放弃！永不放弃有两个原则，第一个原则是：永不放弃，第二原则是当你想放弃时回头看第一个原则：永不放弃！

丘吉尔一生当中为英国和平立下汗马功劳，这些伟大的成就是丘吉尔不断坚持不懈努力取得的！再想想二战时期，希特勒的爱将"沙漠之狐"隆美尔在战斗中长期坚持不懈，事事争第一，就想得到当时德国的最高勋章——功勋奖章！可是本来有两次得到的机会，都因当时政府要照顾老将军和暗中有人陷害没有得到！但是他没有气馁，不断努力终于获得功勋奖章。

要永不放弃很容易，也异常艰难。要知道，这需要勇气、耐力和自制力，确实，这也不难做到，但如果让一个胆怯、性急、懦弱的人来实现，岂不会半途而废？但是，如果他学会了不放弃的精神，那么，他将完全发生改变，当然，需要时间与汗水的代价，但是，用一个月的时间换取一辈子的成功，又何乐而不为呢？

永不放弃会给你非凡的创造力，在危急时刻你没有放弃，而是毅然挺住，这样危难中的你想尽一切方法以求生存，慢慢的，求生本能使你已经得出了克服危难的方法；永不放弃会为你增添友情，当人们坚决的认为你的朋友已经无药可救了，做为要好的朋友，你该挺身而出，去帮助他，也许，他会慢慢的好起来，也许，他可能永远地离开，但是，他会永远记住你这个曾经救过他帮过他的朋友；永不放弃会给无数的能量和勇气，面对危险和困难，如果你永不放弃，那么你自身会迸发出无限的能量，来帮你化解危险，那时，可能危险也就迎刃而解了；那么永不放弃又何尝不是帮你把握机会的好帮手呢？当你在探索成功的道路上遇到了困难，如果你想到了放弃，那岂不是半途而废？但是如果你没有放弃，永往直前，克服了这些小小的困难，那你不就成功了？人们能做到的事很多，但没做到的肯定比想到的要多得多。

人的一生不可能一帆风顺，多多少少总会有一些坎坷和波折。世界上之所以有强弱之分，究其原因是前者在接受命运挑战的时候说："我永远不会放弃。"后者说："算了，我承受不住。"

1883年，富有创造精神的工程师约翰·罗布林雄心勃勃地意欲着手建造一座横跨曼哈顿和布鲁克林的桥。然而桥梁专家们却说这计划纯属天方夜谭，不如趁早放弃。罗布林的儿子华盛顿，是一个很有前途的工程师，也确信这座大桥可以建成。父子俩克服了种种困难，在构思着建桥方案的同时也说服了银行家们投资该项目。

然而桥开工仅几个月，施工现场就发生了灾难性的事故。罗布林在事故中不幸身亡，华盛顿的大脑也严重受伤。许多人都以为这项工程因此会泡汤，因为只有罗布林父子才知道如何把这座大侨建成。

尽管华盛顿丧失了活动和说话的能力，但他的思维还同以往一样敏锐，他决心要把父子俩费了很多心血的大桥建成。一天，他脑中忽然一闪，想出一种用他惟一能动的一个手指和别人交流的方式。他用那只手敲击他妻子的的手臂，通过这种密码方式由妻子把他的设计意图转达给仍在建桥的工程师们。整整13年，华盛顿就

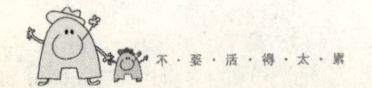

这样用一根手指指挥工程，直到雄伟壮观的布鲁克林大桥最终落成。

一个音乐家，失去了最宝贵的听觉。但是在这种情况下他对自己热爱的事业丝毫没有放弃，用自己的勇气抵抗命运的打击，创作出了令人惊叹的乐曲。他的名字世界上的人都知道，他就是耳聋的音乐家——贝多芬。

美国著名小说家海明威的自杀给后人留下了许多争论，从某一方面讲，我认为这样做是无意义的。因为一个连自己最宝贵的生命都可以放弃的人，在生活中又怎么能有勇气去接受命运的挑战？如果什么事只要失败就不干了，那么人生的意义何在？

永远不要说放弃是种坚定的信念、执着的追求，也是一种可贵的自信。永远不说放弃是一种幸福，也是一种自豪。一个健康的人可以幸福地说："拥有健康和快乐"。一个残废的人可以自豪地说："我的心脏没有放弃跳动，我没有放弃生活。"

永远不要放弃，一个人是这样，一个国家也是这样。中国既然选择了奋斗，选择了改革，就永远不应放弃。奋斗是艰苦的，改革是艰辛的，但是只要永远不放弃，就永远有这种追求、信念和自信，永远有这种勇气，永远有种准则，那么，离我们的祖国真正强大起来的那天还会遥远吗？

当你想要放弃时，不妨想想，也许阳光就在转弯的不远处，如果此刻放弃，就永远触不到成功的希望，那就对自己说：挺住，成功源于坚持。

永不言弃的人，看到的永远是希望；而轻易就放弃的人，等待他的后果只会是绝望。

永不言弃的人，心中总会是一个乐观安适的心态；而轻易放弃的人，心绪烦恼万分，终日生活在困惑与悲观之中。

永不言弃的人，往往会享受到胜利与成功给他带来的喜悦；而轻易就放弃的人，失败永远是他心中无法抹去的一道阴影。

总之，永不言弃后会是胜利！加油吧！

3. 希望在于不绝望

<u>人生就是希望。人可以一时不抱希望，却不能长期不怀希望，不怀希望的人，是世上最痛苦最可怜的人</u>。希望之火总是长年旺盛，哪里有生命，哪里就存在着希望，希望常能让人显示出坚强的生命力，只要有一线的希望，人们也能排除万难，不让希望落空。社会愈进步、愈文明、国家愈富强，给人们带来的希望也愈多，希望的实现也更有保证。人们不但可以利用国家提供的诸多优越条件，让自己的希望早日实现，还可以把希望寄托于亲属、朋友、社会、国家，以实现平生最大的希望。

希望能带来遐想，让人进入种种美妙的境界，令人兴奋，使人欢乐。生命有了希望，生命之树才能万古长青，生活有了希望，生活之花便可永远烂漫。希望能给人激情、给人力量，艺术家、科学家、革命家就靠这激情和力量迎来辉煌的成果。希望能给人安慰、使人忘忧、解除人的痛苦，人们在受苦受难的时候，一旦想到某种希望，其痛苦的程度就会大大减轻，甚至连痛苦都被完全解除。希望能给人极强大的生命力，有人屡陷困境，只因希望不灭、生命不息，最终逃脱了厄运。希望还能让人年轻，有人说人们的老化，其主要原因不在于岁月消逝，年龄的增长，而是希望的减少，由于希望减少了，欢乐也随之减少，生命更因之大减，因此，那个"老"也必然快速到来。

<u>人可以一无所有，但不能没有希望，只要你抱着希望，你就可以从无到有、从少到多、从小到大以至获得你想要的一切</u>。人可以一无所知，但不可以没有希望，在学习的道路上，希望是最耐心的也是最好的老师，它会引导和督促你从无知到初知，从少知到多知，直到你所向往的"高知"，人可以失败一百次、一千次，但不能失去希望，一旦失去希望，你的每一次失败，徒成为悲伤的记录，只要希望还在，那么，你每次的失败，都是你走上成功道路的宝贵经验。

亚历山大大帝给希腊世界和东方的世界带来了文化的融合，开

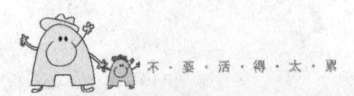

辟了一直影响到现在的丝绸之路的丰饶世界。据说他投入了全部青春的活力，出发远征波斯之际，曾将他所有的财产分给了臣下。为了登上征伐波斯的漫长征途，他必须买进种种军需品和粮食等物，为此他需要巨额的资金。但他把从珍爱的财宝到他领有的土地，几乎全部都给臣下分配光了。

群臣之一的庞尔狄迦斯，深以为怪，便问亚历山大大帝："陛下带什么启程呢？"

对此，亚历山大回答说："我只有一个财宝，那就是'希望'。"

据说，庞尔狄迦斯听了这个回答以后说："那么请允许我们也来分享它吧。"于是他谢绝了分配给他的财产，而且臣下中的许多人也仿效了他的做法。

有位教育学家说过："人生不能无希望，所有的人都是生活在希望当中的。假如真的有人是生活在无望的人生当中，那么他只能是失败者。"人很容易遇到些失败或障碍，于是悲观失望，挫折下去，或是在严酷的现实面前，失掉活下去的勇气；或怨恨他人，结果落得个唉声叹气、牢骚满腹。其实，身处逆境而不丢掉希望的人，肯定会打开一条活路，在内心里也会体会到真正人生欢乐。

保持"希望"的人生是有力的。失掉"希望"的人生，则通向失败之路。"希望"是人生的力量，在心里一直抱着美"梦"的人是幸福的。也可以说抱有"希望"活下去，是只有人类才被赋予的特权。只有人，才由其自身产生出面向未来的希望之"光"，才能创造自己的人生。

在走向人生这个征途中，最重要的既不是财产，也不是地位。而是在自己胸中像火焰一般熊熊燃起的一念，即"希望"。因为那种毫不计较得失、为了巨大希望而活下去的人，肯定会生出勇气，不以困难为事，肯定会激发出巨大的激情，开始闪烁出洞察现实的睿智之光。只有睿智之光与时俱增、终生怀有希望的人，才是具有最高信念的人，才会成为人生的胜利者。

我们都曾经看到这类不幸的事实：很多有目标、有理想的人，他们在努力工作、奋斗，用心去想、去做，希望能实现自己的愿望和理想，但是由于过程太过艰难，他们越来越倦怠、泄气，终于半途而废。到后来他们会发现，如果他们再坚持久一点，如果他们能看得更远一点，他们就会终成正

果。因此，无论我们在生活和工作中，遇到再大的挫折和困难，永远不要绝望，就是真的感到绝望了，也要再努力，从绝望中寻找希望。成为积极或消极的人在于你自己的抉择。没有人与生俱来会表现出好的态度或不好的态度，是你自己决定要以何种态度看待环境和人生。

　　心理学家曾经做过这样一个实验：把一只小白鼠放到一个装满水的小池中心后，这只小白鼠用鼠须和叫声判定出水池的大小，自己所处的位置，心及离水池边沿的距离。它尖叫着转了几圈以后，不慌不忙地朝选定的方向游去，很快就游到池边。

　　而第二只小白鼠放到水池中心后，由于鼠须已经被剪掉，它探测不到反射回来的声波。几分钟后，筋疲力尽的小白鼠沉至水底，最后淹死了。心理学家这样解释：鼠须被剪，小白鼠无法准确地定位方向，看不到其实很近的水池边沿，以为自己无论如何也游不出去，因此，停止一切努力，自行结束了生命。

　　人生路上，每个人都可能遭遇小白鼠所遭遇到的"水池"，有些人就像被剪掉鼠须的小白鼠一样，无限夸大了自己所遭遇的逆境。以为横亘在自己面前的是厄运的海洋，松开不该松开的手，最后淹死在根本就不足以伤害到自己的"水池"里。因此，这个世界上，没有绝望的处境，只有对处境绝望的人。

　　即使面临各种困难，你仍然可以选择用积极的态度去面对眼前的挫折。保持一颗积极、绝不轻易放弃成功的心，尽量发掘你周遭人或事物最好的一面，从中寻求正面的看法，让自己能有向前走的力量。即使终究还是失败了，也能汲取教训，把这次的失败视为朝向目标前进的踏脚石。美国成功学家格兰特纳说过这样的一段话：*如果你有自己系鞋带的能力，你就有上天摘星的机会！*一个人对待生活、工作的态度是决定他是否做好事情的关键。首先改变一下自己的心态，这是最重要的！只要我们拥有坚定的信心，永远不要绝望，就会拥有希望。

　　　　美国作家欧·亨利在他的小说《最后一片叶子》里讲了个故事：病房里，一个生命垂危的病人从房间里看见窗外的一棵树，叶子在秋风中一片片地掉落下来。病人望着眼前的萧萧落叶，身体也随之每况愈下，一天不如一天。她说："当树叶全部掉光时，我也就要死了。"一位老画家得知后，用彩笔画了一片叶脉青翠的树叶挂在树枝上。最后一片叶子始终没掉下来。只因为生命中的这片绿，病人竟奇迹般地活了下来。

希望是人类生活的一项重要的价值。有希望之处，生命就生生不息！所以，在一切事情还没结束前，请一定不要先绝望，相信希望的重生。

为生活画一片树叶，只要心存希望，总有奇迹发生。希望虽然渺茫，但它永存人世。

4. 坚持信念就能迈向成功

人生之路不会是一帆风顺的，我们会遇上顺境，也会遇上逆境。其实，在所有成功路上折磨你的，背后都隐藏着激励你奋发向上的动机。换句话说，想要成功的人，都必须懂得知道如何将别人对自己的折磨，转化成一种让自己克服挫折的磨练，这样的磨练让未成功的人成长、茁壮。所以，当你遭遇厄运的时候，坚强与懦弱是成败的分水岭。**一个生命能否战胜厄运，创造奇迹，取决于你是否赋于它一种信念的力量。一个在信念力量驱动下的生命即可创造人间的奇迹。**

在困难面前，如果你能在众人都放弃时再多坚持一秒，那么，最后的胜利一定是属于你的。坚定的信念是获取成功的动力。很多的时候，成功都是在最后一刻才蹒跚到来。因此，做任何事情，我们都不应该半途而废，哪怕前行的道路再苦再难，也要坚持下去，这样才不会在自己的人生里留下太多的遗憾。

人生就有许多这样的奇迹，看似比登天还难的事，有时轻而易举就可以做到，其中的差别就在于非凡的信念。

多年前，有一位穷苦的牧羊人领着两个年幼的儿子以替别人放羊来维持生活。一天他们赶着羊来到一个山坡，这时，一群大雁鸣叫着从他们头顶飞过，并很快消失在远处。牧羊人的小儿子问他的

父亲："爸爸，爸爸，大雁要往哪里飞？""他们要去一个温暖的地方，在那里安家，度过寒冷的冬天。"牧羊人说。他的大儿子眨着眼睛羡慕地说："要是我们也能像大雁那样飞起来就好了，那我就要飞得比大雁还要高，去天堂，看妈妈是不是在那里。"小儿子也对父亲说："做个会飞的大雁多好啊，那样就不用放羊了，可以飞到自己想去的地方。"

牧羊人沉默了一下，然后对两个儿子说："只要你们想，你们也能飞起来。"两个儿子试了试，并没有飞起来。他们用怀疑的眼神瞅着父亲。牧羊人说，让我飞给你们看，于是他飞了两下，也没飞起来。牧羊人肯定地说："我是因为年纪大了才飞不起来，你们还小，只要不断的努力，就一定能飞起来，去想去的地方。"儿子们牢牢地记住了父亲的话，并一直不断的努力，等到他们长大以后果然飞起来了，他们发明了飞机，他们就是美国的莱特兄弟。

一个人的内心中如果蕴涵着一个信念，并坚持不懈地为之努力，那么，他一定会是一位成功的人。

人必须随时随地去唤醒已经"冬眠"的信念，积极找寻自身的优势。当众多的势能转化为巨大的动能时，就会像凤凰涅槃般一飞冲天，直抵云霄。有位哲人曾经说过，当太阳从一片云雾的重重裹束下露出她朦胧而内敛的微笑时，怎么想象得到几个时辰后她会拥有那样灼烈到令人无法逼视的万丈光芒？威猛雄狮在少年时代可能只是一只稚弱的小兽，参天大树在不久的从前可能还是一株纤细的幼苗，可你决不能因此看不起它们，因为它们的灵魂深处潜藏着一种无坚不摧、势不可当的巨大能量，这就是信念！它直指辽远的未来，在波澜不惊中已经预约了明朝的辉煌，一步一个脚印，永远向上！

坚持信念就是得到了半个希望，放弃信念就等于迎来了半个失望。罗杰·罗尔斯是美国纽约州历史上的第一位黑人州长，他在就职演说中说道："信念值多少钱？信念是不值钱的，它有时甚至是一个善意的欺骗，然而你一旦坚持下去，它就会迅速增值。"

原来，罗杰上小学时不好好学习，但他很迷信，于是校长帮他看了手相，说他将来是纽约州的州长，后来他真的如愿以偿。难道校长的话是金口玉言吗？不是的。罗杰·罗尔斯之所以能够成功，是因为他始终坚持信念，朝着自己的目标努力奋斗。信念，是通向成功的必经之路，有了信念，才会有生活的航向。

创造学家们曾经对诺贝尔奖获得者进行情商分析，发现他们都具有相似的情感特征：信念坚定、不怕失败、具有顽强的毅力。你也许会认为信念渺小得可怜，但它却可以改变你窘迫的现状。这就好比是为自己挖一口井，当你已经挖到第99下的时候，尽管疲惫不堪，可还是看不见泉水的痕迹，也许清澈的泉水就藏在第100下的后面等待你去挖掘。学习这个过程尽管会很辛苦，但你也可以用一颗挖井的心去面对，只要你相信这下面有水，你就能看到自己所期望的甘冽清泉。

在人生道路上，不要因为我们曾经跌倒，就不愿站起来，不要因为前方一路风雨，就犹豫畏缩不前，在人生旅途中无论遇到什么，拥有什么，失去什么，一定要坚强自信，就像广阔的晴朗天挡不住突来风暴，突来风暴也挡不住你远行背影，就算世俗的围城挡住了你万丈的豪情，决挡不住你铿锵的步伐，就算厚重的夜幕挡住你满天星光，也决挡不住你心中点燃的一盏灯火，就算岁月的樊篱挡住你坚强的身体，但决挡不住你渴望的信念，让我们坚持信念，让坚持的追求书写无悔的人生。

在英国伦敦，有一片古老的建筑，这些建筑大多都是在古罗马人沿着泰晤士和进攻英国的时候建造的。为了开辟新的街道，英国政府拆除了这些陈旧的楼房。但由于种种原因而久久不能开工，人们发现，在这片废墟上竟长出了一些野花。令人们惊奇的事，这些野花在英国从来没有见过。后来，经过自然科学家考证，这些野花的种子多半是那个时候古罗马人带到这里的，它们被压在沉重的石头砖块之下，曾一年又一年失去了生长发芽的机会。然而，一旦有了发芽生长的机会，它依然能够顽强的生存下来。

其实，人也可能有怀才不遇的时候，也有受压制、受阻碍、被埋没的时候，但如果因为一时的不如意，被埋没而放弃心中的信念，那生命就会成为一句空壳，永远开不出希望的花朵来。

每个人的一生一定会有坎坷起伏。无论你在生活中的前景是多么的暗淡，哪怕是看不到一丝亮光，可你心中的信念千万不要放弃，也要把信念的种子耐心珍藏。相信吧！石头也有翻身之日，总有那么一天，总有那么一缕机遇的阳光会来亲吻你。

一个没有信念，或者不坚持信念的人，只能平庸地过一生；而一个坚持自己信念的人，永远也不会被困难击倒。因为信念的力量是惊人的，它可以改变恶劣的现状，形成令人难以置信的圆满结局。

要使人生不在平庸中度过，让生命放射出夺目的光辉，坚持信念就是第一道火焰。唯有坚持信念，人生才会充实！唯有坚持信念，生命才会大放异彩！唯有坚持信念，我们才会打造出不一样的生活乐趣，让我们的人生变得更加精彩！

5. 经受生活的考验，展现生命的美丽

什么是考验？是不怕劳累，是耐得住清贫，还是不怕寂寞？是在不公平中寻找公平，还是在黑暗中寻找光明？

生活的考验是残酷的。我们所知道的那些成功人物，那些为人类进步、为社会作出贡献的人，没有一个不是从残酷的考验中走出来的。

林肯是美国的第16任总统，也是许多人心中美国历史上最伟大的总统。然而在他21岁时，生意失败；22岁时，竞选州议员失败；24岁时，生意再次失败；26岁时，爱妻去世；27岁时，一度精神崩溃；34岁时，角逐联邦议员再度落选；45岁时，联邦参议员落选；47岁时，提名副总统落选；到52岁时，他才当选为美国的第16任总统。难道，这不是生活对他的考验吗？

的确，每一个人从出生就开始面对各种考验了，并开始收获因各种考验而带来的宝贵财富。如果一个人拒绝来自现实生活的考验，时时幻想顺利的人生，那么他就输给了生活。人生之路，往往是在穿越困境和风雨的历练中产生的。平凡者也可以凭借考验，抓住机会，最先锤炼，从而最先成熟，直至成功。

拿出我们的勇气去面对一切的挑战吧。每天我们都在面临着生活中一场

场的考验，关于生命，关于爱情，关于利欲，关于权势。每场考验都得当心，一子失误，满盘皆输。这些考验让我们悲伤，沮丧，欢呼，雀跃。让我们从天堂掉到地狱，又从地狱重返天堂。人情世故，悲欢离合，无不在这一场场的考验中上演。

没有地狱的磨炼哪有建造天堂的力量？没有流血的手指哪有动人心魄的琴声。人生的每一场测验都在激励我们学会坚强。锐峰出于钝石，明火炽于暗木，贵珠产于贱蚌，美玉琢于丑璞。生命的每一次测验都激励着我们趋于完美。战场成就英雄，时代造就伟人。没有一个英雄是不带伤痕的，就如简约的生命，有得必有失，有胜必有败。

一次考验可能造就一切，但有时也可以毁掉一个梦想，甚至是一条生命。考验是无情的，但只要有敢于抗争的精神，和它正面抗争一下，或许成功之门就会轰然打开。

漫漫人生路，有谁能说自己是踏着一路鲜花、一路阳光走过来的？又有谁能够放言自己以后不会再遭到挫折和打击，我们没有看到成功的背后往往布满了荆棘和激流险滩？如果因为一时没有经受住考验就轻易地退出"战场"，半途而废，到头来懊悔的只能是你自己；如果总是因为在经历考验时害怕失败而丢掉前行的勇气，就永远不会追求到心中的梦想。

正如歌中所唱的，阳光它总是在风雨之后。同样，生命的美丽也总是呈现在生活的考验之后。

生活的考验是残酷的，对于这一点，我们每个人都或多或少地有所体会。你所生存的这个社会，并不是生来就是你的天堂，而且，你要经受得起生活残酷的考验。

每个人对考验所持的态度不一样，也造就了各自人生的道路。而生活的考验是不可回避的，更多的时候也是残酷的。但这并不意味着你的道路到此为止，相反，它可能是生命转折的一个契机。它完全可以成为一种动力，促进一个人的成长，造就一个人的辉煌。重要的是，我们是否能坚持，能否无怨无悔地去拨开层层云雾，等待光明的到来。两者之间，可能只差半步。

生活的考验像一条路，人们只走一次，无论远方是怎样的荆棘丛生，无论每一步我们走的如何步履维艰，无论是挂着泪还是挂着笑，无论是伤痕累累还是力不从心，都不要担心害怕。<u>只要我们一心向着自己的目标前进，挑战残酷的考验，整个世界都会给你让路。</u>

6. 用勇气收获喜悦

奥斯特洛夫斯基有句名言：*"勇敢产生在斗争中，勇气是在每天对困难的顽强抵抗中养成的，我们青年的箴言就是勇敢、顽强、坚定，就是排除一切障碍"*。生命本来就是一场搏斗，没有人会成为永远的胜利者，只有那些乐观而勇敢的搏击者，才有资格期待奇迹的出现，痛苦其实也是幸福的，至少证明我们还活着，有勇气，能坦率的面对生活，品尝到生活的喜悦。

的确，在这个世界上，有些东西我们确实无法得到，也无法改变，比如我们相貌丑陋、出身寒门、地位低微，但有些东西人人都可以选择，比如坚定的信念、坚韧的毅力、高尚的人格和超人的勇气等，它们是帮助我们刺破自卑心理通向成功彼岸的利剑。

虽然人生道路坎坷莫测，只要你扬起自信的风帆，勇敢的前行，你就能够跨越崎岖险阻的道路，俗话说："战争打出将军，勇气造就英雄"，正是因为勇气，才有了曹子建的"捐躯赴国难，视死忽如归。"的慷慨气魄；正是因为勇气，才有了陆放翁的"男儿堕地志四方，裹尸以革固其常"的雄略大志；正是因为勇气，才有了谭嗣同的"我自横刀向天笑，去留肝胆两昆仑"的大情大义；正是因为勇气，才有了毛泽东的"数风流人物，还看今朝。"的豪迈情怀。

美国堪萨斯州的教士里蒙克德在教堂里是一个其貌不扬的人，他既没有怀特教士那样高大的身躯和宏亮的嗓门，也没有主教那样渊博的学识和儒雅的风度。不过里蒙克德教士一向以善为本，他到处不辞辛苦地向人们宣传教义，告诫人们要一生行善。他的这些行为使得那些最初认为他毫不起眼的人感到了心灵深处的一丝触动。

由于一心向善，里蒙克德教士一生当中从不杀生。每当看到别人或者其他动物悲惨地死去时，他都会尽可能地为他们超度亡灵，而且他还从来不做违背教义的事。为此，包括怀特教士在内的一些伙伴都嘲笑他"过于循规蹈矩并且缺乏勇气"。对于别人的议论，

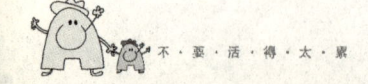

里蒙克德从来都没有争辩过，仿佛自己真的就是一个没有勇气的人。

南北战争时期的一天夜里，堪萨斯州受到了昆特瑞尔的游击队的突袭。还在睡梦中的卫兵们被游击队杀得一干二净，整座城已经没有任何安全保障了。进入城里的游击队到处抢劫、杀戮，就连教堂也被他们占领了。他们到处做恶，几乎遇见一个杀一个，即使人们百般恳求，他们杀起人来也不会眨一下眼睛。如果被他们认定为是废奴论者，那更是必死无疑。这就是震惊世界的"劳伦斯大屠杀"。

当一名游击队员手持枪支闯进里蒙克德教士的房间时，里蒙克德教士刚刚穿好衣服。这名游击队员恶狠狠地用枪把里蒙克德教士抵到墙角，然后问道："你是支持废除黑奴的北方佬吗？"

里蒙克德教士没有像游击队员想像中的那般惊恐，他仍旧用平常那种平静的声音回答对方："是的，我是。你知道得很清楚，你们应该为现在的行为感到羞耻。"

游击队员愣在了那里，他被里蒙克德教士的一腔正气镇住了，然后他托着枪支的手渐渐垂了下去。里蒙克德抓住游击队员的手指向窗外，同时说道："看看你们犯下的罪孽，你们难道就没有一丝一毫的怜悯之心吗？你们难道看不到那些被杀害者眼中的痛苦和悲愤吗？你们同样有父母兄弟、妻子儿女，窗外的那些人和你的亲人一样都有生存的权利！"游击队员突然大哭起来，然后像一个虔诚的忏悔者那样开始接受里蒙克德教士的教诲。当大屠杀结束时，里蒙克德教士仍旧在教堂中布经讲义，仍旧像往常一样乐善好施，因为自己的勇敢，他比那些死在大屠杀中的人多活了二十年，二十年之后，他死于肺癌。

真正的勇敢并不是在一些细枝末节事情上的逞能，而是面临严重危胁时的大义凛然和毫不退缩；勇敢也不是被动地接受眼前的一切，而是以自己的勇气战胜和压倒邪恶，使对方做出让步。

勇气通往天堂，怯懦通往地狱，一个人绝不可以遇到危险时，背过身去试图逃避，没有勇气，失去热忱，人生就可能走上一个灰色的拐点，勇气是一种力量，但不是身体的力量，而是精神和灵魂的力量。

勇气是所有成功者所具有的第一要素。在困难面前，如果没有勇气去尝试着克服它，那么你将永远在困难面前打转。一步步走向失败，成功将与你越来越疏远，更不会实现自己远大的目标和理想。然而目标便将成为永远的目标，远大的理想便会因你没有勇气而成为空想，成功将自然成为空话。

人生说起来或许很沉重，一路坎坷，难以设计定局，一个偶然的选择，便被归入另一种生活，我们要明白人生的短暂和生命的不可预知。

没有勇气的人就像失去了脊柱，直不起腰，挺不起背来，只能匍匐在人生之路上，阳光照不到他的身上，幸运女神也绝不眷顾这样的人。综观历史，没有哪一个伟人名士缺乏勇气。正因为有了勇气，他们才变得出类拔萃，能站在时代的巅峰傲视群雄。伽利略的勇气在于他不迷信书本，敢于向权威挑战，于是历史上有了著名的"比萨斜塔实验"，人类物理学便翻开了崭新的一页。哥白尼、布鲁诺为什么名垂千古？不仅是因为他们在学术上成就卓著，更重要的是他们是真正的勇士，即使受到生命的威胁，仍然坚持科学真理。至今人们在鲜花广场似乎还能听到布鲁诺直到生命最后一刻，仍坚定地宣传"太阳中心说"的铿锵语调。又如，在十年浩劫的阴影仍未散去的情况下，"恢复良知"从一个弱女子的口中道出，震撼了整个神州。这位弱女子就是戴厚英，说出这短短的四个字，在当时需要何等的勇气啊！

生命中不能缺少勇气。在人生的旅途中我们总会遇到各种挫折和磨难，这时候，我们需要勇气，用它来武装自己，披荆斩棘，以到达人生的巅峰。拥有勇气，你就有了风帆，一路乘风破浪；拥有勇气，你就有了开道的长戟，一路过关斩将；拥有勇气，你才拥有完整的人生。

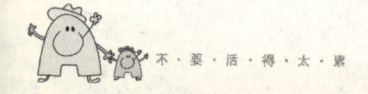

第六卷 Chapter 6

为自己喝彩——多给自己鼓掌，相信自己是最好的

为自己喝彩，不是那种傲视一切的孤芳自赏，也不是为我独尊的狂妄不羁，它是一种醒悟，拟或一种境地。人生自古多磨难，或许生命之于我们便注定了要历经艰难，然而艰难困苦之中更需要有欣赏自己的胸臆。为自己喝彩，恰恰是对生命的一种解释，一种表达。

1. 自信让你赢于人前

有位哲人说："自信是成功的基石，是每个人事业成功的支点。一个人若没有自信心，就不可能大有作为，有了自信心，就能把阻力化为动力，战胜各种困难，敢于夺取胜利。"可见，自信心是一个人对自身力量的认识和充分估计，是一种良好的心理素质。在现实生活中，有的人充满自信，有的人却有自卑感，但未来是充满着机遇和发展的社会，也是机遇和发展稍纵即逝的社会，只有充分自信的人，才能相信自己，把握自我，及时抓住机遇，使自己的才智得到充分发挥。

千百年来，在人们眼里，命运是神秘莫测，不可把握，无法控制的一种神秘力量，是主宰人们一生的至高无上的主人，而人类则永远是命运的仆人和奴隶。半个世纪以前，一位比利时智者莫里斯·梅特林克先生告诉我们——人们是完全可以成为命运的主人而非奴隶，这种能够把握、主宰和战胜命运的首要条件就是自信。

世界著名的科学家居里夫人早就向青年科学家指出："我们应该有恒心，尤其要有自信心。"美国斯坦福大学特尔门教授（Terman）的研究结果表明，那些做事实在有自信心的人，才是将来最有可能在工作中有所创造、有所贡献的人材。自信心往往是一个人走向成功的起步。正因为自信，才会确立远大的志向，才会产生工作的动力，才会坚持不懈地辛勤耕耘，才能使他们的个性、才能、智慧爆发出超人的力量。这是一系列连锁式的动态结构，而锁链的第一环就是自信心。

自信的力量往往能带给我们超乎想象的结果，下面就是一个例子。

有个女孩叫玛莉。同伴们都有了自己的恋人，但是，没有人喜欢害羞的玛莉。玛莉沿着走廊走着，耷拉着头。从她的样子来看，她的心情很沉重。一块标着"吸引异性物"的招牌挡住了她，牌后放着一些丝带，周围摆着各式各样的蝴蝶结，牌上写着：各种颜色应有尽有，挑选适合你个性的颜色。玛莉在那儿站了一会儿，尽管她有勇气戴，但还为她母亲是否允许她戴上那又大又显眼的蝴蝶结而犹豫不决。是的，这些缎带正是伙伴们经常戴的那种。

"亲爱的，这个对你再合适不过了。"女售货员说。

"噢，不，我不能戴那样的东西。"玛莉回答道，但同时她却渴望靠近一条绿色缎带。

女售货员显得惊奇地说："哟，你有这么一头可爱的金发，又有一双漂亮的眼睛，孩子，我看你戴什么都好！"

也许正是售货员的这几句话，玛莉把那个蝴蝶结戴在了头上。

"不，向前一点。"女售货员提醒道，"亲爱的，你要记住一件事，如果你戴上任何特殊的东西，就应该像没有人比你更有权戴它一样。在这个世界上，你应抬起头来。"她用评价的眼光看了看那缎带的位置，赞同地点点头，"很好，哎呀，你看上去无比美丽。"

"这个我买了。"玛莉说。她为自己作出决定时的音调而感到惊奇。

"如果你想要其他在舞会、正规场合穿着的……"售货员继续说着。玛莉摇摇头，付款后向店门口冲去。速度是那么快，以至与一位拿着许多包裹的妇女撞了个满怀，几乎把她撞倒。

过了一会儿，她吓得打了个寒战，因为她感到有人在后边追她，不会是为那缎带吧？真是吓死人了。她向四周看看，听到那个人在喊她，她吓得飞跑，一直跑到一条街区才停下来。

出人意料，玛莉眼前正是卡森咖啡馆，她意识到她开始就一直想到这儿来的。这儿是镇上每个姑娘都知道的地方，因为杰克——大家都喜欢的一个好小伙儿每个星期六下午都在这儿。他果然在这儿，正坐在卖饮料的柜台旁，倒了一杯咖啡，并不喝掉。"莉妮把他甩了，"玛莉暗想，"她将与其他人去跳舞了。"

玛莉在另一端坐下来，要了一杯咖啡。很快她感觉到，杰克转过身来在望着她，玛莉笔挺地坐着，昂着头，心里想着头上的那个绿色缎带。

"嗨，玛莉！"

"哟，是杰克呀！"玛莉装出惊讶的样子说，"你在这儿多久了？"

"整个一生。"他说,"等待的正是你。"

"奉承!"玛莉说。她为头上的绿色缎带而感到自负。

不一会儿,杰克在她身边坐下,看起来似乎他刚刚注意到她的存在,问道:"你的发型改了还是怎么的?"

"你通常都是这样注意我吗?"

"不,我想的是你昂着头的样子——似乎你认为我应该注意到什么似的。"

玛莉感到脸红起来:"这是有意挖苦吧?"

"也许。"他笑着说,"但是,也许我有点喜欢看到你那昂着头的样子。"

大约过了十分钟,真令人难以相信,杰克邀她去跳舞。当他们离开咖啡馆时,杰克主动要陪她回家。

回到家里,玛莉想在镜子跟前欣赏一下自己戴着绿色缎带的样子,令她惊奇的是,头上什么都没有——后来她才知道,当时与人相撞时,绿色缎带就被撞掉了……

就如故事中的玛莉一样,我们生活中往往就是因为自己的不自信才导致自己有时候一无所获,最后变得更加消极。但如果某次我们彻底地放开一下,改变自己,去主动地表现一下自己,可能我们都会是焦点的成功者。

自信是一个人战胜恐惧的渴望。**自信就是我们对自己的成长能力抱有信心**。我们应当像自己期望的那样成长起来,但是我们又总是怕这怕那。其实最恐惧的事情不是别的,而是恐惧本身,所以自信是在战胜恐惧中获得的。你只要留意一下,就会发现自信不是与生俱来的,自信需要培养。可是,人们总是梦想不付出代价就获得自信,就如同他们总是梦想不用劳动就获得财富一样。自信是一种感觉。一个人的成长,成功,往往靠这种感觉。这种感觉引导了你的判断。一个正确的判断,不仅决定你在一件事情上的成败,更重要的,它就是你走向哪个方向的分界线。

拥有自信,你才能像黑色的海燕一样,在暴风雨来临时无所畏惧勇敢搏击,你才能在人生的征途上昂扬奋进,拼搏进取,创造辉煌。

相反,如果一个人没有自信,那么它即使行也可能成为不行。同样是在上届的雅典奥运会上,中国男子双人跳水中一名选手,由于缺乏自信,思想压力太大，在最后的关键一跳中出现致命失误，将本来唾手可得的金牌拱手让人，留下了深深的遗憾。

可见自信对人生的作用是多么大！自信的力量足以令柔弱的小草冲破土地的封锁，展现勃勃生机；足以令滴滴轻盈的水珠穿透坚硬厚大的巨石，展现顽强的力量；足以令崖间的苍松傲视风雪，展现坚韧的生命。

相信自己，力量在心中。只有自己肯定自己相信自己，才能让别人不敢轻视你，你才能登上生命的最高峰，俯视群峰，体会"会当凌绝顶，一览众山小"的感觉。每一个人都应拥有自信，用自信把自己武装起来，去战胜生命中面临的每一次挑战与挫折。

人生的航船应该由每个人自己掌舵，鼓起自信的风帆，千帆竞渡，抵达成功的彼岸。

2. 自卑会让你倒在人生的起跑线上

自卑是我们很容易见到的一种心态，相信每个人都有过这样的心态，哪怕很短暂很模糊，但它的确是很容易乘虚而入，滋长在人们的内心里，从而导致人们的行为和思想做出错误的结果，最后也会容易遇到挫折和失败。对于任何自卑者来说，最为缺乏的是一种内在的自我价值感。自卑是个体感受到自我价值被贬低或否定的内心体验。这种贬低或否定可能来自于当事人自己，也可能来自于外界的评价，但更多的时候是两者兼而有之。很多人总误以为要想克服自卑就应该提高自尊，可实际上，自卑的反义词并不是自尊而是自信，自卑者往往有着超出常人几倍的自尊需求，只不过他们的自尊心缺乏一个稳定的内核和坚固的外壳，因此一点点小事就可能使其受到巨大的伤害。如果自卑者原先不敢与女性交往或害怕社交，在这种情形下，你不太可能让其通过主动接触异性、大胆与名人交往等对其自尊心构成严重威胁的事来达到加强其自尊心的目的。

可见，对于自卑者需要的是调整对自我的认识角度，更需要的是通过不断地发展自我建立一种独特的人生优势。惟有在雄厚的生活实力之上建立起一种内在的自信，自卑者才不会因遭遇一些挫折、侮辱而轻易贬低、否定自己,也不会拿一些诸如"敢不敢和异性说话"之类的事情反复考验自己。

自卑是人生成功之大敌。自卑是一种消极的自我评价或自我意识。自卑感的产生,往往并非认识上的不同,而是感觉上的差异。其根源就是人们不喜欢用现实的标准或尺度来衡量自己,而相信或假定自己应该达到某种标准或尺度。如"我应该如此这般"、"我应该像某人一样"等。这种追求大多脱离实际,只会滋生更多的烦恼和自卑,使自己更加抑郁和自责。

有一则关于自卑的寓言故事:有位园丁,一天早晨,当他到花园里去的时候,发现所有的花草树木都凋谢了,园中充满了衰败景象。他非常诧异,就问花园门口的一棵橡树:这究竟是怎么了?后来他得知,橡树因为自怨没有松树那样高大挺拔,所以就生出厌世之心,不想活了;松树又恨自己不能像葡萄藤那样结出果子而沮丧;葡萄藤也很伤心,因为它终日匍匐在地,不能直立,不能像桃树那样绽开美丽的花朵;牵牛花也苦恼着,因为它自叹没有丁香那样的芬芳。其余的树木也都有各自垂头丧气的理由,都埋怨自己不如别人。只有一棵小草长得青翠可爱。于是园丁问它:"你为什么没有沮丧?"小草回答:"我一点都不灰心。我在园中虽然算不上重要,但是我知道你需要一株橡树、一棵松树或者葡萄藤、桃树,你也需要小草的存在,所以我就心满意足地去吸收阳光雨露,使自己天天成长。"

人也是这样,一个人如果有了自卑心理后,往往从怀疑自己的能力到不能表现自己的能力,从不善与人交往到孤独地自我封闭。本来经过努力可以达到的目标,也会认为"我不行"而放弃追求。他们看不到人生的希望,领略不到生活的乐趣,也不敢去憧憬美好的明天。

站在人生的起跑线上,我们总是关注着在过程中的努力,到达终点的成与败,却往往忽视了起点上那一开始的心态。如果一开始,就带着一种消极自卑的心态的话,怎么能够去战胜同赛场的对手?又怎么能在处于劣势的情况下去试着超越呢?

自卑心理不是天生的。从主观上说,自卑心理是在后天由于自我评价不当而逐渐形成的;从客观上来讲,自卑心理是因为个人的某些缺陷或屡遭失败造成的。如果一个人从孩童时期就能够常被人夸奖和宠爱，长大后他就会很自信。而由于某些原因，那些整日生活在斥责和鄙视环境中的孩子，他们长大后就可能形成一种自卑的心理。一个人如果长期缺乏成功的经验，缺乏客观的期望和评价，而自我的消极暗示又经常性地抑制了自信，再加上生理或心理上的缺陷、恶劣的生活境遇等原因，就容易导致自卑心理的产生。

如果一个人很少体会过成功的喜悦，或从未得到过他人的赞赏，他的自信心就会受到压抑，自卑心理就会日趋严重；一个屡受挫折甚至怀疑自己存在价值的人，很容易对自己的前途悲观失望，在竞争中失去应有的勇气，使许多成功的机会失之交臂。

自卑的人总感觉处处不如别人，自己看不起自己，"我不行"、"我没希望"、"我会失败"等话总是挂在嘴边。自卑的人往往自尊心极强，自卑与自尊经常会发生冲突，这种冲突会造成极其浮躁的心理。谁都曾有过自卑的念头，但千万不要让这种危险的念头主宰了你，你要相信，你会战胜自卑的。

1951年，英国人弗兰克林从自己拍得极为清晰的DNA的X射线衍射照片上，发现了DNA的螺旋结构，就此还举行了一次报告会。然而弗兰克林生性自卑多疑，总是怀疑自己论点的可靠性，后来竟然放弃了自己先前的假说。可是就在两年之后，霍森和克里克也从照片上发现了DNA分子结构，提出了DNA的双螺旋结构的假说。这一假说的提出标志着生物时代的开端，因此而获得1962年度的诺贝尔医学奖。假如弗兰克林是个积极自信的人，坚信自己的假说，并继续进行深入研究，那么这一伟大的发现将永远记载在他的英名之下。

自卑会导致失败，这是显而易见的。一个自卑的人往往过低评价自己的形象、能力和品质，总是拿自己的弱点和别人的强处比，觉得自己事事不如人，在人前自惭形秽，从而丧失自信，悲观失望，不思进取，甚至沉沦。

当你怀疑自己的能力并为自卑感所困扰的时候，你不妨从过去的成功经历中吸取养分，来滋润你的信心。你不要沉溺于对失败经历的回忆，把失败的意象从你脑海中赶出去，因为那是你不友好的来访者。失败绝不是你的主要方面，而是你偶然存在的消极面，是你心智不集中时开的小差。你应该多强调自己成功的一面。一连串的成功，贯穿起来就构成一个成功者形象。它强烈地向你暗示，你是具有决策力和行动力的，你能导演成功的人生。

人生是变幻的，逆境也绝不会一成不变。也许，今日的逆境，将会造就未来的成功！逆境可以磨炼我们坚毅的品质，并让我们对人生进行深层次的思考。同时，在微笑中我们能吸取失败的经验，轻轻松松地迎接下一次挑战。你可以微笑着告诉自己："<u>一次失败不能证明全部失败，只有放弃尝试才必定失败。</u>"

在这个世界上，有许多事情是我们所难以预料的。我们不能控制机遇，却可以掌握自己；我们无法预知未来，却可以把握现在；我们不知道自己的生命到底有多长，但我们却可以安排好现在的生活；我们左右不了变化无常的天气，却可以调整自己的心情。每天给自己一个希望，让自己的心情放飞，不知不觉中自卑也就随风而去。

只要消除了自卑感，充满信心地进行努力，你就能克服一切障碍，适应任何环境！

3. 不要活在别人的眼光里

<u>人生于世上，所追求的那些名、利、权之类的东西，其实都是有些无足轻重的，只有自己是最真实的</u>。你一直以来所做的一切其实都是为了自己的真实存在而做出的证明。如果看不透这一根本性的事实，那么你的生活中不但很难一帆风顺，反而还容易徒增一些无谓的烦恼。

生活不易——这句话道出人活在世上之艰辛。

有的人活在虚伪之中，活在讨好别人之中，为了在别人眼中留下好印象，为了自己的面子，他们会不惜一切代价，甚至是自己的亲人，这样的人活得很累。而有的人不听别人的闲言碎语，<u>坚定地走自己的路</u>，他们活得潇洒，活得精神，每天他们努力地奋斗，顽强地拼搏，他们活出了自我，亮出了自己。

人活在世上的时间很短暂，在这个世界历史的长河中，也许不会留下我的足迹，与其平凡一生，不如像昙花一样在天空尽情开放，亮出自己的风格，展出自己的才华。虽然只是一瞬的光景，但人们肯定会记住它们美丽的刹那。

坚定地走自己的路，不因毁而忧，不因誉而喜，不因别人成功而对自己妄自菲薄，也不要把别人的期待看作是自己沉重的精神包袱。

> 从前有个士兵在作战中屡建战功后，被晋升为军官。他心里很是高兴，同时他也意识到要做一个好军官，就必须好好管理自己的士兵，于是在每次行军打仗时，他总是走在队伍的最后面，以便监督行军。而在一次行军中，他听到队伍里的士兵们议论他，说道："看啊，他老是走在后面，哪儿像一个长官啊，简直就是一个放牧的牧童。"
>
> 军官听后，觉得很不舒服，于是他开始走在队伍的中间，这样也能统观这个队伍。可这时，他又听见士兵们说他："你们看，他这样哪儿有一个军人的气魄了，明明就是贪生怕死，躲在队伍中间，这样就算是遇到敌人的突袭，他总是最安全的。"
>
> 军官无奈，只得走在队伍的最前面来带领行军路线。这时，他又听到身后的士兵挖苦他："看看，他这才刚当上军官，还没带着部队打一次胜仗呢，就骄傲自大地站在前面，显得他多伟大似地，真是没羞没臊。"
>
> 军官听后，还是很苦恼。这时，随从的副官看出了军官的心事。副官上前小声跟军官说："其实你没必要在乎士兵们的想法。如果你什么都在意的话，那么到最后你很容易变得自己连走路都不会了，更不要说带领大家去打仗了。"
>
> 军官顿时茅塞顿开。从此之后，军官就开始凭着自己的军人经验带领士兵行军，最后整个部队在他的带领下总是常胜不败。

一个人如果在生活中过分地没有主见，经不起外界的议论和干扰，那么很容易陷入一种自我茫然的地步。活着就是要为自己活着，也许有的人一生都没为自己活过一分钟，也都不知道在为谁而活。这样的人我只能为他感到悲哀，一个悲哀的生命在世界上是没有地位的，就算你常常失败，但起码你为成功努力过。<u>努力的过程就是你最大的财富，这笔财富是谁都无法抢夺过</u>

去的。

　　我们每个人都不是独自在这个世界上去生活，很多时候我们从一切的外界的地方，通过各种的渠道来获取各类的知识、信息和资料，而这些东西也不免会受到别人情况的影响和改变，但怎么样去接受、理解、认可这些信息，是每个人自己的事情了。这一切都是需要自己理智而客观地去自主地看待和选择。谁才是最终的裁定者？不是那些权威，也不是你身边的任何人，而是你自己！歌德曾经说到："每个人都应该坚持走自己开辟的道路，不被流言所吓倒，不受他人的观点所牵制。"要想做到面面俱到，人人认可，那完全是不可能的境界。即使是神，世界各地也都崇拜着不同的神灵。所以，想做到众人眼中的"完人"，那本身就是一个不切实际的荒诞理念。

　　如果你真的执意希望在所有人的面前做到尽善尽美，让大家都对你赞誉有加，那么你必然苛刻地要求自己的一切都完美。那么，在你短短的一生中，你为了这种完美的形象去努力，去尽量适应各个环境，去迎合不同的口味，这会耗尽你多少的时间、精力、情绪和你拥有的其他的东西。最后呢，你能保证你一定能得到这种完美的人前形象吗？

　　答案自然是否定的。这种很无聊的的希望，只会让你背上越来越多的负担，和无穷无尽的烦恼和顾虑，实在是很累。

　　这就像我们总是很难改变一个人的想法一样，那么你怎么可能改变所有人的想法呢？能改变的只有我们自己的心灵取向。众口难调，不可能强求统一意见和看法。讨好所有人，那是愚蠢的做法；迎合所有人，那更是失败的前兆。这些行为都是无意义的。与其把时间和精力都放在想方设法去改变自己在别人眼中的形象这一无聊的思想上时，还不如把所有精力都放在踏踏实实、独立自我地做人做事上。比起改变别人眼中的自我形象，改变自己心里的定位相对更是轻松和自在。

　　真正地做你自己，不要总是在意别人的眼光！卡耐基有句忠告：**寻找自我，保持本色，大凡成功的人都如此**。

　　一个人抹掉自我本色意味着什么？意味着去迎合别人，跟着别人的屁股后面跑，这样把别人的特色误以为是自己应该追求的东西，多半都是不能成大事者，即使成了大事，也是没有什么特色的。这一点，对成大事者来说，是一大忌讳。因此，**一个人抹掉自我本色等于"慢性自杀"**。

　　你在这世上是个充满个性的个体。以前既没有像你一样的人，以后也不

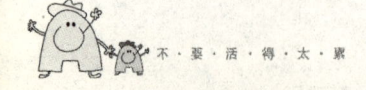

会有。你是这个世界上惟一的一个崭新的、独一无二的自己,你的经验、环境和遗传造就了你。不管好坏,你只有好好经营自己的小花园,也不论好坏,你只有在生命的管弦乐中演奏好自己的一份乐器,才会活出你的本色。归根究底,所有的艺术或个人都是一种自我的体现。你只能唱你自己、画你自己。

<u>一个人的成就大小,不是看他的能力和智商高低,而是看他有没有将自己的独特想法充分展示出来,因为只有自主才能使你与众不同。也就是说:只有摆脱那些无谓的世俗眼光,充分展示自己才能使你高于常人。</u>

生活中有太多的无奈和异样的眼光,但你只要是按自己的意志生活,活给自己看,才是生活的最终目的,何必在乎别人的眼光呢。你就是你自己,不是别人眼中的你。你有你的风格,你有你的个性,你有你的追求。你才是最美。

4. 给自己鼓掌,相信自己一定能行

鼓掌,一个简单而平凡的动作,却蕴涵着人类极高的情感。舞台的灯光闪亮,一段优美的舞姿,一首荡气回肠的歌曲,会让我们的掌声经久不息,我们用掌声来表示对美的赞赏。当一场激动人心的报告给我们带来心灵震撼的时候,当我们内心感到愉悦需要表达自己的情感的时候,我们也会毫不犹豫地用鼓掌来表示心中的情感。可又有谁为自己鼓过掌呢?可能没有。或许我们有过失败,或许我们对自己较苛刻,我们为自己鼓掌很少。寂寞的掌声总是响在别人的心灵,给自己留下的是一片空白,这是我们还不能超越自己的心灵,我们还是孤独的欣赏者。看看吧,我们自己和我们的周围,也许真应该为自己而鼓掌。

每个人来到这个世上,都想取得辉煌的成就,都希望自己所做的一切能够得到别人的认可和掌声,但实际上并不是每个人都能神采飞扬地站在灯火闪烁的舞台上,有的人只能在自己平凡的岗位上做着平凡的事,不被人注意,不被人重视。面对此情此景,有些人往往感叹自己的渺小与平庸,这又何必呢?只要你真真实实地生活,活出真真正正的自我,即使别人不为你喝

彩，你还能为自己鼓掌。

自己给自己鼓掌，是一种自信，是对自己价值的认同。它可唤醒自己内心世界渴望成功的愿望，可以使自己潜在的能量得以激发。因为掌声的主动权在自己手中，它可以在自己需要时随时随地地响起来。人的一生是需要给自己鼓一鼓掌的，给尚不成功的自己鼓掌是一种鼓励和鞭策。在我们追求一种新东西、创造一种新价值遇到挫折时，在我们因失败情绪沮丧时，在我们经受磨砺意志消沉时，在我们屡受打击自信丧失时，给自己鼓一次掌，把自己的自信呼唤出来，这对人是很有益处的。自信是一种态度，一种潜在的行为倾向，是创造活动的前提，没有自信什么事情也干不出来。人有了自信心，就会在自尊、自爱的积极心理准备状态下，勤于学习、善于思考、敢于创新，从而获得成功的体验，赢得希望的掌声。一次成功的体验，又会推动我们取得第二次成功……有位科学家曾说过，"给我一个支点，我能撬起整个地球"。这句话流传了几千年，仍然意味深长。如果我们能给自己一个"支点"，自己就一定会取得成功，这个支点就是自信。

青年小李参加了一家外企公司的招聘会，公司的一位经理负责做这次招聘的主面试官。在当时应聘的许多年轻人当中，小李的条件其实并不算优秀。他并不是什么名校毕业，也没有厚厚的一沓证书。面试笔试的成绩都仅仅算是中规中矩而已。但是，在最后一轮选拔的时候，小李却给身为主面试官的经理留下了很深刻的印象。

按照惯例，进入最后一轮选拔的20个年轻人要面对面试官们进行一番自我陈述，最后在这些朝气蓬勃的年轻人们中间只有4个会脱颖而出。这些青年才俊或慷慨激昂，或沉着稳重，或亲切温和，或咄咄逼人，总之各具特色。小李当时排在最后一个，他的陈述和前面的19个优秀的年轻人相比，并不算多么突出。但是，在陈述结束的时候，小李并没有像前面的应聘者一样简单离开，而是微笑着，为自己鼓掌。经理和其他几位面试官不禁莞尔，问他为什么要鼓掌，小李自信地说："我是在为自己鼓掌。虽然自己给自己的掌声有点微弱，也会给自己增添信心，也会给自己增添斗志，也会给自己增添豪情！"

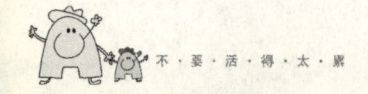

经理和几个面试官都被小李的话打动了，给了他最高分。经理感慨地说，这个给自己鼓掌的年轻人果然做得很好，那些给自己的掌声一直伴随着他走过了一个接一个的成功。不必担心他还太年轻，一个能够给自己鼓掌的人一定会在大区经理的职位上做好的。

赢得掌声固然重要，但更重要的是给自己鼓掌，将掌声的主动权放在自己的手上，因为成功不在别人，而在自己，只有自己自信才能改变自己的生存状态，才能赢得成功，才能创造一个美好的前景。只有自己懂得自我欣赏，才能在前进的路上获得无穷无尽的勇气和力量。自己给自己鼓掌是一种勇气，一种力量，一种自我欣赏。面对自己的将来，我们有理由让掌声响起来。每个人都希望，也都需要得到别人的鼓励。但是，光靠别人的赞扬还不够。因为生活不光是赞扬，你碰到更多的可能是责难、讥讽、嘲笑。在这时，你一定要学会从自我激励中激发自信心，学会赞美自己！

成功学家拿破仑·希尔说："自我欣赏或自我赞美，其本质正是对自我成功的一种最直接的暗示。如果一个奋斗者不断地告诉自己'我是最优秀的，我一定会成功！'那么他就会像得到神助一般，必将取得成功。能常常赞美自己的人，实质上正是他敢于向命运宣告'我是不可战胜的！'正是一颗深深地植根于自己灵魂中的种子，这种子最后一定会在现实生活中结出无数颗能展示生命之美的果实。"

自我赞美，往往会成为许多奇迹创造的动力。当年拿破仑在奥辛威茨，不得不面临着与数倍于自己的强敌决战。战前的总动员会上，拿破仑对即将投入战斗的将士们说："我的兄弟们，我请你们记住：我们法兰西的战士，是世界上最优秀的战士，是永远都不可战胜的英雄！当你冲向敌人的时候，我希望你们能高喊着：'我是最优秀的战士，我是不可战胜的英雄！'"接着他听到了全军将士如排山倒海般的回音："我是最优秀的战士，我是不可战胜的英雄！"战斗中，法国将士都高喊着"我是最优秀的战士，我是不可战胜的英雄"的口号，他们以一抵十，竟如摧枯拉朽一样大败奥俄等国的联军。

美国一位心理学家说过："不会赞美自己的成功，人就激发不起向上的愿望。"是的，别小看这种"自我赞美"，它往往能给你带来欢乐和信心；信心增强了，又会激励你获得更大的成功，自信心也会再度增强。在现实生活中，有些人缺乏信心，总是期望得到别人的掌声。一个成功人士说："别过于在乎别人对你的评价，否则，反而会成为你的包袱，我从不害怕自己得不到别人的喝彩，因为我会记得随时为自己鼓掌。"

工作和生活中，谁都会遇到艰难坷坎、曲折磨难、痛苦彷徨、失意迷茫，甚至失败，但这些都不可怕，可怕的是自己否定自己，自己打倒自己，自己摧毁自己！必须坚信，命运的钥匙永远掌握在自己手中，而如何灵活使用这把钥匙开启那扇成功的大门，除了执着的追求外，信念至关重要。为自己鼓掌，不在意别人的目光。有首歌中唱道："想唱就唱，要唱得响亮，就算没有人为我鼓掌，至少我还能够勇敢地自我欣赏……"我们要做自己的欣赏者。

给自己鼓掌是一付药方，可以治愈悲观沮丧的毒瘤，活跃血液；给自己鼓掌是一枚金牌，它可以让人多一份荣耀，少一份自卑，激励自己永远去奋斗拼搏；给自己鼓掌是一种精神的复活，它可以让人走出逆境，燃烧起希望的火种。

5. 天生我材必有用

伟大诗人李白在《将进酒》一诗中写道："天生我材必有用"。这话说得何等中肯。一个人活着，必须有这样的自信心，在事业上才有可能获得成功。

小草没有大树的伟岸，它却可以将大地变得富有生机，激情四射。清泉没有大海的雄浑，它却可以抚平人们内心的激荡与愁思。明月没有太阳的火热，它却可以使人们心中注入一缕思念与感伤。因此请相信"天生我材必有用"。

"天生我材必有用"，就是在面对挫折困难时，不要对自己失去信心，要永远怀着自信坚强地走下去，继续发挥自己的特长，相信自己的才能。每个人在世界上都是独一无二的，别人无法取代的，所以我们有理由相信"天生我材必有用"。但有时才能并不是轻易就显现出来的，它需要我们自己充分地挖掘。也许有时我们面对失败会怀疑自己的能力，也许有时我们的才能得

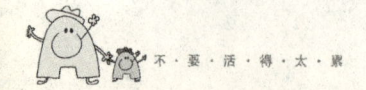

不到别人的充分肯定，这时我们更不应该气馁，而是要更多地坚持信念，鼓励自己，相信"天生我材必有用"。

李白有过情困、有过贫穷的处境、有过失去朋友的怅惘、有过失业的无奈、有过贬官的打击……但是他豪爽乐观，唱出"天生我才必有用"的响亮声音，而且还潇洒自信地进取，怎不让人钦敬感慨！抚今追昔，如今的青年常叹息读书苦、工作难、贫困潦倒、父亲不是富翁、自己生不逢时、失恋像天塌下来打击自己……为很小的事竟然想不通！他（或她）悟不出"天生我才必有用"的道理，更无愉快的情绪、乐观的态度和战胜困难的斗志。

1960年，哈佛大学教授罗森塔尔博士在美国加州一所学校进行了一项试验。他声称，他制造出一种仪器，能够找出最优秀的人，并能发现那些将来会出人头地的人。他先从教师中选出几个人，然后又从全校的班级中选出几个班的学生作为实验对象。他对选出的老师说："我从全校的老师中选出你们几位，因为你们是最优秀的老师。这几个班级的学生也是最聪明最有可能有所成就的学生，他们将由你们来教。我相信，最优秀的老师和最聪明的学生的组合，将会产生非凡的教学结果，我的仪器不会出错。"

一年过去了，当罗森塔尔博士再次来到这所学校时，他发现那些老师个个表现优异，而他们所教的班级也成为整个学校的明星班级。罗森塔尔再次召集这些老师开会，他对老师们透露说："实际上，我并没有那样一种预测未来的仪器。那些学生都是最普通的学生，我只是随机抽取了几个班级。"

老师们对此一阵诧异。罗森塔尔博士接着说："实际上，各位老师也并不是我挑选的最优秀的老师，而是我随手抽调出来的。你们是些普通的老师，教的是普通的学生，但是你们取得了这样的好成绩。各位老师一定知道原因在哪里。"

一位老师说："是的，博士。我知道，当我们被告知是最优秀的时候，我们就努力做最优秀的。我们的学生是聪明的、与众不同的。他们犯错误时，我们也一样有耐心帮助他们，因为他们是聪明人，他们只是无意中出了错。我们从来不打击批评学生，我们鼓励他们做到最好。我们都认为自己是不普通的，于是我们就不再

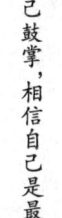

普通。"

　　罗森塔尔听完，会心地笑了。

　　人人都可以不普通。如果你在心里坚信"天生我材必有用"，你就会按照一个真正的人才的标准来要求自己。如果你相信自己能够成功，你就一定能成功。只有先在心里肯定自己，你才能在行动上充分地展现自己。

　　环顾四周，那些在事业上成功的人士有谁不是充分肯定自己的才能，抓住它并把它发挥得淋漓尽致呢？达尔文的父母希望儿子成为神父，而达尔文始终热衷于生物，他使父母失望了，但他始终坚持自己在生物研究方向的过人才能，找到了自己正确的位置，终于写下了不朽的名著《进化论》而名垂千古。如果他听从父母之命那又是怎样的呢？所以我们应当坚信"天生我材必有用"，找到适合自己的位置，相信大千世界一定有我的用武之地。

　　"天生我材必有用"固然是充满自信，但如果这份自信用过了头，那又会怎样呢？那就会变成狂妄、自负。正如拿破仑有非常出色的军事才能，他自己也充分相信自己的才能。但是他自认为凭借自己的军事才能就能够所向披靡、无往不利，便不断地发动对外战争进行扩张，然而最终正义之师战胜了他，他落得个流放孤岛的悲惨结局。所以我们要把握好自信的"度"，否则它就会变成自大。

　　我们每个人都应当对自己有一个正确的估价，既要相信"天生我材必有用"，真正认识自己的价值所在，以最大限度地发挥自己的专长，又不能好高骛远，还要充分认识自己的不足，不断改正，不断向着人生的目标前进。

　　"天生我材必有用"。这句至理名言能让更多的人走向成功，也是失败者最后的栖息之地。巴尔扎克曾经说过："<u>困难，对于强者，是一块垫脚石，对于弱者，则是一个深渊。</u>"相信明智的人都是喜欢当强者而非弱者，向往天堂而不是地狱吧，而通往成功的大门，往往需要一把名曰"自信"的钥匙。所以，请相信这句千古名言："天生我材必有用"。

6. 你就是自己的奇迹

人来到这世界上，都会有自己独特之处，都有存在的价值，就像天下任何东西都有用处一样。细想一下，上帝每降临每一个人，不论男女、无分胖瘦、不管学历多少、不管富贵还是贫贱……虽路途平坦或崎岖有别，但只要努力，不被困难吓倒、退缩，一直相信自己，那么你就会创造出属于你的奇迹！

史蒂芬·霍金，一位人生的斗士，一位科学界的泰山北斗，然而他却遭遇了命运的摧残。上天让他失去了常人所具备的运动能力，他只能被固定在一个轮椅上，仅凭着几只可以活动的手指用键盘来表达自己的思想。记得有一次在新闻发布会上，有位女记者提出了一个无比尖锐的问题，她问："霍金先生，难道你不为被固定在一个轮椅上而感到悲哀吗？"霍金用他的手指在键盘上敲出这样的一些字："我没有悲哀，我却很庆幸，因为上帝把我固定在这个轮椅上，却给了我足以想像世界万物，足以激发人生斗志的能力，其实，上帝是公平的。"因为他坚信"自己的存在是个奇迹"。他凭借着自己的智慧与艰辛的努力，写出了著名的《时间简史》，推动了科学界的飞速发展，为世界做出了贡献，他也被称为与牛顿和爱因斯坦并列的世界三大科学家之一，他的成就足以让世人敬仰。

邰丽华，一位婀娜的舞者，一位自强不息的女强人。从小喜欢跳舞的她，然而在一次意外中使她突然失聪，此时她的理想与她越来越远。可是她并没有放弃，她用刻苦努力来弥补自身的缺陷，终于在2005年的春节联欢晚会上大放异彩，她领衔的舞蹈《千手观音》给人们带来了视觉的盛宴。从不幸的谷底到艺术的巅峰，也许她的生命本身就是一次绝美的舞蹈，于无声处再现生命的蓬勃，在手臂间勾勒人生的高洁，因为她始终坚信她就是自己的奇迹。

每一个人都渴望成功，做出一番事业，成为人群中的佼佼者。有一句土耳其谚语说：每个人心中都隐伏着一头雄狮。在中国有"人皆可以为尧舜"的古语。《格言璧》中讲道：<u>不要轻视自己的身心，天地人三才都蕴藏在六尺之躯中。不要轻视自己这一辈子，千古的功业就在此奠定。这些言语都阐述了一个共同的道理：只要有信心就有可能达到成功。</u>只要付出足够的努力，并充分挖掘自己的内在潜力，创造奇迹、实现成功就指日可待。

奇迹是什么呢？是做了某些看似不可能完成的事情。但就因为它"看似不可能完成"，这种"奇迹"才是一种体现自我价值，获得人生历练的最好的教程。而在这之前，我们最需要注意的前提就是，相信自己的价值和能力。一个人最大的敌人就是自己的内心。倘若我们一开始就败给了自己的内心，那别说什么创造奇迹了，就连能否正确地去看待、去生存在这个世界都会是个困难的问题。

春秋战国时代，一位父亲和他的儿子出征打仗。父亲已做了将军，儿子还只是马前卒。又一阵号角吹响，战鼓雷鸣了，父亲庄严地托起一个箭囊，其中插着一支箭。父亲郑重对儿子说："这是家袭宝箭，配带身边，力量无穷，但千万不可抽出来。"那是一个极其精美的箭囊，厚牛皮打制，镶着幽幽泛光的铜边儿，再看露出的箭尾，一眼便能认定用上等的孔雀羽毛制作。儿子喜上眉梢，贪婪地推想箭杆、箭头的模样，耳旁仿佛嗖嗖地箭声掠过，敌方的主帅应声折马而毙，果然，配带宝箭的儿子英勇非凡，所向披靡。当鸣金收兵时，儿子再也禁不住得胜的豪气，完全背弃了父亲的叮嘱，强烈的欲望驱赶着他呼一声就拔出宝箭，试图看个究竟。骤然间他惊呆了：一支断箭，箭囊里装着一支折断的箭。我一直刻着支断箭打仗呢！儿子吓出了一身冷汗，仿佛顷刻间失去支柱的房子，轰然意志坍塌了。结果不言自明，儿子惨死于乱军之中。拂开蒙蒙的硝烟，父亲拣起那柄断箭，沉重地啐一口道："不相信自己的意志，永远也做不成将军。"

把胜败寄托在一支宝箭上，多么愚蠢！一个人把生活的奇迹与把柄交给别人，又多么危险！比如把希望寄托在儿女身上；把幸福寄托在丈夫身上；

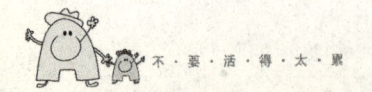

把生活保障寄托在单位身上……

自己才是一支箭，只有相信自己的能力，努力去拼搏，那么你所期望的幸福和成功也就会很快出现。那时你就会发现以前如此平庸的自己，居然也能创造出喜悦的奇迹来。

《鲁滨逊漂流记》是本家喻户晓的名著。书里记述了主人公鲁滨逊漂流到一个人烟稀少的孤岛上，在无助与孤独中，如何适应荒岛生活，依靠智慧和勇气，克服困难，让生命延续，并且找到生活乐趣的这样一个生存奇迹的故事。

其实鲁滨逊并未做出惊天动地的事情，而是和我们一样在生活着。但那些琐碎的细节却又是鲁滨逊同困境抗争的过程，而这些困境又是几乎每个人都曾体会到的：黑暗，饥饿，恐惧，孤独……

这时候，鲁滨逊面对困境，发出求生动力，相信自己能够等到救援，回到大陆。这种想法是别人没办法给他的。只有他自己，努力鼓励自己，并坚持与恶劣的环境做斗争。

没有人明白他是怎么做到的。他曾经这样说道："我要尽全力而为，只要我还能划水，我就不肯被淹死，只要我还能站立，我就不肯倒下……"也许就是因为他了解自己，才能主宰自己的生死，坚强的信念在支撑着这位伟大的人艰难地活着。在鲁滨逊看来，天底下没有什么人克服不了的困难，只要充分利用自己的智慧与双手，就能缔造出超乎常人所能的奇迹。

我们处于自主艰苦创业的时期，就像鲁滨逊身陷孤岛、面对困境、努力生存一样，是苦中求乐、先苦后甜的过程。再比如爱迪生几乎每天在实验室里工作18个小时，在那里吃饭睡觉，但他丝毫不以为苦，他说："我一生从未做过一天工作，我每天都其乐无穷。"就是这个从未进过学校的人，这个报童出身的人，视工作为快乐，发明了灯泡、电话等一千多个专利产品，改变了我们世人的生活。

路边的野花虽不艳丽，但它们仍坚强地熬过寒冬，迎来春天，灿烂地开放在世人面前，然后被画家重新描绘在了画纸上，被摄影师留在了镜头里，成为永不凋谢的美丽之花。我们每个人都有着自己与众不同的地方，请不要戴着"有色"眼镜看自己，正视自己，把自己的优点当成宝贵的财富好好珍惜，不断挖掘自己的潜能，弥补不足，每天进步一点点，作为自己给自己的礼物。等到太阳出来了，时机到了，你就可以亮出礼物，你会惊奇地发现——你就是你自己的奇迹！

7. 天才的缺点并不比你少，或许还更多

　　天才，是一个辉煌的称号，意味着精神的无限宽广和"文艺复兴"般的思维。凡天才，都有一个宏伟的目标，充满激情，有过人的精力，在我等俗人看来，他们简直是一把火，熊熊的燃烧自己。然而，天才也是吃五谷杂粮的，也是血肉之躯，他们不是完美的神灵。

　　才女张爱玲被后世传为文学女性的杰出人才，但是她在《天才梦》里写道：我是一个古怪的女孩，从小被目为天才……当童年的狂想逐渐退色的时候，我发现我除了天才的梦之外一无所有——所有的只是天才的怪癖缺点。

　　其实她所指自己的缺点不过是：她发现自己不会削苹果。经过艰苦的努力她才学会补袜子。她怕上理发店，怕见客，怕给裁缝试衣裳。许多人尝试过教她织绒线，可是没有一个成功。在一间房里住了两年，问她电铃在哪儿，她还茫然。她天天乘黄包车上医院去打针，接连三个月，仍然不认识那条路。总而言之，在现实的社会里，她等于一个废物。

　　当然这是张爱玲自己的自嘲书写，但也是真实自述。而作为平凡的我们，在看到一代才女的这些迟钝时，也就会不免莞尔一笑。的确，我们此生可能很难到达张先生的那种涵养，但起码我们还会削苹果的嘛。

　　俗话说得好："金无足赤，人无完人。"世界上没有十全十美的东西，任何事物总有它的长处和短处。每一个人都有自己认识的局限，谁都不敢保证自己的所知是最多的；每一个人都有自己失误的时候，谁都不敢保证自己是永远的成功者；每一个人都有自己缺陷的一面，谁也不敢保证自己是最完美的。因此，认识自我，不仅要认识到自己的优势和潜力所在，还要认识到自己的缺点和错误，并且能善用自己拥有的长处去改正自己的不足，学会扬长避短，平凡的自己也就可以创造出让人自豪的成就。

　　富兰克林说："宝贝放错了地方，它便是废物。"这是说在某一方面很有用的东西，一旦用错了地方，就起不了丝毫的作用。正如有的人，明明精通某项技术，却选择了自己并不擅长的工作，结果往往是一事无成。无论做任何事，我们都不能只悲观地看到自己的缺点，更要积极地找出自己的优点，同时尽量扬长避短，完善自我。人无完人是一条亘古不变的真理。也许别人的优点正是你的缺点，别人的缺点正是你的优点；也许别人的优点能衬出你的不足，别人的缺点能告诫你警惕。

"尺有所短，寸有所长。"善于发现自己的长处并勇于经营，将会使自己的人生增值，所以要经常对自己说："我不是弱者，我有成功的希望，我要看清自己的位置，敢于进取。如果能当人前花，绝不当人后草。"善于发现自己的优势和特长，取他人之长补己之短，把自己的优点发挥至极致，你将会拥有精彩的人生。

1976年12月10日，祖籍山东日照的物理学家丁肇中因发现了粒子而获得诺贝尔物理学奖。在颁奖典礼上，这位出生于密西根大学城的美籍华裔坚持用汉语发言。这在当时引起了轰动，至今想起来仍然令所有的中国人感动。

2004年11月，丁肇中受我国南京某大学之邀到该校做报告。在报告会上，学校的许多学生都向这位科学巨匠踊跃提问。在与大学生展开互动交流的过程中，丁肇中对大学生们提出的问题，总是尽自己所能认真地予以回答。丁肇中认真的态度激发了更多学生的提问兴趣，其中有一位学生站起来问道："您觉得人类在太空上能找到暗物质和反物质吗？"丁肇中坦言道："不知道。"另一位学生站起来又问道："您觉得您从事的科学实验有什么经济价值吗？"丁肇中依然认认真真地答道："不知道。"又有一位学生起身问这位物理学大师："您可以谈一下物理学未来二十年的发展方向吗？"丁肇中依然像回答前两个问题一样神态自然却又十分认真地回答："不知道。"

在这位对物理学做出过划时代贡献的科学巨匠连续说了三个"不知道"之后，报告厅里的所有师生不再有人站出来提问，刚才还气氛热烈的报告厅内一阵沉静。片刻之后，报告厅的各个角落几乎在同一时间爆发出一阵阵响亮的掌声，这掌声持续了好长时间。

让我们重新将注意力转回到该校学生提出的那三个问题上。类似的问题我们常常在各种各样的学术研讨会或者其他会议上听到，这样的问题实在算不得深奥和古怪，甚至算不上新颖。可是对于这样的问题，丁肇中为什么会用"不知道"三个字来回答呢？

认真想一想，这样的问题确实还没有一个准确的答案，即使是对物理学有着深刻研究的丁肇中博士也无法给予提问者一个精确的回答。可是，他完全可以用一种比较"灵活"的方式敷衍过去，在那样的场合是不会有人与他较真的。更何况，在那些敬仰他的大学生眼中，他的回答无论是敷衍还是搪塞，都相当于金科玉律。

然而，正是基于对科学和做人的认真，丁肇中才勇于在那种公开场合坦然承认自己"不知道"。对丁肇中有所了解的人都知道，说"不知道"对于丁肇中来说实在是一件再平常不过的事情。无论是在接受电视台采访时，还是在重要的学术交流会上，或者是在种种报告会或演讲会上，对于自己不清楚或者不太了解的问题，他都会坦然地说一声"不知道"。他不会顾及所谓的"颜面"，他只是坚持中华民族的一条古训"知之为知之，不知为不知"。

从这则故事我们更应该能了解了，成功人士的能力也是有限的，而这其中的智者也自然懂得这个道理，所以他们很坦诚地表示，自己也只是从一名平凡普通的大众里脱颖而出，尽管现在戴着成功的光环，但身上还留着普通人的缺点与局限。反过来想，几十年前，像丁肇中这样的人也就是生活在我们身边，与你我无异。既然他们现在都成为了世界的榜样，那么我们怎么就没资格也成为另一个传奇呢？所以，我们更有理由相信我们的骨子里不缺少这些天才们的血液，我们也能做到这一切的成就。就如同伟大的物理学家爱因斯坦，虽然他有着独一无二的科研成就，然而根据资料记载，爱因斯坦幼年时也是很笨的，甚至是弱智。因为他两三岁了还不会说话，上小校学了居然不会简单的加减法，他的小学老师不只一次断言他将来毫无出息，但是爱因斯坦后来出人意料地成长起来并成为天才。

我们有能力去处理柴米油盐的生活琐事，同样也有能力去做出震惊世界的丰功伟业。所以，请相信自己与那些"天才"的距离不远，或许他们还比你更懒惰一点，更迟钝一点。切莫高估了天才，也不要低估了你自己的实力。

也许凡人到死了，也不了解自己天生的能力。

但即使是天才也很少在有生之年，能发挥出自己真正的"天生我材"。

8. 不必在意别人的标准，主宰的权力在你手里

这个世界上人们有不同的世界观和价值观，难免会在共同的问题上发生不同立场的相持。我们面对诸多纷杂的标准，怎样给自己定位，立足于这个世间呢？

一个青年人叫查理，他辛辛苦苦创办的工厂倒闭了，他的事业一败涂地。他感到灰心极了，在街上百无聊赖地走着，不知道自己该怎么办，不知道自己人生的方向在哪里。他想要从亲友那里筹措资金东山再起，可是亲友们不肯向他伸出援手。绝望的查理走进了酒吧，把自己灌得大醉。人们开始嫌恶他，在所有人的眼中，查理都是一个失败者。查理也认为自己的人生就此完结了，他放弃了努力。

有一天，查理听到别人说，有一位智者能够帮助他。查理心里又有了一丝希望。于是，他找到了智者，诉说了自己的苦闷，然后满怀希望地请求智者帮助他走出困境。智者惋惜地说："年轻人，很遗憾，我也帮不了你。"

查理听到这样的话，感到最后的一丝希望也破灭了。他想到了自杀，因为结束生命是惟一的解脱方法。正在他颓丧地转身准备离开的时候，智者叫住了他，说："虽然我帮不了你，但是我知道一个人可以帮助你。"查理大喜过望，忙问："那个人是谁？他在哪里？"智者笑笑说："你跟我来。"查理被带到一面镜子前，智者指着镜中的人对查理说："只有镜子里的人可以帮助你。你想要成功首先要认识这个人，这是惟一一个有能力帮助你成就事业的人。"

查理呆呆地注视着镜子里的自己，若有所悟。等到查理再次来到智者面前时，他已经成为了另外一个人：笑容满面、神采奕奕。他告诉智者，他终于认识到自己的力量。凭借自己的努力，他已经重建了自己的事业。

美国历史上最著名的总统林肯说过：**人下决心想要愉快到什么程度，他大体上就能够愉快到什么程度**。你能够决定自己的心灵，控制自己的思想。在这个世界上，惟一能够搭救你的人，就是你自己。

如果每个人都做到真正意义上的"决定自己的心灵，控制自己的思想"，那么无论成败都可以心安理得。然而，困扰很多人的是：他们被太多的标准选择而弄得无所适从，身心交瘁，不知自己该相信别人还是自己。还有人在环境、他人的压力下，违心选择了自己并不喜欢的道路，为此而郁郁终生，即使取得了受人瞩目的成就，也体会不到成功的快乐。

相信很多人小时候都听过"小马过河"的故事——

马棚里住着一匹老马和一匹小马。有一天，老马对小马说："你已经长大了，能帮妈妈做点事吗？"小马连蹦带跳地说："怎么不能？我很愿意帮您做事。"老马高兴地说："那好啊，你把这半口袋麦子驮到磨坊去吧。"

小马驮起口袋，飞快地往磨坊跑去。跑着跑着，一条小河挡住了去路，河水哗哗地流着。小马为难了，心想：我能不能过去呢？如果妈妈在身边，问问她该怎么办，那多好啊！可是离家很远了。小马向四周望望，看见一头老牛在河边吃草，小马"嗒嗒嗒"跑过去，问道："牛伯伯，请您告诉我，这条河，我能趟过去吗？"老牛说："水很浅，刚没小腿，能趟过去。"

小马听了老牛的话，立刻跑到河边，准备过去。突然，从树上跳下一只松鼠，拦住他大叫："小马！别过河，别过河，你会淹死的！"小马吃惊地问："水很深吗？"松鼠认真地说："深的很哩！昨天，我的一个伙伴就是掉在这条河里淹死的！"小马连忙收住脚步，不知道怎么办才好。他叹了口气说："唉！还是回家问问妈妈吧！"

小马甩甩尾巴，跑回家去。妈妈问他："怎么回来啦？"小马难为情地说："一条河挡住了去路，我……我过不去。"妈妈说："那条河不是很浅吗？"小马说："是呀！牛伯伯也这么说。可是松鼠说河水很深，还淹死过他的伙伴呢！"妈妈说："那么河水到底是深还是浅呢？你仔细想过他们的话吗？"小马低下了头，说："没……没

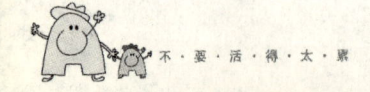

想过。"妈妈亲切地对小马说:"孩子,光听别人说,自己不动脑筋,不去试试,是不行的,河水是深是浅,你去试一试,就知道了。"

小马跑到河边,刚刚抬起前蹄,松鼠又大叫起来:"怎么?你不要命啦!?"小马说:"让我试试吧!"他下了河,小心地趟到了对岸。

原来河水既不像老牛说的那样浅,也不像松鼠说的那样深。

这就好像把每一本书比作一条河流,由于年龄、经历的不同,或许有的读者像松鼠,有的读者像老牛,他们都会有各自不同的读后感受。而你就是那匹小马——要听取别人的意见,但更要亲自去体验。

试着思考一下,我们的世界是那么的异常复杂,我们面对的一切人、事、物、景、情,都是有着多方的角度,多变的状态,多个的层面。我们活在自己视角的这个感知的空间,看着别人对我们自己的所作所为指点评论,那些评论中的确有着一定的原因和道理,但那却不可能是完全反映着你的真实面目和整体形象,或许那些评论也只是一些无稽之谈。别人对你的反映几乎很难像一面平面的镜子一样,真实反照出你自己,那可能只是个扭曲变形的哈哈镜,这样的反映对象,你怎么可能得到你想要的东西呢?甚至连最真实的观点都看不到。

所以,我们在一开始就应该给予内心一个答案,一个明确的方向,然后朝着这个方向努力前进。这过程中,肯定会夹杂别人的议论,甚至反对的意见,但听过那些话语后,你的方向必须仍旧如初。不然的话,在你踌躇犹豫的那个瞬间,失败可能就已经悄然来临了。相反,有的时候,倘若你真的坚持自己的想法,主宰自己的方向,你可能就会受到命运女神的眷顾。

沃德卡是哥白尼少年时期最敬重的一位老师。一天,哥白尼去沃德卡家作客,老师不在。他顺手从书架上抽出一本书,打开一看,老师在折了角的地方写了一条批注:"圣诞节晚上,火星和土星排成一种特殊的角度,预示着匈牙利的皇上卡尔温有很大的灾难。"

正在这时,沃德卡推门走进来。他见哥白尼在家里看书,高兴

地说:"孩子,又看什么书了?"

哥白尼毕恭毕敬地把书递过去,老师边接书边关切地问:"能看懂吗?"

哥白尼认真地回答说:"老师,我看不懂。火星也好,土星也好,都是天上的星星,他们与卡尔温毫无关系,怎么能预示他的祸福呢?"

"怎么不能呢?"沃德卡反问道,"命星决定一切!"

哥白尼当仁不让,大声反驳说:"如果是这样,那人还有没有意志?如果有,人的意志和天上的星星又有什么关系?"

对于哥白尼尖刻的反驳,沃德卡并没有生气,他明白,信不信天命是关系到天文学命运的重大问题。对这个问题,他对传统的偏见有过怀疑,但又说不出道理。他踌躇再三,深情地对哥白尼说:"孩子,天命决定一切,这是几千年以来的一条老规矩,我不过是拾前人的牙慧罢了。至于你提的问题,确实很有意思。但我没有能力回答你,你如果有毅力的话,以后研究吧!"

老师的希望,不久就变成了现实。几十年后,哥白尼创立了"太阳中心说"的伟大理论,宣告了"天命论"的彻底破产。

面对生活中的众多抉择,我们到最后只能依靠自己的意志来决定。**不能主宰自己思想的人,就无法主宰自己的人生**。别人的标准或对或错,但那终归不是你自己的理想标准。

请点燃自己心里那盏属于你个人的心灯,让它的光芒照亮你的道路,指引着你走向属于你的梦想国度吧。

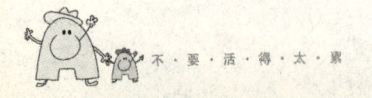

第七卷 Chapter 7

让微笑常伴左右——用一颗感恩的心去看世界

被人误解的时候能微微的一笑，这是一种素养；受委屈的时候能坦然的一笑，这是一种大度；吃亏的时候能开心的一笑，这是一种豁达；处窘境的时候能自嘲的一笑，这是一种智慧；无奈的时候能达观的一笑，这是一种境界；危难的时候能泰然一笑，这是一种大气；被轻蔑的时候能平静的一笑，这是一种自信；失恋的时候能轻轻的一笑，这是一种洒脱。不管是有什么事情，为了什么原因……我们每天都要开心一笑……

1. 感激你的对手吧

在人生的道路上，我们大多感谢自己的亲人，感谢你的朋友，感谢一切帮助过你的人，但是其实我们还需要感谢另一个人，那就是我们的对手。

对手是什么？简单的说，你是一只羚羊，那么对手就是追逐你的狼；你是一匹赛马，那么对手就是竞技场上的另一匹赛马；你是这个拳击手的手，那么对手就是另外一个拳击手的手。

对手无处不在、无处不有，它就像水、土壤、阳光组成的世界一样与我们共存着。有了对手，就会有竞争，在人生的竞技场上，对手可能是某个具体的人、具体的实物，也可能是困难、挫折、逆境、厄运等，无论是什么，对手都是客观存在的。然而，我们中的很多人，却经常犯这样的错误，总是诅咒我们的对立物，或者因为自己遇到了对手而失魂落魄。其实，我们要明白，遇到对手是很正常的事，而且并非坏事，因为对手是一把双刃剑，它可能会对我们造成威胁，但有时候也会成为我们进取的动力。

人们在学习工作和生活中，常常会遇到对手。对手，对于我们每个人来说，永远都是与我们相对立的，对手能搅动我们平静的生活，甚至还能给我们的人生道路带来坎坷。因此，有人视对手为眼中钉、肉中刺，绞尽脑汁要铲除对手；有人视对手为前进的动力，想方设法要超过对手。

孟子说过："入则无法家拂士，出则无敌国外患者，国恒亡。"敌对的国家就是对手，没有敌对国家的虎视眈眈，怎么能时刻提高警惕？怎么能去加强国防实力？怎么能去力求自己的国家强大？正因为有敌国的忧患，才会有自己国家的昌盛。孟子尚且知道这些道理，我们更能明白对手的重要。

古往今来，多少仁人志士都很感谢对手。诸葛亮和周瑜是对手，诸葛亮得知周瑜的死讯，决定前去吊唁。在周瑜柩前，诸葛亮亲自奠酒，跪在地上读祭文，泪如泉涌，悲痛不已。诸葛亮深刻地认识到：<u>一个人如果没有了对手，就会甘于平庸，养成惰性，最终导致庸碌无为。</u>一个英雄最大悲哀就是没有一个对手，"会当凌绝顶，一览众山小"唯我独尊又如何？

康熙在其 60 岁的寿宴上，总共敬了三杯酒，敬天地敬祖宗敬孝庄皇太后，这些人们都能理解，很多人不解的是他还敬他的对手噶尔丹、郑经、鳌拜等人。他说，如果说没有那些对手在他周围威胁着他，他不会成就春秋大业。他的明智之举，让人们懂得了，应该以怎样的态度，怎样的情怀，去面对生活，面对人生，面对对手。

古人尚且如此，现代的人更能够正视对手。约翰逊是刘翔最强有力的对手，刘翔就把约翰逊当做自己超越的目标，刻苦勤奋训练，终于战胜对手，蝉联冠军。刘翔和约翰逊也由对手变为最好的朋友。没有约翰逊这位强大的对手，刘翔会取得如此辉煌的成绩吗？刘翔从灵魂的深处感谢约翰逊这位对手。

在一个自然保护区内生活着一只青年美洲虎。因美洲虎在世界上仅存 17 只，是非常珍稀的动物，当地人专门为这只虎选择了一块近 20 平方公里的森林作为虎园。虎园里树木茂密，景色优美，还有成群的牛、羊、马供老虎食用。来公园参观的人们都说这是老虎的乐园，但人们却从未见老虎王者之气十足地纵横于雄山大川，只是整天无所事事，耷拉着脑袋，只知吃了睡，睡了吃。人们以为老虎太孤单了，又租了一只雌老虎，但还是无济于事。一天，动物行为学家来此地，告诉人们应该引进几只豹子。人们照做了。从此老虎一改旧貌，每天不是站在高高的山顶愤怒地咆哮，就是如飓风般冲下山冈，或者就是警觉地四处游荡。老虎那刚烈威猛、霸气十足的本性被重新唤醒，成了真正的森林之王。

一个牧场常被狼叼羊，于是牧场主用了整整一个冬季请猎手才把狼给消灭掉了，本以为狼患没了，羊可以没事了，但更大的损失等着他。羊群开始流行瘟疫，羊群大量死亡。请来兽医，瘟疫还是接连不断的发生。无奈，牧主请来一批专家，专家却重新把狼给请来了。瘟疫很快没有了，羊又恢复了往日健壮的样子。原来，狼对羊群有着天然的"优生优育"功能。狼的骚扰，使羊群常常处于激烈运动之中，羊群因此格外健壮，老弱病残的落入狼口，瘟疫源也

就不复存在了。

这只不过是一个简单的小故事，但在小故事的背后却蕴藏着深刻的道理：失去对手，就代表着失去了动力和成长。

现实中还有许多人把对手视为异己，眼中钉，肉中刺，总想把对手给消灭掉。其实，拥有对手也是一件可喜的事，对手既是我们的挑战者，也是我们的同行者，是对手唤起我们的斗志，是对手促使我们进取，是对手帮助我们更上一层楼，使自己变得更加完美。人生离不开对手，对手应当得到尊敬。

我们的生活中应该需要对手的存在，因为对手的存在而使你更加坚强，因为对手的存在，而使你更加成熟，因为对手的存在，而使你更加进步，因为对手的存在，而使你具有危机感，你就要不断去创新，你就会不断地去完善自己，你就会不断地从一个成功走向另一个成功。

在某种意义上，永远不要试着消灭你的对手，有时候更要善于看到对手的强大和优点，一个相称对手的选择过程就是你不断提高自己、充实自己的过程。希腊船王欧纳西斯有句名言："*要想成功，你需要朋友，要想非常成功，你需要的是敌人。*"是的，对手的力量会让一个人发挥出巨大的潜能，创造出惊人的成绩，尤其当对手足以威胁到他生命的时候。

朋友，感谢对手吧，因为有了对手，才会让你变得冷静和成熟，让你时刻保持警惕的心理面对一切，让你的生活充满激情与挑战；因为有了对手，你才能磨练得更加强大，去挑战生活的任何艰难险阻，最后成为一名胜利者。

2. 微笑让生命每一天都充满阳光

有人说，生活是甜蜜的，一路上充满了欢声笑语；有人说，生活是苦涩的，一生中经历了数不清的艰辛和无耐；有人说，生活是酸楚的，一辈子总会遇到躲也躲藏不过的叹息；还有人说，生活是新鲜刺激的，不停出现的新生事物期待你去感受去开拓。

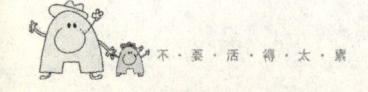

其实，生活就是上面这话的综合。酸，甜，苦，辣，咸，一切尽在其中，就看你如何去描绘，去尝试。所谓生活，可以简单解释为生命的活法。有人认为它是美好的，欢乐的，这样的人，即使在寒冷的冬天也能感到生活的温暖，漆黑的午夜也能看到光明，他用一种乐观的态度去面对生命，用微笑来面对一切。

微笑是对生活的一种态度，跟贫富、地位、处境没有必然的联系。一个富翁可能整天忧心忡忡，而一个穷人可能心情舒畅；一位健康人可能闷闷不乐；一位残疾人可能坦然乐观；一位处境顺利的人可能会愁眉不展，一位身处逆境的人可能会面带微笑……

一个人的情绪受环境的影响，这是很正常的，但你苦着脸，一副苦大仇深的样子，对处境并不会有任何的改变；相反，如果微笑着去生活，那会增加亲和力，别人更乐于跟你交往，得到的机会也会更多。只有心里有阳光的人，才能感受到现实的阳光，如果连自己都常苦着脸，那生活如何美好？生活始终是一面镜子，照到的是我们的影像，当我们哭泣时，生活在哭泣，当我们微笑时，生活也在微笑。

大文学家雨果说过："生活，就是面对现实微笑，就是越过障碍注视将来。"

微笑发自内心，不卑不亢，既不是对弱者的愚弄，也不是对强者的奉承。奉承时的笑容，是一种假笑，而面具是不会长久的，一旦有机会，他们便会除下面具，露出本来的面目。

微笑没有目的，无论是对上司，还是对门卫，那笑容都是一样，微笑是对他人的尊重，同时是对生活的尊重。微笑是有"回报"的，人际关系就像物理学上所说的力的平衡，你怎样对别人，别人就会怎样对你，你对别人的微笑越多，别人对你的微笑也会越多。在受到别人的曲解后，可以选择暴怒，也可以选择微笑，通常微笑的力量会更大，因为微笑会震撼对方的心灵，显露出来的豁达气度让对方觉得自己渺小，丑陋。

清者自清，浊者自浊。有时候过多的解释、争执是没有必要的。对于那些无理取闹、蓄意诋毁的人，给他一个微笑，剩下的事就让时间去证明好了。

当年，有人说爱因斯坦的理论错了，并且说有一百位科学家联合作证，爱因斯坦知道了这件事，只是淡淡的笑了笑，说，一百位？要这么多人？只

要证明我真的错了，一个人出面便行了。爱因斯坦的理论经历了时间的考验，而那些人却让一个微笑打败了。

　　桑兰是我国女子体操队中最优秀的跳马选手。她5岁开始练体操，12岁入选国家队，曾多多次参加重大国际比赛，为国家赢得了荣誉。

　　1998年7月21日晚上，第四届世界友好运动会正在美国纽约进行。参加女子跳马比赛的桑兰在试跳时发生了意外情况：她头朝下从马箱上重重地摔了下来，顿时，胸部以下完全失去了知觉。经医生诊断，她的第六根和第七根脊椎骨折。这真是天大的不幸！桑兰的美好人生刚刚开始，可她的后半生也许永远要在轮椅上度过。

　　得知自己的伤势后，17岁的桑兰表现得非常坚强。前来探望的队友们看到桑兰脖子上戴着固定套，躺在床上不能动弹，都忍不住失声痛哭。但桑兰没有掉一滴眼泪，反而急切地询问队友们的比赛情况。

　　每天上午和下午医生都要给桑兰进行两个小时的康复治疗，从手部一直推拿到胸部。桑树兰总是一边忍着剧痛配合医生，一边轻轻哼着自由体操的乐曲。主治医生拉格纳森感动地说："这个小姑娘用惊人的毅力和不屈的精神，给所有的瘫痪患者做出了榜样。"

　　日子一天一天过去了，桑兰可以自己刷牙，自己穿衣，自己吃饭了。但有谁知道，在这简单得不能再简单的动作背后，桑兰是怎样累得气喘吁吁、大汗淋漓的！

　　1998年10月30日，桑兰出院了。面对无数关心她的人，桑兰带着动人的微笑，说："我决不向伤痛屈服，我相信早晚有一天能站起来！"

　　她是个爱美的姑娘，而人最美的表情是微笑。无论在运动上，还是在病榻上，桑兰总是以微笑示人。这动人的微笑，给他人以温馨和爱意，给自己以鼓励和鞭策。

　　微笑像阳光，给大地带来温暖；微笑像雨露，滋润着大地。微笑拥有和爱心一样的魔力，可以使饥寒交迫的人感到人间的温暖；可以使走入绝境的人重新看到生活的希望；可以使孤苦无依的人获得心灵的慰藉；还可以使心灵枯萎的人感到情感的滋润。俗话说得好，笑一笑，十年少。永远微笑的人是快乐的，永远微笑的面孔是年轻的！

幸福的诠释是微笑；快乐的意义是微笑；温暖的真谛是微笑；挫折的鼓励是微笑；坚强的象征仍然是微笑。阳光雨露，鸟语花香，对于每个人都公平给予；欢乐喜悦，烦恼忧伤，却属于每一个人私有。生命总是美丽的，不是苦恼太多，只是我们不懂生活；不是幸福太少，只是我们不懂把握。面对生活，不论是失意，还是挫折；不论是阴云密布，还是困难重重，我们都要选择微笑。

让我们用微笑来面对生活，用微笑来面对每个人每件事，你就会看到阳光灿烂，迎接你的也是一路的欢声笑语。

3. 抱怨不能带来快乐

在我们的生活和工作中，总会有不顺利或不公平的事发生，通常情况下，许多人都会因此而产生抱怨。抱怨的确可使自己的内心压力暂时得到一定的缓解。但是，口头的抱怨会使人的思想摇摆不定，进而在工作上敷衍了事；抱怨使人的思想肤浅，心胸狭窄，一个将自己头脑装满了抱怨的人是无法容纳未来的，这只会使自己的发展道路越来越窄，最后一事无成。

抱怨是一个人无能的表现。它就像是一个被针头扎破的气球一样，只让别人和自己泄气，没有任何的积极意义。

可是在日常生活中，抱怨又属人之常情。

生活中那么多的不如意，那么多的不顺心，难道就不许别人说一说心里的苦闷，倒一倒心头的苦水吗？然而，找人诉说是一回事，抱怨又是另外一回事。在实际生活中，抱怨是不可取的。抱怨之不可取在于：你抱怨，就等于往你自己的鞋子里掺沙子，使之行路更加的艰难。

喜欢抱怨的人，总认为自己是强者，只有自己才是对的。所有的怀才不遇，是社会对他太不公平，是人们没有对他进行公正的评价。遇到不如意的事，他要抱怨一番，遇到困难他又要抱怨一番。喜欢抱怨的人，总能找到借口，为自己的行为开脱。抱怨的人在抱怨之后，非但不轻松，心情往往更糟。

常跟爱抱怨的人在一起，人也会变得萎靡不振，对生活树立不起信心来。所以人们都恐惧牢骚满腹、喜欢抱怨的人，怕自己也受到传染，对生活失去了信心和向往，从而失去勇气和朋友。人们之所以倾心于那些乐观的人，是倾心他们表现出的超然与举重若轻。生活需要的信心、勇气和信仰，乐观的人都具备。他们在自己获益的同时，又感染着别人。人们和乐观包括豁达、坚韧、沉着的人交往，会觉得困难从来不是生活的障碍，而是勇气的陪衬。和乐观的人在一起，自己也得到了乐观。

跟乐观的人在一起，你也会觉得生活会美好起来，所有的困难和不幸，都会在你的勇气面前藏匿起它们的身影。因此，要明白，抱怨是得不到快乐的。

抱怨不同于坦然承认自己的失败。敢于承认失败的人，会赢得别人的尊重。如同看到一个伤痕累累、神色平静的勇士，仍不失为英雄。而抱怨，是明明失败却不承认失败，明明有伤，却把伤口装扮成花朵。人本来同情弱者，由于抱怨的人气急败坏，反得不到别人的同情。抱怨的人在抱怨之后，非但没轻松，心情变得更糟，怀里的石头不但没减少，反而增多了。

有位职场高手也曾提醒道："没有一个老板会喜欢爱抱怨的员工，他们整天遇到的烦心事已经够多了，积极解决问题才是唯一出路。"所以，千万不要向同事随便抱怨，哪怕是和你一起进公司的"亲密战友"。

曾有一本轰动世界的书，在美国《时代周刊》与《纽约时报》联合美国NBC电视台发起的"影响你一生最重要的一本书"投票中，它仅次于《圣经》。世界首富比尔·盖茨在推荐这本书时说：没有人能拒绝这样一本书，除非你拒绝所有的书。能让其如此火爆的原因很简单，就是它用一只手环向人们传递了"抱怨不如改变"的生活理念。据不完全统计，该书上市不到一个月，就有600万人参与了"不抱怨"活动，并迅速蔓延到全球80多个国家。看来，不抱怨还是一条成功之路。

昔日有位高管欲排挤对手，遂向高人请教。高人问其言行，他说："此人工作辛苦，但表情轻松；生活清苦，但操守廉洁；处境孤独，但不求闻达。"高人听罢摇头："毫无办法，此人打不倒。"

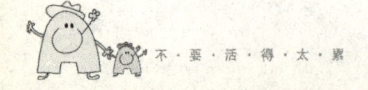

三年后，高人又问，答："工作辛苦，但表情烦恼；操守廉洁，但言谈偏激；不求闻达，只饮酒博弈。"高人说："有希望，但还无法将其打倒。"又三年，旧话重提，答："表情倔强，言语沉默，纵酒享乐。"高人笑答："天赐良机！"于是，授计有三：其一、制造一些小瓜葛，他会受到别人看不到的伤害；其二、告诉他人说此人多疑善妒，使他无处倾诉；其三、发生大争执，使他崩溃。果不其然，高管依计行事，一举成功。

一个人，什么时候觉得自己开始不耐烦、不值得了，其前途也快差不多了，不能适应曾赖以生存的环境，将不摧自毁。然而，抱怨是人类的一种心理现象，也是一种自我防卫机制，要完全杜绝很难。必须明白，抱怨只是暂时的出气宣泄，成不了心灵的解救方。

常言说，放下就是快乐，包括放下抱怨，因为它是心里最重又最无价值的东西。

有则寓言，讲的就是抱怨的故事——山里住着一位大师和他的两位弟子。其中，大弟子是个非常喜欢抱怨的人。

这天晚上，大师亲自下厨，精心炒了几个菜。然后，师徒三人围坐在一起吃饭。饭一开桌，大弟子又开始滔滔不绝地抱怨起来，先是抱怨下山的路崎岖难行，然后抱怨由于天旱要走很远的路去挑水，接着抱怨化缘时常遭别人白眼，再就是抱怨庙里的香火比不得其他大庙的香火旺盛……

大师一言不发，静静地听。等大弟子发完一大通牢骚后，大师突然问弟子："今晚的菜味道如何？"

大弟子一愣，说："我刚才光顾说话了，没留意菜的味道。"

大师又扭头问小弟子："今晚的菜味道如何？"

小弟子摇摇头，说："我刚才光顾着听大师兄说话了，也没有注意品尝。"

大师说："那你们现在细细地品尝一下。"

两位弟子分别夹了各种菜肴，用心品尝，然后异口同声的说："师父，您今晚做的菜真的非常的好吃！"

大师微微一笑，说："当你们一个在不停的抱怨，一个在专心的听别人抱怨时，你们两个都忘了享受生活中当前的乐趣。"

我们之所以会抱怨，是源于我们对周遭一切的不信任。抱怨自己机不逢时亦或是抱怨别人运气太好，都不过是将自己从失败者的角色转化成为受害者，从而享受社会上赐予弱势群体的同情心和注意力。而那些迫害我们的，往往又都是所谓的"命运"，这种空洞无形的东西。

很多人习惯于把抱怨视为解决问题的良方。每每遇到一点挫折、烦恼、困难时，他们总能找出诸多理由来抱怨，结果适得其反。坏心情没有由阴转晴，却让自己的情绪一落千丈。与其说他们是爱抱怨的人，不如说他们是爱逃避的人，祈求怜悯与同情心的人。

如果说一个人抱怨之后，他的不满与郁闷能够随风而去，心境能够变得开朗明亮起来，那他的抱怨还算是有价值的。可问题在于，抱怨恰如一股阴冷潮湿的黑雾，足以遮蔽他的双眼、迷惑他的心智、阻碍他的成长，最终让他在怨天尤人的泥潭里越陷越深。

抱怨相当于赤脚在石子路上行走，而乐观是一双结结实实的靴子。所以，请停止你的抱怨吧，那不是快乐的源泉。

4. 学会说声谢谢

记得有这样一句话，假如你的生命很美好，你就应该感谢；假如生命很坎坷，你就应该原谅。感谢和原谅是生活的最好方式。

人的一生中会有无数的困难，也会遇到许多帮助我们前进的恩人。这时，我们便需要感谢。当这些困难阻挡你前进时，你同样也需要感谢。

学会感谢，是一种平易近人的欣然；是一种虚怀若谷的坦然；是一种胸无城府的悠然；是一种宽以待人的安然；是一种温文尔雅的油然；是一种心明眼亮的恬然；是一种高风亮节的自然。

当别人无偿的帮助了你时，你就要理所当然的学会感谢别人！不要觉得感谢不起什么作用，其实感谢在某个时候与某个场合那是值"千金"的呢！

你感谢别人一次就会得到别人的回报"感谢",你感谢别人许多次就会给你许多次的帮助,更重要的是你毫无费力地就得到别人对你的良好印象!当你下次再遇到什么困难的时候,别人首先记得就是这个经常会说感谢的人!感谢了别人,也得到了别人的感谢,这就叫做友善的礼尚往来。

养成说感谢的习惯,是你获得人际关系的基石! 有了人际关系的基石,你何愁没有好朋友呢?你又何愁没有"一方有难,八方支援"的救兵呢?每当你感谢别人的时候也获取一种巨大的人际关系财富,这是你不须花费金钱就得来的"好人缘的金银财宝",它给你的一生一世带来的竟是享受不尽的荣华富贵!

以前,有个农夫从一口井边经过,忽然听见井里有呼救声,发现有一个小男孩掉进了井里,他便不假思索的跳进井里,把那个男孩救了起来。

第二天,小男孩的父亲找到了这里,他是一个富豪,他看见农民家境贫困,便主动邀请农民的儿子去城里深造,费用全部由他出,农民欣然同意了,农夫的儿子便跟着这位富豪去了。

后来,农夫的儿子成为大名鼎鼎的医生,他发明了青霉素!他是谁?他就是英国细菌学家弗莱明;这位富豪的儿子那时却身患一种怪病,但最终被治好,治好他的东西是什么?那就是青霉素。这个富豪的儿子是谁?他就是二战时期赫赫有名的英国首相丘吉尔。

因为富豪感谢了农夫,使得农夫的儿子发明了青霉素,因为富豪感谢农夫,使得在发明出青霉素之后治好了自己的儿子,因为富豪感谢农夫,使得以后造就了流芳千古的英国首相丘吉尔。由此可见,感谢是多么有用。

学会说谢谢,是一种处世哲学,是生活中的大智慧。感恩可以消解内心所有积怨,感恩可以涤荡世间一切尘埃。人生在世,不可能一帆风顺,种种失败、无奈都需要我们勇敢地面对、豁达地处理。

感谢是一个人与生俱来的本性,是一个人不可磨灭的良知,也是现代社会成功人士健康性格的表现,一个连感谢都不知晓的人必定是拥有一颗冷酷绝情的心。在人生的道路上,随时都会产生令人动容的感谢之事。且不说家庭中的，就是日常生活中、工作中、学习中所遇之事所遇之人给予的点点滴滴的关心与帮助，都值得我们用心去记恩，铭记那无私的人性之美和不图回报的惠助之恩。感谢不仅仅是为了报恩，因为有些恩泽是我们无法回报的，有些恩情更不是等量回报就能一笔还清的，惟有用纯真的心灵去感动去铭刻去永记，才能真正对得起给你恩惠的人。

感恩之心，就是我们每个人生活中不可或缺的阳光雨露，一刻也不能少。无论你是何等的尊贵，或是怎样的看待卑微；无论你生活在何地何处，或是你有着怎样特别的生活经历，只要你胸中常常怀着一颗感恩的心，随之而来的，就必然会不断地涌动着诸如温暖、自信、坚定、善良等等这些美好的处世品格。自然而然地，你的生活中便有了一处处动人的风景。

人，可以不伟大，也可以甘居清贫，但人不可以丧失独立人格。 一个人，一旦力求至善的人格精神主宰了自己的灵魂，支配着自己的一切言论和行为，就能在锲而不舍的追求中，获得人生自我社会价值体现的成功。

我们要学会感谢父母、感谢家庭、感谢他人、感谢组织、感谢自己，从根本上说来，就是要培植一种完美的人格，无论是对待给予人类生存与发展的自然界，还是对待纷繁复杂的社会生活，都应持有一颗感恩之心，敬重他人，珍惜自己，感谢万物。

学会感谢是获得幸福的源泉，在生活中，如果我们每个人都不忘感谢，人与人之间的关系就会变得更加和谐、更加亲切。我们自身也会因为这种感恩心理的存在而变得更加健康、快乐！

让我们带着感恩之心愉快地生活吧！

5. 让自己拥有宽容的胸怀

宽容是一种生活态度，也是一种人生境界，品味宽容就是品味生活，品味人生。

宽容究竟为何物？亿万人有亿万种说法，进入寻常百姓家，宽容便是包容生活的点点滴滴的琐事，是计较的那点平衡；烦闷时走进茶馆，宽容便是那淡淡的一杯茶水，传递的是那种在庭院里的花开花落，我自逍遥的闲情，它有青松不畏风雨傲然挺立的豪情,有着吞吐日月囊括四海的魄力,有着吸纳并包容一切的从容,但宽容不是懦弱,不是毫无原则的沉默,更不是对人的唯唯诺诺与曲意逢迎。世故,不是宽容;别有用心的避让更不是宽容;口蜜腹剑、笑里藏刀的嘴脸从来就与宽容无缘。因为它是修养与境界的哲学,是美好生活的源泉。

人为什么会苦恼呢?究其原因是没有学会宽容。会宽容的人生活将别有洞天,宽容并非隐忍,而是主动接纳。水接纳岸的束缚,才有一江春水向东流的景致;昨天接纳明天的到来,生活才有希望;明天接纳今天的存在,生活才不至于空空与渺茫;太阳与月亮相互接纳,白昼与黑夜才会交替,日月才会轮回。勇敢而又大胆地学会宽容,生活才会无限美好。

芸芸众生,各有所短。争强好胜失去一定限度,往往受身外之物所累,失去做人的乐趣。只有承认自己某些方面不行,才能扬长避短,才能不因嫉妒之火吞灭心中的灵光。

宽容地对待自己,就是心平气和地工作、生活。这种心境是充实自己的良好状态。充实自己很重要,只有有准备的人,才能在机遇到来之时不留下失之交臂的遗憾。知雄守雌、淡薄人生是耐住寂寞的良方。轰轰烈烈固然是进取的写照,但成大器者,绝非热衷于功名利禄之辈。

俗语有"宰相肚里能撑船"之说。古人与人为善之美、修身立德的谆谆教诲警示于世人。

一轮明月高悬在天空中,一个晚归的老和尚静静地看着敞开的庙门,他知道一个盗贼正在拜访,他静静地脱下身上那件破旧的袈裟,静静地站在庙门前。当两手空空的小偷从庙里出来时,他把袈裟塞到小偷的怀里,并说道:"施主,我太穷了,没有更多的东西送给你,也许这件袈裟能为你遮蔽些风雨!"望着小偷慌忙跑远的身影,他抬起头,望着天上的那轮明月自语道:"真想把这轮明月也送给他!"几天后,在一个明月高悬的夜晚,老和尚在庙门外又看到了那件洗涤得干干净净、缝补得细细密密、折叠得整整齐齐的袈裟,老和尚把袈裟紧紧地抱在怀里,望着那轮明月欣慰地说道:"看来他已经收到了我送给他的明月了。"

古人云：冤冤相报何时了，得饶人处且饶人。这是一种宽容，一种博大的胸怀，一种不拘小节的潇洒，一种伟大的仁慈。自古至今，宽容被圣贤乃至平民百姓尊奉为做人的理念，已成为中华民族传统美德的一部分，并且视为育人律己的一条准则。

宽容是一种豁达的风范，对于人生，也许只有拥有一颗宽容的心，才能面对自己的人生。

宽容也是一种幸福，我们饶恕别人，不但给了别人机会，也取得了别人的信任和尊敬，我们也能够与他人和睦相处。宽容，是一种看不见的幸福。

宽容更是一种财富，拥有宽容，是拥有一颗善良、真诚的心。这是易于拥有的一笔财富，它在时间推移中升值，它会把精神装化为物质，它是一盏绿灯，帮助我们在工作中通行，选择了宽容，其实便赢得了财富。

古希腊有个神话寓言。一个哲学家在海边看见一艘船遇难，船上的水手和乘客全部淹死了。他便抱怨上帝不公，为了一个罪恶的人偶尔乘这艘船，竟让全船无辜的人都死去。正当他深深的沉思时，他觉得自己被一大群蚂蚁围住了。原来哲学家站在蚂蚁窝旁了。有一只蚂蚁爬到他脚上，咬了他一口。他立刻用脚将他们全踩死了。这时，赫耳墨斯出来了，他用棍子敲打着哲学家说："你自己也和上帝一样，如此对待众多可怜的蚂蚁。你又怎么能做判断天道的人呢？"这故事是说，人应该宽容别人的过失，因为自己也难免犯别人同样的错误。

漫漫人生路，谁没有一些缺点过错？得饶人处且饶人，别人也可能会因此内疚而心存感激，而如果互不相让，则双方都陷于斤斤计较的不愉快中。与其这样去记恨报复别人，还不如去理解和宽容别人，沿着别人的思绪，站在他的立场上去斟酌设想一番，多想想他的优点，换位思考中可能会平息了你心中原有的怒火，让你可以谅解对方的言行，那些矛盾自然而然的也就慢慢的消失了。所以宽容别人，其实也是宽容了自己。

穿梭于茫茫人海中，面对一个小小的过失，常常一个淡淡的微笑，一句轻轻的歉语，带来包涵谅解，这是宽容；在人的一生中，常常因一件小事，一句不经意的话，使人不理解或不被信任，但不要苛求任何人，以律己之心恕人，这也是宽容。所谓"己所不欲，勿施于人"，也寓理于此。

一位名人曾说过："*世界上最宽阔的是海洋，比海洋宽阔的是天空，比天空更宽阔的是人的胸怀。*"他的话虽然浪漫，却也不无启示。

宽容，对人对己都可成为一种毋需投资便能获得的"精神补品"。学会宽容不仅有益于身心健康，且对赢得友谊、保持家庭和睦、婚姻美满，乃至事业的成功都是必要的。因此，在日常生活中，无论对子女、对配偶、对老人、对学生、对领导、对同事、对顾客、对病人……都要有一颗宽容的爱心。宽容，它往往折射出为人处世的经验，待人的艺术，良好的涵养。学会宽容，需要自己吸取多方面的"营养"，需要自己时常把视线集中在完善自身的精神结构和心理素质上。

宽容不仅是容人之恶，还应该是成人之美。《论语》有言："君子成人之美，不成人之恶，小人反之。"宽容的最高境界就是成人之美。

宽容他人，其实就是解脱自己；厚道待人，其实就是善待自己。一个宽容的人，不仅自身心平气和，还能广结善缘，在事业上得道多助；而一个刻薄的人，不仅自己的心境难以平静，而且处处荆棘，四面树敌，很难在事业上取得成功。

处处宽容别人，绝不是软弱，绝不是面对现实的无可奈何。在短暂的生命里程中，学会宽容，意味着你的人生更加快乐。宽容，可谓人生的一种哲学。

6. 隐忍有时是一种睿智

俗话说："忍一时风平浪静，退一步海阔天空"。在出现矛盾摩擦的时候，如果能冷静下来想到这些，估计也就会"大事化小，小事化了"了。

处世让一步为高，退一步即是进步的资本；待人宽一分是福，利他人实是利己的根基。

有时候，你可能会遇到一些困难，或者不如意。有的人可能会忍受不了，以至无法成功。而有的人，则知道需要隐忍，或许只要忍过了这一会儿，成功就来临了。

隐忍不是消沉。隐忍是等待"爆发"之前的"累积"的过程。

只要是金子，就总有一天会发光的。只要你不断地努力，好好地隐忍着，总有一天，你也会"发光"。可能有一些人会忍耐不住，提前就"爆发"了，但是这样往往会前功尽弃，所以，我们要学会如何隐忍。

隐忍是成功过程中必要的手段，也可以说在同等条件下，不是比谁的智力高而是看隐忍的能力强，纵观古今，莫非如此。

毛泽东在大革命早期受到排挤时，一面隐忍一面主动出击，终在遵义会议执掌大局。邓小平"文革"期间下放江西，那走出的小道就是隐忍的见证，几次复出落马需要何等的隐忍才造就中国改革开放的新局面。尽管有人位居高端，却因为自己缺乏必要的隐忍而过早结束了政治使命，从而空有治国经略无法施展。

当个人选择的目标确定以后，除了顺势而为，审时度势就是隐忍。大人物成就伟业，小人物做一番事业，都需要隐忍，只不过是主动隐忍还是被动忍耐罢了。

忍既是武学的至高境界，也是做人的最高境界。在为人处世上，我们应学会隐忍。忍得一时之气，免得百日之忧。此即献上一席谆谆之言：凡事当留余地，五分便无殃悔。做人不可太暴躁，和气至祥瑞，洁白留清明。一念慈祥，可以酝酿两间和气；存心洁白，可以昭垂百代清芬。忍一时，风平浪静；退一步，海阔天空。

在英国首相丘吉尔的一生中，失败阻碍不了他，艰难困苦更奈何不了他，他曾经受过好几次令他几乎无法承受的打击，但靠着他隐忍的精神，最终迈过了人生的难关。

在40岁时，由于他的傲慢以及过分锋芒，引起了政敌的仇视和不满，在以后的20多年的时间里，他被隔离了参与所有政治活动的机会，差点被驱逐出政界。在他65岁那年，德国希特勒抱着称霸世界的野心，侵略欧洲各国，发动了第二次世界大战。丘吉尔被推选为英国首相，担当了卫国战争的历史重任。当时法国已被占领，英国的形势颇为严重，希特勒每天都对英国本土狂轰滥炸。英国人民已经不抱希望，丘吉尔虽然压力重重，但他并没有放弃，后来，英国幸运地发明了一种雷达，利用这种雷达可以预测德军攻击的时间，所以能随时迎击德国战机的轰炸。空军的高度防备和在丘吉尔领导下的英国军民的团结，击退了希特勒一次次猛烈的攻击，解救了英国。

丘吉尔坎坷的一生是连续隐忍的一生，尤其是在严峻恶劣的战争形势下，他是靠隐忍而取得胜利的。丘吉尔是这样说的："我们现在正度过一个最恶劣的时期，在事态变好以前，可能还会有比现在更坏的情况出现！可是如果我们能忍耐到底的话，我相信形势一定会变好的。"

隐忍不仅能够成就一番大业，在某些时候，还可以使人避开大的灾祸，"小不忍则乱大谋"就是对此最好的解释。退一步讲，若能隐忍一下，也许一切都会峰回路转。

日本战国时期，各地群雄割据，当时最大的势力就是织田信长，而就在织田信长即将一统日本的时候，被自己的家臣背叛所杀。随后被丰臣秀吉取代完成了统一大业。就这样丰臣秀吉成为战国时期第一个结束乱世的人。可就是这样的一位枭雄，不久之后却败在在另一位诸侯的手里，他就是德川家康。

究竟是什么原因使德川家康成为英雄辈出的战国时代的终结者呢？隐忍。当今川义元代德川家康管理自家的领地时，他选择了忍耐；在主公今川义元战死时，他并没有意气用事，非但未遵守武士精神，反而与敌人缔下盟约；当织田信长要他杀掉儿子时，他竟残忍地以"莫须有"的罪名逼迫长子信康自尽；信长死后，他没有逐鹿中原，而是静观其变；此后，他在得胜的情况下也选择了归顺丰臣秀吉。终于，在强敌一个又一个去世后，他无情地挑起了关原之战，以自己杰出的政治、军事才能力压群雄，实现了自己等待四十多年的大志。

家康对于他的对手，都做出过无条件的让步，这便是他的隐忍。然而这隐忍既非怯懦，亦非屈服，能忍之人，恰恰是坚强之士。勾践卧薪尝胆，韩信受胯下之辱，都成就了他们日后的崛起。"士可杀，不可辱"，"宁为玉碎，不为瓦全"，这样的豪言壮语使烈士动容，但往往是能忍受屈辱、宁为瓦全的人能等到实现抱负的一天。所以苏轼说："古之所谓豪杰之士者，必有过

人之节。人情有所不能忍者,匹夫见辱,拔剑而起,挺身而斗,此不足为勇也。天下有大勇者,卒然临之而不惊,无故加之而不怒。此其所挟持者甚大,而其志甚远也。"德川家康怀着那远大的志向,进行着一生的等待,他成功了。

在生活中,当我们面对困难,我们不可心浮气躁,要以平常的心态,用理智来克服。而在遭遇危机时,我们也需要隐忍,沉着才能化险为夷。在顺境中,我们应有谦逊的态度和求学的精神。

事业失败需要隐忍,感情受挫需要隐忍,人生磨难需要隐忍,经济合作需要隐忍,人际关系需要隐忍,家庭生活需要隐忍……

隐忍是一种执着,隐忍是一种谋略,隐忍是一种意志,隐忍是一种修炼,隐忍是一种信心,隐忍是一种成熟人性的自我完善。

隐忍不是一味的逆来顺受,不是茫然失措的结果,而是一种主动收缩和战略调整。善隐忍者必然有着大智慧,大视野,大心胸。

隐忍者,把挫折当作经验,卧薪尝胆,韬光养晦,积蓄能量,等待时机再成正果。不善隐忍者,遇事情不顺时,拍案而起,拂袖而去,倒是痛快,也许失去的是永远的机会。

7. 烦恼都是自找的

每个人都曾有过烦恼或正在经历烦恼,事实上,这些烦恼都是我们自找的。一个浮躁的人往往乐于自寻烦恼。你可以寻找甜蜜的爱情,你可以寻找美好的生活,但你决不可以自寻烦恼。

每个人都有七情六欲和喜怒哀乐,烦恼也是人之常情,是人人避免不了的。但是,由于每个人对待烦恼的态度不同,所以烦恼对人的影响也不同,通常人们所说的乐天派与多愁善感型就是显然的区别。乐天派的人一般很少自找烦恼,而且善于淡化烦恼,所以活得轻松,活得潇洒;而多愁善感的人喜欢自找烦恼,忧愁万千,牵肠挂肚,离不开,扔不掉,活得有些窝囊。

<u>其实,人生的大多数烦恼都是自找的,本来就没有烦恼,或者说原本就不是烦恼。</u>

从前在杞国,有一个胆子很小,而且有点神经质的人,他常会想到一些奇怪的问题,而让人觉得莫名其妙。有一天,他吃过晚饭以后,拿了一把大蒲扇,坐在门前乘凉,并且自言自语地说:"假如有一天,天塌了下来,那该怎么办呢?我们岂不是无路可逃,而将活活地被压死,这不就太冤枉了吗?"

从此以后,他几乎每天为这个问题发愁、烦恼,朋友见他终日精神恍惚,脸色憔悴,都很替他担心,但是,当大家知道原因后,都跑来劝他说:"老兄啊!你何必为这件事自寻烦恼呢?天空怎么会塌下来呢?再说即使真地塌下来,那也不是你一个人忧虑发愁就可以解决的啊,想开点吧!"可是,无论人家怎么说,他都不相信,仍然时常为这个不必要的问题担忧。这就是成语"杞人忧天"的由来,它的主要意义在唤醒人们不要为一些不切实际的事情而忧愁。

自找烦恼的人无外乎有两种:一种是游手好闲,生活中没有目标,又缺少精神寄托,于是就无事生非,挑起事端,又或像上面说的杞人一样庸人自扰;而另一种则是由性格的弱点决定的。性格决定命运,性格软弱的人,遇事首先想到的是推托、退缩,而非面对问题积极地去解决。这样的烦恼最终常常是以牺牲自己利益为解决问题的办法,而别人还未必领情道谢。这样的人在最初的退让时,仿佛自己像救世主一样牺牲自己成全别人,而当看到事情的结果并非如他所想时,烦恼自然就找上门来。而这种性格的人又往往是缺少朋友,即便有零星朋友,又由于其性格因素决定其又是个听不进去劝的人,于是烦恼的结果就是用自残、自虐的方式对待自己。这样的人是最可悲的。

世上本无事,庸人自扰之。其实,烦恼都是自找的。

其实,心中的苦恼不过是自己的一种执著,能够解脱自己的只能是自己。

有一天,城郊的寺庙里来了一位很富态的中年妇人。据她说,她最近老是失眠,无论面对多么鲜美的饭菜都没胃口,浑身乏力,懒得动,做什么事都没有激情,很想了却尘缘,遁入佛门……

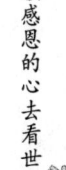

方丈是个懂得医术之人，他听那位妇人描述完后，便说："不忙，待老衲先给施主把把脉如何？"妇人点头应允。

切完脉，观完舌苔，方丈微微一笑："体有虚火，并无大碍。"顿了一下，方丈又接着说："只是施主心中藏着太多烦恼而已。"中年妇女一被点醒，心里暗叹神奇，便把心中所有事情逐一向方丈说明。

方丈很随意地跟她聊着："你家相公与施主感情如何？"

妇人脸上有了笑容，说："感情很好，耳鬓厮磨十几年从未红过脸。"

方丈又问："施主膝下有无子女？"

妇人眼里闪出光彩，说："一个小女，很聪明，也很懂事。"

方丈又问："家里的布匹生意不好吗？"

妇人赶忙摇头说："很好，家里的生活算得上是镇上的富人家了……"

方丈铺开纸墨，边问边写，左边写着她的苦恼之事，右边写着她的快乐之事，然后把写满字的这张纸放到妇人面前，对妇人说："这张纸就是治病的药方。你把苦恼之事看得太重了，忽视了身边的快乐。"说着，方丈让徒弟取来一盆水和一只苦胆，把胆汁滴入水盆中，浓绿色的胆汁在水中淡开，很快就不见了踪影。方丈说："胆汁入水，味则变淡。人生何不如此？施主，不是您承受了太多的苦痛，而是您不善用快乐之水冲淡苦味啊。"

因为烦恼，一些本可以成为天才的人物正做着极其平庸的工作；因为烦恼，很多人把大量的时间和精力耗费在了无谓的琐事上。世界上没有一个人因烦恼而获得好处，也没人因烦恼而改善自己的境遇，但烦恼却在随时随地损害着我们的健康，消耗着我们的精力，扰乱着我们的思想，减少我们的工作效能，降低我们的生活质量。精力分散使人无法顾及应该做的事情，思想紊乱会使人失去清楚思考、合理规划的能力。

犹太人是世界上最聪明的民族，犹太人说，这世界上卖豆子的人应该是最快乐的，因为他们永远不必担心豆子卖不出去。

假如他们的豆子卖不完，可以拿回家去磨豆浆，再拿出来卖；如果豆浆

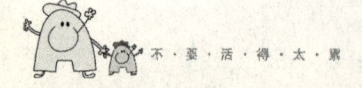

卖不完，可以制成豆腐；豆腐卖不成，变硬了，就当豆腐干来卖；豆腐干再卖不出去的话，就腌起来，变成腐乳。

还有一种选择是：把卖不出去的豆子拿回家，加上水让豆子发芽，几天后就可以改成豆芽；如果豆芽卖不动，就让它长大些，变成豆苗；如果豆苗卖不动，再让它长大些，移植到花盆里，当作盆景来卖；如果盆景卖不出去，就把它移植到泥土中，几个月后，它结出了许多新豆子，一颗豆子现在变成了上百颗豆子，想想看那是多么划算的事！

一颗豆子在遭遇冷淡时候，都有无数种精彩的选择，何况一个人呢？那么你还有什么可烦恼的呢？

人活一世，看似长久，实则只有三天——昨天、今天、明天。

昨天，已过去，不再烦；

今天，正在过，不要烦；

明天，还没到，烦不着。

如此看来，真没有什么是值得你烦恼的了。

烦恼就像天空上的一片乌云，如果你的心中是一片晴空，那么烦恼不会对你有丝毫一影响。

第八卷

Chapter 8

苦难是人生的试金石——在困境中寻求超越

苦难造奇伟,磨砺出珍珠。没有经历沙粒的磨砺,也就无法孕育出光彩夺目的珍珠。在人生漫漫征途中,荆棘与坎坷难免会拦住我们的去路。于是,面对苦难,在脂粉铅华中求得片刻麻醉和欢愉的人渐渐湮没在红尘中,而只有拥有超越苦难的智慧和勇气,才能让自己不再等同于小雀,而成为扶摇而上九万里的大鹏,穿越层层羁绊,叩响人生的苍穹。

1. 痛苦和快乐是一对孪生兄弟

人在呱呱坠地的那一刻，就预示着他的一生注定会充满着各种痛苦与快乐。从那一刻起，也就开始了不停地追求幸福、快乐并想尽办法让它永恒。对于痛苦，却只想永远地舍弃，永远地远离。

生活中我们发现，每一个人都是痛苦居多，感觉不到快乐的气息。其实痛苦和快乐有时候是双胞胎，是一对孪生兄弟，生活中并没有太多的痛苦，而是我们不善于用快乐冲淡苦味，用快乐去代替痛苦，每当面对痛苦时，我们的视线变得单一，我们的思想变得复杂，我们的思路变得狭窄。

一天一只蚌对另一只蚌说："我现在很痛苦，有一个圆圆的重重的东西在我体内。"另一只蚌炫耀的说："瞧我多么健全，我的体内什么也没有，一点也不痛苦。"一只螃蟹听到了他们的对话，对那只健全的蚌说："你同伴的痛苦是体内有一颗珍贵无比的珍珠。你是没有痛苦，但你却什么也没有得到。"

这则寓言故事很富有哲理，痛苦与快乐是看似矛盾，但互相又有联系的两种感受。这则寓言故事里，蚌的体内蕴藏着十分珍贵的珍珠，它为了这颗珍珠愿意遭受痛苦，将美丽的珍珠呈现在这个世间。

苦尽甘来，乐极生悲，痛苦与快乐就像一对生死怨家，势不两立；又像是一对孪生兄弟如此亲密。所以痛苦过后，随之而来的就是幸福快乐，就如不经历风雨，怎么能见彩虹，不经一番寒彻骨，又怎能得到梅花的扑鼻香呢？所谓苦尽甘来，也就有了越王勾践卧薪尝胆之后的国强民盛。而快乐过后，痛苦也随之而来，所谓乐极生悲，于是也就有了范进中举后的发疯。

有了痛苦，幸福快乐才显得弥足珍贵，有了幸福快乐，痛苦也就显得暂时和微小。而人的一生，也正因为交织着痛苦与快乐，才充满了意义与趣味。

一位名叫塞尔玛的妇女陪伴丈夫驻扎在一个沙漠的陆军基地里。丈夫奉命到沙漠里去演习。她一个人留在陆军的小铁皮房子里。天气热得受不了——在仙人掌的阴影下也有摄氏50多度。她没有人可以谈天——身边只有墨西哥人和印第安人，而这些人偏偏不会说英语。她非常难过，于是就写信给父母，说要丢开一切回家去。不久，她收到父亲的回信。信中只有短短的两行字："两个人从牢房的铁窗望出去，一个看到泥土，一个却看到了星星。"

读了父亲的来信，塞尔玛觉得非常惭愧。她决定要在沙漠中找到星星。塞尔玛开始和当地人交朋友，她对他们的纺织、陶器很有兴趣，他们就把自己最喜欢的纺织品和陶器送给她。塞尔玛研究那些引人入迷的仙人掌和各种沙漠植物，观看沙漠日落，还研究海螺壳，这些海螺壳是几万年前当沙漠还是海洋时留下来的……原来难以忍受的环境变成了令人兴奋、流连忘返的奇景。塞尔玛为自己的发现兴奋不已，并就此写了一本书，以《快乐的城堡》为书名出版了。是什么使塞尔玛的内心发生了这么大的改变呢？沙漠没有改变，印第安人也没有改变，改变的只是她的心态，一念之差，使她原先认为恶劣的情况变为一生中最快乐、最有意义的冒险，塞尔玛终于找到了属于自己的星星。

有句俗语说"三十年河东，三十年河西"，还有句俗语说"风水轮流转，明年到我家。"可见，世间的一切，并没有一个定数，这包括了痛苦与快乐。所以，也就没有必要因为短暂的快乐而喜形于色，得意忘形，甚至沉迷于内，更没必要为一时的痛苦而垂头丧气，意志消沉。

夫妻间总是希望白头偕老，执子之手，与子偕老，那是一种幸福。恋人之间，总是希望爱情天长地久，那是一种快乐。但夫妻间又有多少能同年同月同日死呢！丈夫去世，就成为一种锥心的痛，因此也就有了孟姜女哭长城。恋人间，又有多少能天长地久，所以梁山伯与祝英台化作了翩翩蝴蝶。

秦始皇雄才大略，统一六国，却最终因暴政而丧国。清王朝末期懦弱无能，丧权辱国，无力反击，使华夏泱泱大国沦为半殖民地。也正因为这民族的苦难，使得中华儿女奋起反抗，迎得了新中国的诞生，而有了今天的清平

盛世。由此而知，大到国家民族，小到家庭个人，都不能脱出这个规律。

世界、自然、宇宙，冥冥之中就是这样的公平，在你高兴、快乐、兴奋发烧到不知道自己姓啥时，兜头给你浇一盆冷水，让你清醒一下；在你充满苦难，痛苦不堪时，又洒下甘露滋润你一番。所以，到底什么是真正的快乐，真正的痛苦呢？又何必那么认真、执著呢？

世人不明，总是不断地去追求快乐，追求幸福，却不愿面对痛苦。没钱的希望发财，有钱的希望更多，有名的希望更响，作官的希望官做得更大，而一旦当这些失去时，巨大的失落便成了一种刻心的痛苦。而过度的追求快乐时，那已不是一种快乐，而是一种不断膨胀的欲望，当这种欲望冲昏了头脑并占据了自己的思想之时，最终会被这种欲望埋葬了自己。

也有人会因痛苦而失去活下去的勇气，但也有人会因痛苦挫折而更为积极的勇敢进取，去打造苦痛与挫折之后的快乐。所以人不论是面对快乐与幸福，还是痛苦与挫折，都不能沉迷其中而不能自拔，以致于最终毁灭了自己。倘若能明白既没有永远的痛苦，也没有永远的快乐，那也就能够面对人生，坦然平和地去面对一切，这才是一个真正的强者，也才是能做出真正有意义的事业。

哲人说过：："幸福不是堆积在快乐之上的，幸福只能从痛苦处寻求。"

人的一生从开始到结束，这期间生活也给我们带来很多阳光快乐和痛苦悲伤。有些事让我们高兴得合不住嘴，可有的却让我们哭得睁不开眼。世间所有的事情的降临都不是你所预想的。

很多事情当我们需要面临的时候我们应该持有一种什么样的态度？快乐和痛苦只是两种不同的心情状态。一味地快乐并不保证拥有成功的人生。

乐观地去对待一些事情，就好像你带这墨镜去看世间的风景，看出去都是灰暗的。而带上绿色的镜片去看，哪样都是充满绿色，而赋有生命和希望的。当悲观地去看待一些事情，你就会认为自己做不好，所以就会变得更有可能出差错，而且也会有更少的生活乐趣。

当我们在烦恼时，忧伤时，苦闷时，记住，其实快乐就在我们身边微笑。

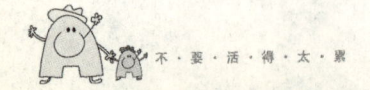

2. 超越人生的困境

　　世界上没有人终生一帆风顺。任何一个人都会遇到困境。成绩不理想，得不到老师的信任，无端遭受打击和排斥，经济拮据生活学习难以为继等种种的困难和不如意，使无数的青年男女心中充满烦恼。有的怨天尤人，有的自暴自弃，有的报复社会，有的伤害自身。他们恰恰忽视了一条真理：<u>困境是磨练人的最高学府</u>。

　　纵观古今中外，困境几乎是所有伟人巨子成功的基石。那位留下了"千古之绝唱，无韵之离骚"的司马迁暂且不说，文王拘而演《周易》，仲尼厄而作《春秋》，屈原放逐乃赋《离骚》，左丘失明，却有《国语》……这一批贤才圣人哪一个不是在"困境"这所学府里培养出来的？再看世界，发明大王爱迪生因被认为是低能儿被迫在小学就退了学；文学家、社会活动家海伦·凯勒集聋哑盲于一身；贝多芬耳聋却写出传世不朽的名作；高尔基从未上过学校却成为伟大的文学家。和他们所遭遇的挫折与不幸相比，我们那一点点小小的挫折又算得了什么呢？

　　我们每一个人都是以自己的心态去看待生活。胸怀江河者看到的困境是暂时的回流，回流之后又是可以放舟千里的浩荡之水；而胸怀溪涧的人面对逆流便以为人逢绝路，只能永久地停留在此岸了。由此可见，人生奋进的关键是培养自己博大的胸怀，因为只有博大的胸怀，才能容纳困难与挫折，才能发现广阔的汪洋大海中到处可以航行。要想超越困境就必须得有一个坚定的信念。无论何时、何地，做任何事情，人都应该有个信念。有时候，信念是一种追求，一种促使人活下去的力量，驱使人去完成不可能完成的事情。

　　苦难的困境，使庸者变得卑琐乖戾，使强者变得坚韧聪慧。一个装着香水的无口之瓶，只有打碎它才会散发出幽远的馨香；一块朴拙的顽石，只有经过无情的雕琢，才会成为完美的艺术品。一切美好的东西是不会自然展现在你面前的，那伤痕累累的心理感受，恰是生活给予你的馈赠。心理上的每一道创伤留下的疤痕，成长中留下的珍贵记忆，都是一次演练、一次成功。

　　纪伯伦说，除了通过黑夜的道路之外，人们无法到达黎明。没有困境中

的苦战，哪有强者的胜利？没有战胜困难的艰辛，又哪有成功者的喜悦？困境过后只有两种结局，一是失败者的气馁，二是成功者的欢欣。战胜一次困境，人生就多一份充实和成就。被困境征服的人，就只能在失败面前垂头丧气。现实生活中这两种人都不少见啊！

一个孩子要学会走路，先得学会摔跤；只有经过摔跤，才能学会走路。卓越者有一个特点，就是在困境中百折不挠。摔一次，站起来，再摔一次，再站起来。摔了若干次，爬起来若干次，他的筋骨因摔过许多跤而强健了，他的意志因磨炼过而变得坚强。他就是这样成为强者的。诗人北岛有一句著名的诗："如果你脚下倒伏着一千名失败者，那就把我算作一千零一名吧！"这才是强者的勇气。

美国作家奥格·曼狄诺曾经极力赞扬一位年仅9岁的小男孩埃伦坡，这是因为埃伦坡虽然年幼，可是他与厄运搏斗的精神和超越困境的勇气却是很多人都自愧不如的。

男孩埃伦坡在从学校回家的途中玩耍，正蹦蹦跳跳的他被一块小石块绊了一下，他摔了一跤，就像平常几次摔跤一样，只是蹭破了一点皮，埃伦坡没有在意，继续往家里走。吃完晚饭，埃伦坡感到白天蹭破皮的膝盖处疼得很厉害，可是他仍然没有理会，"也许明天就会好的"。这天晚上他没有出去和兄弟们玩，只是一个人在卧室里玩了一会儿玩具就去睡觉了。

一觉醒来之后，腿上剧烈的疼痛感不但没有消失反而加剧了，埃伦坡感到这种疼痛感已经蔓延到了膝盖周围的一大圈。可是他仍然没有吱声，吃完早饭便和兄弟们一起离开家去学校了。

这天放学回来的路上，埃伦坡的腿已经明显地红肿。他尽力忍着疼痛，尽量像平常一样走路。就这样他一路坚持着回到了家中。回到家时，妈妈感到埃伦坡有些异样，问他是怎么回事，可是埃伦坡坚持说自己没事。

第三天早上起床之后，埃伦坡感到疼痛极了，然后他发现自己的整条腿都肿了起来，而且连另一只脚也肿得不成样子了，他根本就无法穿上鞋。当埃伦坡光着脚下楼吃饭的时候，妈妈终于发现了他腿上的问题。看到埃伦坡的腿已经成了这个样子，爸爸妈妈都很

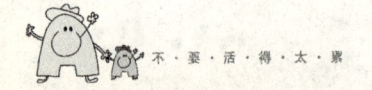

害怕，更让他们害怕的是，由于伤口发炎，埃伦坡已经出现了十分明显的高烧症状。当爸爸叫来医生的时候，母亲正在为他包扎伤腿。

医生来了，看到埃伦坡一家人着急的模样，他安慰他们说"不要紧的"。可是当他认真地检查过埃伦坡的那条腿时，他脸上的表情开始变得十分严肃。他告诉埃伦坡的父母："如果不锯掉这条腿的话，那么高烧就很难退，甚至会威胁到孩子的生命。"父母被这个消息惊呆了，他们不相信由于一次小小的摔伤，儿子就要被锯掉一条腿。可是医生告诉他们这并不是开玩笑。

当父母把医生的建议告诉埃伦坡时，他尖声地大叫着："不！如果失去一条腿的话，我还不如去死！"医生告诉父母必须早做决定，否则孩子就会有生命危险。埃伦坡一次又一次地大叫着，不让锯掉他的腿，并且还告诉他的哥哥埃德："你一定要保护我，不要让他们锯我的腿，等我神志不清时你必须保护我，哥哥，请你保证！"埃德答应弟弟一定会保护他的，于是埃德就站在卧室门口警惕地看着医生和父母。埃德承诺的事就一定会做到，他一直守着弟弟不让别人锯掉那条腿。已经过去两天两夜了，埃伦坡早就神志不清并且开始说胡话，体温越来越高。医生告诉埃德"你这是在害他"，可是埃德根本就听不进去。全家人也没有其他办法，只是不停地祷告，希望能够看到奇迹的出现。

第三天清早，医生又来看望埃伦坡，他想告诉他们如果再不采取措施，这个孩子就真的要完蛋了。可是他看到的却是埃伦坡的腿开始消肿、高烧也正在退去。医生感到吃惊极了，难道真的有上帝保佑？他给埃伦坡服了消炎和退烧的药，并且告诉家人要一直守在他身旁，如果有事情可以随时找他。第四天晚饭之后，埃伦坡从昏迷中清醒过来了，他红肿的腿也消了下去。虽然身体疲惫，可是他的目光仍然像过去一样坚定。几周过后，埃伦坡站起来了。当他拿着篮球跑到医生那里时，医生忍不住和他一起在草地上奔跑了起来。

当面对困境时，人们可能无法逃避，但是却可以选择超越它。如果人们

失去与其搏斗的勇气，那么困境会随时将人打败。究竟是要被厄运控制于股掌之间，还是要超越困境，全由我们的勇气和意志决定。

人生的激情便是在超越困境的时刻迸发。超越困境，是一种对生命的热爱，是一种对生活的热爱。生命无极限，所以生命需要超越。超越让我们在一次次的梦想中感受失败的苦涩；超越让我们在一次次的失败中品味胜利的喜悦；超越让生命在行走中感受激情；超越让生命在一步步路途中感受生活的乐趣。在一次次的超越中，生命走向成熟，走向稳健，走向多姿多彩。

3. 在苦难中保持笑容

作家周国平说："人生在世，免不了要遭受苦难。"

任何人的一生，都无法拒绝苦难的造访。而当他在经历了这些后，获得的却是一笔宝贵的精神财富。

古今中外，凡是成就了一番事业的人，都曾在苦难的炼狱中挣扎过。德国音乐家贝多芬青年时，两耳就完全失聪。这对一个音乐家来说，未尝不是个致命的打击。但他并没有屈服，而是充满信心地说："我要扼住命运的咽喉，它不能让我完全屈服"，最终创下了许多流传至今的乐曲。司马迁忍受着肉体和精神上的痛苦，著成《史记》；作家史铁生虽身陷轮椅，却依旧写出了自己对生活的热爱。如此等等，无一不说明了对于人来说，苦难发生的必然性。而你不同的对待方式就意味着，它带给你的，将会是不同的回报方式，或许它会成就奇迹。正如冰心所言："在快乐中我们要感谢生命，在苦痛中亦要感谢生命"。

所谓苦难，是指那种造成了巨大痛苦的事件和境遇。它包括个人不可抗拒的天灾人祸，例如遭遇乱世或灾荒，患危及生命的重病乃至绝症，挚爱的亲人死亡，也包括个人在生活中的重大挫折，例如失恋、婚姻破裂、事业失败。有些人即使这两方面运气都好，未尝吃大苦，却也无法避免那所有人都要迟早承受的苦难和死亡。

每个人都必须承受磨难，它或许会使你恐慌，使你意志消沉，假如你经受不住苦难打击就会走向失败和灭亡；而那些笑对苦难的人，他们具有积极

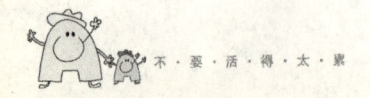

的忍耐之心，有改变生活的力量，所以他们才能成为被成功和幸福眷恋的人。

在美国纽约附近的一个小镇上，居住着一个13岁的少年，他的意志使他短暂的生命显得有几分悲壮。他很有运动天赋，足球、篮球样样精通，而且在中学时他就成为学校足球队的主力队员。不幸的是，没多久他就大病了一场，他的腿瘸了，并迅速恶化成为癌症。之后他不得不接受了截肢手术。

所有的朋友都为他感到难过。但他并没有因为再也不能踢球而变得郁郁寡欢。当他拄着拐杖回到学校时，他高兴地告诉他的朋友们，他会装上一条木头做的腿，到时候，他可以把袜子用图钉固定在腿上。朋友们为他的开朗和乐观感动，大家围绕在他的身旁，说说笑笑。生活并没有因为他失去了一条腿而变得不同。

时间又进入了足球赛季。他找到了教练，尽管他不能够踢球了，但他希望能够不离开校队。他申请担任校队的管理员，帮队友们准备饮料、收衣服，为教练准备训练用的沙盘模型，他的请求获得了教练的批准。接下来的日子里，他每天准时到达球场，将一切准备活动打理得井井有条，所有的队员都被他的毅力感染了。可是，有一天，当队员们到达训练场的时候，他没有来。队员们都十分着急，不知道他发生了什么事。后来听说，那一天，他的癌细胞再次扩散，而他只有不到两个月的生命了。

他的父母决定对他隐瞒这件事。而这个坚强的男孩，也像父母希望的那样，仍然乐观地生活着。他又回到了球场上，用笑容激励每一位队友。在他的鼓励下，队友们发挥良好，保持着全胜的纪录。他们举行了庆功餐会，准备了一个由全体队员签名的足球想要送给他，可是，他却再次入院。

几周后，他出院了，脸色苍白憔悴，可是笑容依旧。他来到了教练的办公室，看到了所有的队友。教练轻声责怪他不该缺席餐会。他笑笑说："对不起，教练，我正在节食。"他接过了队友送给他的那个代表着胜利的足球，和大家分享着胜利的喜悦。和队友们道别时，他坚定地说："别担心我，我永远和你们在一起。"

一周后，他去世了。其实他早就知道自己的病情，但是他并没有被病魔打败。他坦然地面对疾病，在最坏的处境中保持着自己令人振奋的精神。

我们的生命总是短暂的，但是任何时候，我们都需要保持自己内心的坚定和勇气。因为对于不可逆转的命运，我们无可奈何，而怎样选择自己的生活态度才是我们真正可以把握的。只有牢牢把握住自己的心灵，保持令人振奋的精神，才是我们的幸福所在。

在漫长的人生旅途中，苦难并不可怕，受挫折也无需忧伤。只要心中的信念没有萎缩，你的人生旅途就不会中断。所以你要微笑着面对生活，不要抱怨生活给了你太多的磨难；不要抱怨生活中有太多的曲折；更不要抱怨生活中存在的不公。当你走过世间的繁华，阅尽世事，你就会幡然明白：人生不会太圆满，再苦也要笑一笑！其实，只要你能换个角度来思考，很多苦难都微不足道。

面对苦难和挫折，你要抬起头来，笑对它，相信"这一切都会过去，今后会好起来的"。希望是不幸者的第二灵魂。向往美好的未来，是困难时最好的自我安慰。在多难而漫长的人生路上，我们需要一颗健康的心，需要绚烂的笑容。苦难是一所没人愿意上的大学，但从那里毕业的人们，都有着一颗坚强的心。

苦难，有时可能并不像我们所想的那么可怕，只是在一些人心中，没有勇气来面对；在坚强的人心中，苦难是对他们的一次"磨练"，因为苦难，他们身上会折射出更美的光辉。当你面对苦难的时候，不要退缩。在这个时候，请记住，苦难只是一道小小的坎儿，只要你用自己美丽的微笑来面对，你一定会将它战胜！

我们一定要学会勇敢地坦然面对苦难。只有经历过苦难，并战胜了苦难的人，才是生活中的大赢家，就像只有经过风雨才能见彩虹一样。

生活中充满着苦难，甚至有的苦难是从天而降的，完全超出了人们的承受范围。苦难是强大的，可是一个人在苦难面前，并非毫无作为，至少可以选择微笑，而不是哭泣。其实，无论生活再怎样残酷，都无法令你失去笑容。只要拥有这种笑容，生活依然是一片晴空。

4. 坎坷之后便是坦途

"失败乃成功之母"。一个人在成功前，必定要经历失败的磨练。就算成功之路多么地坎坷，只要坚持，就一定会成功。

著名画家凡高是一个只有一只耳朵且行为怪异的人，他生前，没有人承认他的作品，所以那时的他饱受艰苦，不被世人认可。可在他死后，他的画被世人广为流传。成功是坎坷后的安慰，只要你不放弃，成功就是你的。

幸福的生活，应该感谢的是坎坷。只要你肯努力，不放弃，就算经受过再大的坎坷，也只是成功路上的一小片荆棘，只要跨越了它，就会攀上成功的顶峰。人的一生其实是在不断的失败中取得成功的一生，除非不行路、不做事，而行路、做事则避免不了坎坷；不行路、不做事却是另一种失败。人生在世，生死病残、旦夕祸福、成败荣辱，不足为奇，坎坷是正常的。面对坎坷，需要的是沉着冷静，理性对待；以坎坷为镜子，找出失败的原因，跨过去，便是成功，就能到达成功的彼岸——那里阳光灿烂，那里鲜花盛开，那里硕果累累。失败和胜利之间并没有一条不可逾越的鸿沟。"胜不骄，败不馁"是做事的信条。

当拿破仑的军队与奥地利军队战斗的时候，拿破仑的心中只有一个信念，那就是：战胜敌人！他一直想着怎样打败奥地利军队，因为自己不是打败他们，就是被他们打败。

可是这一次战斗明显是一个力量悬殊的战斗，奥地利军队的人数是拿破仑领导的法国军队的几十倍，而且对方的将领是一位勇猛善战的将领。拿破仑曾经多次与之交锋，但是从来没有像今天这样彼此接近，拿破仑想："也许这一次要和这个奥地利人面对面地搏一搏了。"这样想着，拿破仑又向前跨出一大步，可是奥地利军队却在此时后退了，并且派一名骑兵告诉拿破仑，双方都应该休息休息了。

此时拿破仑身后的一名士兵给拿破仑拿来了一个水壶，拿破仑

一边喝水一边看他身后的这些士兵。大家都气喘吁吁地倒在地上，看来大家都累坏了。的确，他们从早上就开始和奥地利军队战斗，这时已经是傍晚了。拿破仑本人也感到自己需要休息一下，于是他让几个士兵拿来干粮，和大家一起坐在地上一边吃着干粮，一边商议如何突破奥地利军队的围攻。

拿破仑领导的军队原本就没有多少人，这一次深入奥地利内部，后面的援兵还不知道什么时候才能到。而现在，拿破仑数了数剩下的士兵，一共只有25个骑兵了，而敌人的数量却有一千余人。也许奥地利人是想今晚好好地睡个觉，然后明天一早将拿破仑及其属下一举歼灭，因为他们今天实在是让拿破仑和他的骑兵们折腾得筋疲力尽了。

拿破仑和他的骑兵们同样十分疲惫，可是，他们却不敢有丝毫懈怠，因为以他们现有的人数，很可能一不小心就会被敌人消灭。

似乎胜败已经分明，可是拿破仑是从来不肯束手就擒、接受失败的。他命令士兵吃完干粮以后迅速清理武器和战马，然后让大家把身上的多余的衣物、水和剩下的干粮全部扔掉，但是一定要留下此前准备好的喇叭。

夜幕降临之时，拿破仑带着这25名骑兵突然冲进了奥地利士兵的宿营地。他让25名骑兵都拿着喇叭边往前冲边大声喊叫，睡梦中的奥地利士兵以为法国援军突然到了，纷纷起来四下逃窜，场面十分混乱。尽管当时奥地利的将领一再让他的士兵坚决抵抗，可是呜啦呜啦的声音仿佛从四面八方传来，英勇的法国士兵所到之处几乎无人能敌。两支军队相遇之后就会引起一阵拼杀，很快，拿破仑与奥地利将领相遇了。奥地利将领看到对方不过二十几人，不由得一阵愤怒，他挥舞着手中的大刀向拿破仑砍去，可是很快就被力大无比的拿破仑擒住了。

战斗结束之后，奥地利将领问拿破仑："到底是什么使你反败为胜？"

拿破仑回答："我从来就没有失败过，我始终怀着必胜的信念与你们战斗，即使在只有25名骑兵时，我也没有想到过接受失败。"

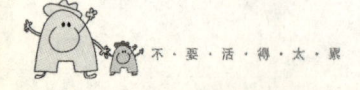

这就是拿破仑一生中最伟大的战役之一，即著名的阿克拉战役。

　　面对艰难的坎坷，即使失败马上就要降临，只要它还没有来到我们眼前，我们就不应该放弃成功的希望。只要勇气没有丧失，成功的希望就永远不会破灭，只要拥有成功的希望，我们就能跨过坎坷，失败就不会轻易接近。退一步说，即使失败已经发生，我们还可以鼓足勇气迎接下一次成功。

　　人生的道路是不平坦的，无论是在学习还是在生活中，人人都会遇到一些降碍或者坎坷，有些是无形的，有些是有形的。你在它面前只要不畏难，不停步，更别轻易言败，跨过去，就能获得成功。

　　十五载人生路，五十道坎坷桥。有人会说，坎坷与生俱来，只要有你存在，坎坷便会如影随形，无时不有，无处不在。人总是希望平坦和安稳的，谁也不想要坎坷。但是它却没有因此而不来，作为被动的承受者，又不想就此妥协，那么，就拿出你的智慧和勇气，跨过坎坷，人生将因此而走向美丽。坎坷也许不能让你拥有很多虚伪的东西，但它却是人生最美的风景，当你走到生命的最后一天的时候，如果你还不曾虚伪，你就会笑着离开，因为在你的坎坷中，没有人有那种勇气坚强承受那么多的坎坷，而你却坚强勇敢地走过了，让坎坷为你的人生增添了美丽。

　　对幸福的理解是多种多样的，也许满足愿望令人开心，也许无忧无虑令人羡慕，但有时候坎坷是幸福，坎坷过后更是一种求之不得的幸福。

　　不经风雨，难见彩虹。因为在雨后，空中留存的水气把阳光折射了，从而产生了七彩的光芒。这阳光的折射就像人生中的坎坷和磨难，折射使阳光美丽起来，坎坷和磨难也会使人生美丽起来。坎坷是财富，有了它，生命更丰富。坎坷不是灾难，遭遇坎坷常是一种幸运，与困难作斗争不仅磨砺了我们的人生，也为日后更为激烈的竞争准备了可贵的经验。

　　遇到坎坷，不放弃机会，努力向前，积极进取，才是积极向上的做法。要想花开，必先经过严寒的考验，冬天有些残酷，但只要有信心有希望，那将会是一种难得的磨练，经过这场磨练，那就是万物苏醒时。生活虽有坎坷但春暖花开惊喜总会来。

5. 失败时也要挺起胸脯

人生在世有谁又能没有遇到挫折，没有失败呢？其实，成功是一个整体，而失败是整体中正缺少的一部分。

当今，失败并不是真正意义的完结，而是新的探索的开始。失败是一种痛苦，有人因为害怕失败，所以不敢行动。这类人虽然遇不到失败，但是也遇不到成功。发觉有很多人活了大辈子都不知自我有多大的本事，都没有真正享受过他们热切盼望的幸福。因为他们从来没有行动过，没有努力过。为了追求属于自己的幸福而努力，为了实现自己的梦想而奋斗，即使失败了也不枉此生！因为我们毕竟试过了，努力过了。人生能有几回搏！

做任何事虽然失败了，走错了一步也远胜于原地不动的人。如果你不行动，你的大脑神经就无法指引你走向成功的方向你的大脑就会"老化"了。我们应该都要相信：很多成功人士都是在后天培养成的！

贝多芬有句名言：乞求失败！

为什么会有人要乞求失败？每当失败降临，你不退缩拼命去克服，你更会发觉自己能力有所增长。"失败是成功之母"，是你增长才干的最高途径。失败在悲观者的眼里是灾难，在乐观者眼里是生活的乐趣与烂漫。有失败的痛苦，才有成功的喜悦！有失败的考验，才有做人的成熟。

失败使生活波折，但是为生活增添情趣。人们常说"富不过三代"这是有道理的。过于顺利的环境并非是好事！真的只会扼杀人的才华。你要觉得自己是有价值的人，最终你就会变成有价值的人！我们是普普通通的人，而不是无所不能的神。人谁无过呢，我们不要把结果看得太重了。

有一个年轻人，从很小的时候起，他就有一个梦想，希望自己能够成为一名出色的赛车手。他在军队服役的时候，曾开过卡车，这对他熟练驾驶技术起到了很大的帮助作用。退役之后，他选择到一家农场里开车。在工作之余，他仍一直坚持参加一支业余赛车队的技能训练。只要有机会遇到车赛，他都会想尽一切办法参加。因

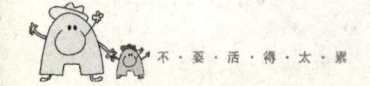

为得不到好的名次，所以他在赛车上的收入几乎为零，这也使得他欠下一笔数目不小的债务。

那一年，他参加了威斯康星州的赛车比赛。当赛程进行到一半多的时候，他的赛车位列第三，他有很大的希望在这次比赛中获得好的名次。突然，他前面那两辆赛车发生了相撞事故，他迅速地转动赛车的方向盘，试图避开他们。但终究因为车速太快未能成功。结果，他撞到车道旁的墙壁上，赛车在燃烧中停了下来。当他被救出来时，手已经被烧伤，鼻子也不见了。体表伤面积达40%。医生给他做了7个小时的手术之后，才使他从死神的手中挣脱出来。

经历这次事故，尽管他命保住了，可他的手萎缩得像鸡爪一样。医生告诉他说："以后，你再也不能开车了。"然而，他并没有因此而灰心绝望。为了实现那个久远的梦想，他决心再一次为成功付出代价。他接受了一系列植皮手术，为了恢复手指的灵活性，每天他都不停地练习用残余部分去抓木条，有时疼得浑身大汗淋漓，而他仍然坚持着。他始终坚信自己的能力。在做完最后一次手术之后，他回到了农场，用开推土机的办法使自己的手掌重新磨出老茧，并继续练习赛车。

仅仅是在9个月之后，他又重返了赛场！他首先参加了一场公益性的赛车比赛，但没有获胜，因为他的车在中途意外地熄了火。不过，在随后的一次全程200英里的汽车比赛中，他取得了第二名的成绩。

又过了2个月，仍是在上次发生事故的那个赛场上，他满怀信心地驾车驶入赛场。经过一番激烈的角逐，他最终赢得了250英里比赛的冠军。

他，就是美国颇具传奇色彩的赛车手——吉米·哈里波斯。当吉米第一次以冠军的姿态面对热情而疯狂的观众时，他流下了激动的眼泪。一些记者纷纷将他围住，并向他提出一个相同的问题："你在遭受那次沉重的打击之后，是什么力量使你重新振作起来的呢？"

此时，吉米手中拿着一张此次比赛的招贴图片，上面是一辆赛车迎着朝阳飞驰。他没有回答，只是微笑着用黑色的水笔在图片的

背后写上一句凝重的话：把失败写在背面，我相信自己一定能成功！

生活中有太多的曲折与磨难，也有太多的意想不到，无数人在这曲折的道路上披荆斩棘。然而历史的潮水却将无数人湮没，有人高呼苍天不公，自己付出了努力却换来了失败。于是我们听到这样一种声音：重要的不是结果而是过程。

如果我们的人生中没有遇上挫折，就不会总结经验教训，就不会去奋斗。"失败乃成功之母"，这话千真万确。只有经历过失败，体验过个中的滋味，才会奋发图强，硬逼着你思索，跨越失败，跨越困境，使人走向成熟和完美。

宝剑经历了磨砺射出刺眼的寒光，梅花经过冬天的严寒散发出沁人心脾的芬芳。这"磨砺"与"苦寒"便是宝剑与梅花所经历的过程，而"锋利"与"芬芳"便是他们取得的结果。也正是因为这锋利与芬芳体现了他们经历苦难的价值，如果没有这锋芒和芬芳，那宝剑与一块废铁，梅花与路边的一株野草无异，还谈什么"宝剑锋从磨砺出，梅花香自苦寒来"？难道我们可以说经历了磨砺的废铁就可以成为宝剑，经历了苦寒的野草就可以成为梅花？他们经历了同样的过程却体现了不同的价值，何也？全在于他们所取得的最后结果不同。

假如当初岳飞没有选择"壮志饥餐胡虏肉，笑谈渴饮匈奴血"，而是庸庸碌碌终其一生，那么历史的长河中又会有谁记得岳飞的存在？

或许人生的价值并不在于让人铭记自己，但人生在世总要为后人留下些什么。假如在经历了失败与坎坷后却没有实现自己的目标取得期望的结果，那么这些失败与坎坷还有意义吗？

当我们遇到失败时，不悲观失望，不长吁短叹，不停滞不前。把它作为人生中一次历练，把它看成是一种人生成长中的常态，这将助你更好地谱写出自己的人生精彩。

人生必定会遇到失败！失败是成功的先导，不怕失败比渴望成功更可贵。

塞翁失马，焉知非福？碰到失败，不要畏惧、厌恶，从某方面说，失败对我们来说是一件磨练意志的好事。惟有挫折与困境，才能使一个人变得坚

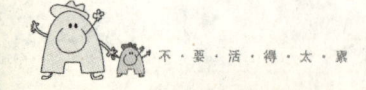

强。真正有成就的人，都是在经历了失败和挫折之后才取得辉煌成就的。

失败足以燃起一个人的热情，唤醒一个人的潜力，而使他达到成功。有本领、有骨气的人，能将"失望"变为"动力"，能像蚌壳那样，将烦恼的沙砾化成珍珠。

不经历风雨，怎能见彩虹？没有失败的人生绝不是完美的人生。当你战胜失败的时候，你会对成功有更深一层的感悟。就是在这样一次次的感悟中，你走出了一个完美的人生。

6. 即使失去一切，我也会勇往直前

在人生的道路上我们需要不停地探索，不停地迈开大步向前走，不停地追求进步与完美，勇往直前。一个人不可能一生下来说，见过大山的巍峨，大海的浩瀚，大漠的广阔和森林的神秘。正因为如此，才有了我们追求的目标，有了充实自我的需要，有了向更高的人生境界前进的愿望。当我们实现了目标和愿望，满足了自己的需要的时候，便是一种光荣和幸福；即使我们失败了，人生也会因为这一路风雨中跋涉而变得丰富且充实。所以，勇往直前，不管成功与否，都是一种享受，也是一种幸福。

在生活中，那些不计成败，不问收获，"明知山有虎，偏向虎山行"的人是真正的勇士；那些上下求索而终无成果，出师未捷却身先死的失败者们，他们都在抒写生命，创造人生。相比于那些成功者们，他们因为失败得到了更多跋山涉水的机会，得到更多享受生命的滋味，何尝不是一种幸福呢？

不管前面是荆棘丛生，还是高山大峡，是未知的的坎坷，还是已知的死亡，是无限的风光，还是永恒的静穆，我们都不能放慢前进的速度或停止前进度。即使倒下了，也要立刻爬起来，继续前进。或是成功了，也不能骄傲自满，那样容易停滞不前，远离了自己最终的目标，达不到更高的人生境界。你只有抛开一切勇往直前，才有可能达到更高人生境界，才能获得最终的成功，才能实现人最终的理想与目标。

要想赢，就一定不能怕输。不怕输，结果未必能赢。但是怕输，结果则

一定是输。

　　人生的道路上，我们每个人都不可避免地面对各种风险与挑战，结果有成功，也有失败。不过，人生的胜利不在于一时的得失，而是在于谁能够一直保持着勇往直前的精神。不要因为痛苦而放弃。所谓的成功人士，无非是比别人多付出，多经历磨难罢了。没有走到生命的尽头，我们谁也无法说我们到底是成功了还是失败了。所以我们在生命的任何阶段都不能泄气，都要勇往直前地活着！

　　凤凰涅槃羽化成蝶，正是因为经历了强烈的痛苦，然后才有着震撼人心的美丽。一个人的成功并不是偶然的，他是在无数的失败和痛苦中走过来的，而别人看到的只是他今天的光辉和荣耀。只有他自己知道，在他通往成功的路上，始终是努力地向前，即使被荆棘扎破血迹斑斑，也一直勇往直前。

　　勇敢地向前跨步，去探索生命的意义，需要勇气，更需要毅力；需要下决心，更需要下恒心。坚持不懈，勇往直前，是一种痛苦，更是一种享受和幸福。

　　勇往直前，追求生命图腾，激励生命斗志，让掉进泥潭的人振奋，让有小成就的人有更大成就，纵然一无所得，纵然粉身碎骨，也要迈开大步向前走，去探索生命的意义，去享受生命。

　　1822年的冬天，庄严肃穆的音乐大厅里正在演出歌剧《费德里奥》，许多名门贵族观看了这场演出。但在歌剧进行到一半的时候，观众发现乐队、歌手无法协调，而指挥却毫无察觉，仍在台上竭力指挥着。观众终于忍无可忍了，他们在台下窃窃私语。指挥发现了，他让乐队、歌手重来，但情况更糟。有人在喊："让指挥下台。"指挥已听不到观众在说什么，但是从他们的神情中，他读懂了所有。他从台上下来，流泪了。

　　在世界音乐史上，这是一个值得纪念的日子，伟大的音乐天才贝多芬在这一天完全失聪了。

　　所有人都预感到他不会再在音乐上有所发展了，但是两年后，也就是1824年，贝多芬的《第九交响曲》在维也纳上演。这首曲子是他在失聪的情况下写成的，继而在厄运不断的打击下，贝多芬完成了世界音乐史上辉煌的篇章。

贝多芬的苦难与成就是成正比的,苦难给予他多几分,他的音乐才华就增长几分;苦难逼近他的灵魂几分,他灵魂的光彩就会绽放几分。著名指挥家卡拉扬说:"是苦难成就了他。没有苦难,谁知道会发生什么?"

贝多芬长得很丑,他的脸上还经常长一种疮,一直无法治愈,爱情也迟迟不肯垂青他,他惟一的依靠就是音乐。音乐成了他的生命,他对音乐已没有任何功利向往。

在维也纳演奏《第九交响曲》时,他听不到乐队的任何声响;演奏结束,观众爆发出了热烈的掌声,他仍听不到。

当主持人把他引向舞台中间时,他还没弄明白这是为什么。那是多么令人心酸,但又是任何音乐人修炼一辈子都无法达到的境界。

在面对挫折和失败时,我们可能会失去一些很重要的东西,但不应就此而放弃、而退缩,相反,我们应该更加坚强地走下去,去追求最终的胜利。不然,那之前的失去就会完全一去不复返,最后成为我们人生的一块伤疤。所以,贝多芬在失去了听觉,如此痛苦的生活下,选择了勇往直前,选择了他人生中最可贵的一次自我指挥,最终奏出了不朽的生命乐章。

勇往直前是什么,那是梦想,那是一个人对梦想的不懈追逐。一个从小酷爱奔跑的孩子,却买不起一双鞋。他失望,落魄,在他要放弃的最后一刻,他的教练对他说了一句话:"孩子,你刚才所说的那些困难,就像眼前的这一道道栏杆,它们会横在每个人的面前,那些你现在跨不过去的栏杆,可以在一次次的失败后,最终跨越它们,你还可以踢翻它们,也可以绕过它们,你只需盯准你向往的前方,只管努力地向前奔跑,相信没有什么可以拦住你的梦想的。"正是这句话,让他重燃信心。最终,他在光脚的情况下为他的祖国争得了一枚宝贵的金牌。面对记者蜂拥而至的话筒,贝基拉激动地感慨道:"一切都很简单,只要站在跑道上,就没有什么障碍可以拦住奔跑的雄心,就只管向前,再向前,一路向前地奔赴梦想的终点。"

这就是勇往直前的力量,失去向前之心,人的一生将会碌碌无为。勇往直前给人时时敲响警钟,告诉人们不要懈怠,它是一支鞭,时刻鞭策人前进。

勇往直前！越过荆棘，登上人生的顶峰，不经意间回首，你会看见一条盛开着鲜花的小路。这，就是你的人生之路——你不断向前所留下的人生轨迹！

7. 没有人可以随便成功

人生路上，没有人会随随便便成功。谁都经历过痛苦、产生过失望、有过迷惘、有过彷徨，如果不能超越自我，就会迷失方向，如果不能战胜自我，怎会奏出生命的绝响；如果自己不去努力，如果遇到挫折就一蹶不振，怨天尤人，就不会有所建树，有所创造，有所成就；当然还有非常重要的一点，如果没有永不言败，绝不轻言放弃的信念，如果不是机缘巧合，就写不出人生辉煌的篇章。

许多人只看见成功企业家今日的风光，有谁知道他们昔日创业时的艰难；奥运冠军拍广告赚大钱谁都看见了，又有几人想过他们曾经在训练场上挥洒的汗水；广东重奖科学家了，大家都羡慕奖金的丰厚，谁知道他们为此背后的刻苦钻研，默默付出……人的一生都在为了追求成功而不断地努力，并为之奋斗，就像小小的依米花，虽然仅开放两天，依米花母株却要付出六年的光阴。所以说，没有人能随随便便成功。

成功是每一个人都向往的，但并非所有的人都能够成功，成功是来之不易。它的因素也是多种多样的，它可能来自于远大的理想、坚定的信念；也可能来自于丰富的知识积累、勤奋刻苦的钻研；它也可能来自于大胆的幻想和敢于创新的精神……但成功之前、成功的过程以及成功之后都是值得我们去思考的。

提起我国著名的数学家陈景润，人们总把他和"哥得巴赫猜想"联系起来。但你是否想到过，在这通向科学高峰的顶端上，在这条千里长的路上，他是怎样背着那几十麻袋草稿纸一步一步向上艰难地爬行的呢？它告诉了人们，伟人之所以能成为伟人，那是因为他们曾经为了理想一步步奋斗过了，他们因此成功了。

19世纪的法国出了一位颇负盛名的科幻小说家——儒勒·凡尔纳，他一生写了104部小说。可他第一部小说——《气球上的星期五》却经过了15次修改，15次失败。于是当他试着走进第16家出版社时，他成功了。他的事迹告诉我们：成功并不是一件容易的事，如果你想要成功就必须付出比别人多一倍的汗水，付出多一些的代价。

成功也需要毅力，古语云：只要功夫深，铁棒磨成针。

曾听过一个这样的笑话：一个探险家去北极探险，可最后却到了南极。当人们问他为什么时，他答："因为我带的是指南针，我找不到北呀！"其实他只要转个身就能到达北极。那么，失败的对面不就是成功吗？

所以，我们应该认识成功背后的艰辛，一个人只有超越自我、永不满足、执著追求的精神，才能占有辉煌的高地，那就是成功。

骐骥一跃，不能十步；驽马十驾，功在不舍。同样，成功的秘诀不在于一蹴而就，而在于你是否能够持之以恒。

曾有这样一个故事。1987年，她14岁，在湖南益阳的一个小镇卖茶，1毛钱一杯。因为她的茶杯比别人大一号，所以卖得最快，那时，她总是快乐地忙碌着。

1990年，她17岁，她把卖茶的摊点搬到了益阳市，并且改卖当地特有的"擂茶"。擂茶制作比较麻烦，但也卖得起价钱。那时，她的小生意总是忙忙碌碌。

1993年，她20岁，仍在卖茶，不过卖的地点又变了，在省城长沙，摊点也变成了小店面。客人进门后，必能品尝到热乎乎的香茶，在尽情享用后，他们或多或少会掏钱再拎上一两袋茶叶。

1997年，她24岁，长达十年的光阴，她始终在茶叶与茶水间滚打。这时，她已经拥有37家茶庄，遍布于长沙、西安、深圳、上海等地。福建安溪、浙江杭州的茶商们一提起她的名字，莫不竖起大拇指。

2003年，她30岁，她的最大梦想实现了。"在本来习惯于喝咖

啡的国度里，也有洋溢着茶叶清香的茶庄出现，那就是我开的……"说这句话时她已经把茶庄开到了香港和新加坡。

还有一个故事。新生开学，"今天只学一件最容易的事情，每人把胳膊尽量往前甩，然后再尽量往后甩，每天做300下。"老师说。

一个月以后有90%人坚持。

又过一个月有仅剩80%。

一年以后，老师问："每天还坚持300下的请举手！"整个教室里，只有一个人举手，他后来成为了世界上伟大的哲学家。

这是两个真实的故事，让我们记住他们的名子吧！孟乔波和柏拉图，一个卖茶的商人和一个伟大的哲学家。从这两个故事中可以发现：成功没有秘诀，贵在坚持不懈。**任何伟大的事业，成于坚持不懈，毁于半途而废**。其实，世间最容易的事是坚持，最难的，也是坚持。说它容易，是因为只要愿意，人人都能做到；说它难，是因为能真正坚持下来的，终究只是少数人。巴斯德有句名言："告诉你使我达到目标的奥秘吧，我唯一的力量就是我的坚持精神。"

成功需要坚韧的毅力和非凡的勇气。一个人经历一些挫折并不是坏事情。"自古雄才多磨难，从来纨绔少伟男。"在我们成长的道路上，有坦途，也有坎坷；有鲜花，也有荆棘。在你伸手摘取美丽的鲜花时，荆棘同时会刺伤你的手。如果因为怕痛，就不愿伸手，那么对于这种人来说，再美丽的鲜花也是可望而不可及的。古往今来，凡是成大事者，都是为了自己的事业而穷极一生。没有曹雪芹"批阅十载，增删五次"的毅力，怎会有中国古典小说的巅峰之作？没有哥伦布同惊涛骇浪搏击的勇气，"新大陆"的发现可能被推迟许多年。

成功需要不断进取和勇于探索。要想取得成功就不能满足于现状，驻足于眼前，要有积极进取，不断寻求进步的意识。瓦特改良蒸汽机就是一个鲜活的例子。他在前人的基础上，不断探索、研究，终于研制出更加满足社会大生产需要的蒸汽机，推动人们进入了蒸汽时代，从而促进了人类社会的发展。如果瓦特没有积极的进取心，后人也不会把他的名字和蒸汽机等同起来。居里夫人不断地提炼沥青中的放射成分，经过不懈的努力，终于发现了两种新的化学元素：钋和镭。

成功需要永不服输的信念和永不放弃的决心。人生因不放弃而精彩，失意就像阴雨天是暂时的，总会过去，生命中的大部分还是阳光灿烂的季节，只有做到"不抛弃，不放弃"，成功才会垂青于你。

把握生命里的每一分钟，全力以赴我们心中的梦。不经历风雨，怎能够见彩虹，没有人能随随便便成功。在我们的人生征程中，难免遇到荆棘，但只要我们的行囊中装好了勇气与自信，就可以轻松并且轻装上路了。

人生在世，总得要做点什么，才能不枉来世一遭。不要只是去空想，只是去抱怨，没有人会随随便便成功。所有的条件都具备了，再去做事，百分百绝对能够成功的事就不是事了，自己努力过，自己尽力过，自己即使没有成功，回首也不会有遗憾。

第九卷 Chapter 9

打开幸福的大门——敞开心扉，幸福从没有走远

相传幸福是个美丽的玻璃球，跌碎散落在世间的每个角落。有的人捡到多些，有的人捡到少些。却没有人能拥有全部。*爱你所爱，选你所选，珍惜现在所拥有的一切*。人活着就是一种心情，把握今天，设计明天，储存永远。只要用心感受，幸福就会永远存在。

1. 珍惜自己所拥有的

人的一生，究竟是追求什么呢？这是一个被无数的哲学家讨论过并且有着现实意义的问题。其实无论追求什么，关键是我们能珍惜现在所拥有的，把握住现在所拥有的。对于未来，很多是未知数，我们唯有去把握住现在自己的所有，去享受生活，去拥有已有的幸福。

世间最珍贵的不是'得不到'和'已失去'，而是现在能把握的拥有的幸福。

从前，有一座圆音寺，每天都有许多人上香拜佛，香火很旺。在圆音寺庙前的横梁上有个蜘蛛结了张网，由于每天都受到香火和虔诚的祭拜的熏托，蛛蛛便有了佛性。经过了一千多年的修炼，蛛蛛佛性增加了不少。

忽然有一天，佛主光临了圆音寺，看见这里香火甚旺，十分高兴。离开寺庙的时候，不经意间抬头，看见了横梁上的蛛蛛。佛主停下来，问这只蜘蛛："你我相见总算是有缘，我来问你个问题，看你修炼了这一千多年，有什么真知灼见。怎么样？"蜘蛛遇见佛主很是高兴，连忙答应了。佛主问到："世间什么才是最珍贵的？"蜘蛛想了想，回答："世间最珍贵的是'得不到'和'已失去'。"佛主点了点头，离开了。

就这样又过了一千年的光景，蜘蛛依旧在圆音寺的横梁上修炼，它的佛性大增。一日，佛主又来到寺前，对蜘蛛说道："你可还好，一千年前的那个问题，你可有什么更深的认识吗？"蜘蛛说："我觉得世间最珍贵的是'得不到'和'已失去'。"佛主说："你再好好想想，我会再来找你的。"

又过了一千年，有一天，刮起了大风，风将一滴甘露吹到了蜘蛛网上。蜘蛛望着甘露，见它晶莹透亮，很漂亮，顿生喜爱之意。蜘蛛每天看着甘露很开心，它觉得这是三千年来最开心的几天。突然，又刮起了一阵大风，将甘露吹走了。蜘蛛一下子觉得失去了什么，感到很寂寞和难过。这时佛主又来了，问蜘蛛："蜘蛛这一千年，你可好好想过这个问题：世间什么才是最珍贵的？"蜘蛛想到了甘露，对佛主说："世间最珍贵的是'得不到'和'已失去'。"佛主说："好，既然你有这样的认识，我让你到人间走一朝吧。"

就这样，蜘蛛投胎到了一个官宦家庭，成了一个富家小姐，父母为她取了个名字叫蛛儿。一晃，蛛儿到了十六岁了，已经成了个婀娜多姿的少女，长得十分漂亮，楚楚动人。

这一日，新科状元郎甘鹿中举，皇帝决定在后花园为他举行庆功宴席。来了许多妙龄少女，包括蛛儿，还有皇帝的小公主长风公主。状元郎在席间表演诗词歌赋，大献才艺，在场的少女无一不被他折倒。但蛛儿一点也不紧张和吃醋，因为她知道，这是佛主赐予她的姻缘。

过了些日子，说来很巧，蛛儿陪同母亲上香拜佛的时候，正好甘鹿也陪同母亲而来。上完香拜过佛，二位长者在一边说上了话。蛛儿和甘鹿便来到走廊上聊天，蛛儿很开心，终于可以和喜欢的人在一起了，但是甘鹿并没有表现出对她的喜爱。蛛儿对甘鹿说："你难道不曾记得十六年前，圆音寺的蜘蛛网上的事情了吗？"甘鹿很诧异，说："蛛儿姑娘，你漂亮，也很讨人喜欢，但你想象力未免丰富了一点吧。"说罢，和母亲离开了。

蛛儿回到家，心想，佛主既然安排了这场姻缘，为何不让他记得那件事，甘鹿为何对我没有一点感觉？

几天后，皇帝下诏，命新科状元甘鹿和长风公主完婚；蛛儿和太子芝草完婚。这一消息对蛛儿如同晴空霹雳，她怎么也想不通，佛主竟然这样对她。几日来，她不吃不喝，穷究急思，灵魂就将出壳，生命危在旦夕。太子芝草知道了，急忙赶来，扑倒在床边，对奄奄一息的蛛儿说道："那日，在后花园众姑娘中，我对你一见钟情，我苦求父皇，他才答应。如果你死了，那么我也就不活了。"说着就拿起了宝剑准备自刎。

就在这时，佛主来了，他对快要出壳的蛛儿灵魂说："蜘蛛，你可曾想过，甘露（甘鹿）是由谁带到你这里来的呢？是风（长风公主）带来的，最后也是风将它带走的。甘鹿是属于长风公主的，他对你不过是生命中的一段插曲。而太子芝草是当年圆音寺门前的一棵小草，他看了你三千年，爱慕了你三千年，但你却从没有低下头看过它。蜘蛛，我再来问你，世间什么才是最珍贵的？"蜘蛛听了这些真相之后，好像一下子大彻大悟了，她对佛主说："世间最珍贵的不是'得不到'和'已失去'，而是现在能把握的幸福。"刚说完，佛主就离开了，蛛儿的灵魂也回位了，睁开眼睛，看到正要自刎的太子芝草，她马上打落宝剑，和太子紧紧地抱在一起……

故事结束了，你能领会蛛儿最后一刻的所说的话吗？"世间最珍贵的不是'得不到'和'已失去'，而是现在能把握的幸福。"<u>不要总是把眼光放到遥不可及或是很难得到的东西，有些东西不属于自己，就不需要太去强求，那样只会让自己的日子过得越来越苦，生活也会陷入忧愁的轮回。把握住自己已拥有的，就是最大的幸福。</u>

有一个很失意的人，爬上了一棵樱桃树，准备从树上跳下来，结束自己的生命。就在他决定往下跳的时候，学校放学了。

成群的小朋友跑了过来，看到他站在树上。一个小朋友问："你在树上做什么？"总不能告诉小孩要自杀吧！于是，他说："我在看风景。""那你有没有看到身旁有许多樱桃？"另一个小朋友问道。他低头一看，发现原来自己一心一意想要自杀，根本没有注意到树上真的结满了大大小小的红色樱桃。"你可不可以帮我们采樱桃啊？"小朋友们说，"你只要用力摇晃树干，樱桃就会掉下来。拜托啦！我们爬不了那么高。"

失意的人有点儿意兴阑珊，但是又拗不过小朋友们，只好答应帮忙。他开始在树上又跳又摇。很快，樱桃纷纷从树上掉下来。地面上也聚集了越来越多的小朋友，大家都兴奋而又快乐地拣拾着樱桃。一阵嬉闹之后，樱桃差不多掉光了，小朋友们也渐渐散去了。那个失意的人坐在树上，看着小朋友们欢乐的背影，不知道为什么，自杀的心情和念头都没有了。他在周围采了一些还没掉下去的樱桃，无可奈何地跳下了樱桃树，拿着樱桃慢慢走回了家。

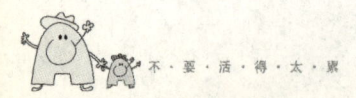

在他回到家时，看到的仍然是那破旧的房子，与昨天一样的老婆和孩子。但是孩子们高兴地看到爸爸带着樱桃回来了。当一家人聚在一起吃着晚餐，他看着孩子们快乐地吃着樱桃时，忽然有了一种新的体会和感动，他心里想着：或许这样的生活还可以让人活下去吧。

人不能活在过去的失意和对将来的恐慌中，重要珍惜现在自己所有的一切。失望的尽头总会有新的希望产生，人生的天空永远不会是晴空万里，人不能左右天气，但能左右自己的心情。生活如天气，今天晴空万里，明天也许会阴天下雨。既然我们无法左右未来，那我们只要做好现在要做的事，牢牢地抓住已有的幸福，就可以给自己生活的动力。

有一位美国老师曾给他的学生讲过一件令其终生难忘的事情。

"我曾是个多虑的人，"他说道，"但是，1934年的春天，我走过韦布城的西多提街道，有个景象扫除了我所有的顾虑。事情的发生只有十几秒钟，但就在那一刹那，我对生命意义的了解，比在前10年中所学的还多。那两年，我在韦布城开了家杂货店，由于经营不善，不仅花掉所有的积蓄，还负债累累，估计得花7年的时间偿还。我刚在星期六结束营业，准备到'商矿银行'贷款，好到堪萨斯城找一份工作。

我像一只斗败的公鸡，没有了信心和斗志。突然间，有个人从街的另一头过来。那人没有双腿，坐在一块安装着溜冰鞋滑轮的小木板上，两手各用木棍撑着向前行进。他微微提起小木板准备登上路边的人行道。就在那几秒钟，我们的视线相遇，只见他坦然一笑，很有精神地向我呼：'早安，先生，今天天气真好啊！'我望着他，突然体会到自己何等的富有。

我有双足，可以行走，为什么却如此自怜？这个人缺了双腿仍能快乐自信，我这个四肢健全的人还有什么不能的？我挺了挺胸膛，本来准备到'商矿银行'只借100元，现在却决定借200元；本想说我到堪萨斯城想找份工作，现在却有信心地宣称：我到堪萨斯城去找一份工作。结果，我借了钱，找到了工作。

"现在，我把下面一段话写在洗手间的镜面上，每天早上刮胡子的时候都念它一遍：我闷闷不乐，因为我少了一双鞋，直到我在街上，见到有人缺了两条腿。"

人世间，什么是最好、最宝贵的？解释多种多样。但很多人都认为没得到的失去的是最宝贵的，然而这些东西有时并非是我们真正需要的。因此，珍惜我们本有的东西，在任何时刻都不应该灰心丧气。

生活里的很多时候，我们常会付出极大的代价，把我们十分珍惜的东西想方设法弄到手，但在过后的日子里，我们却发现，这种千方百计弄来的东西并没有那么高的价值。我们最终常常是把这些东西放烂或是遗弃，但在此我们也应该明白，自己应该真正珍惜的是什么，不是那些虚无缥缈，而是自己最踏踏实实拥有的东西。

生活中，我们正是因为懂得了珍惜，才使我们获得长久的幸福。人若能以珍惜的感情对待生活里的每一天，每件事，那么人生中的一些悲苦都会变得更有意义，幸福也会随之而来。

<u>用珍惜、感激的心情去营造生活，珍惜自己所拥有的一切，你会发现，美好一直在你的身边。</u>

2. 把握生命里的感动

在这个世界上，总有一些东西让我们感动，总有一种情感让我们情不自禁。拥有感动，给予别人感动，生活也会给予你丰厚的回报。感动可以让生命升华，在最困难的日子里获得信心与动力，给予别人的感动可能会改变别人的一生，也可能会改变你自己的一生，把握住生命里的感动，便是把握住了给自己生命添彩的主动权。

给别人带来的一时感动，足以影响你的一生的足迹。

有一天夜里，已经很晚了，一对年老的夫妻走进一家旅馆，他们想要一个房间。前台侍者回答说："对不起，我们旅馆已经客满

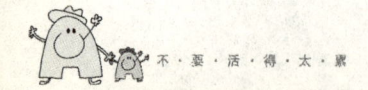

了，一间空房也没有剩下。"看着这对老人疲惫的神情，侍者又说："但是，让我来想想办法……"

这个文静的侍者理应更富人性和爱心，他当然不忍心深夜让这对老人出门另找住宿。而且在这样一个小城，恐怕其他的旅店也早已客满打烊了，这对疲惫不堪的老人岂不会在深夜流落街头？于是好心的侍者将这对老人引领到一个房间，说："也许它不是最好的，但现在我只能做到这样了。"老人见眼前其实是一间整洁又干净的屋子，就愉快地住了下来。

第二天，当他们来到前台结账时，侍者却对他们说："不用了，因为我只不过是把自己的屋子借给你们住了一晚——祝你们旅途愉快！"原来如此。侍者自己一晚没睡，他就在前台值了一个通宵的夜班。两位老人十分感动。老头儿说："孩子，你是我见到过的最好的旅店经营人。你会得到报答的。"侍者笑了笑，说这算不了什么。他送老人出了门，转身接着忙自己的事，把这件事情忘了个一干二净。

没想到有一天，侍者接到了一封信函，打开看，里面有一张去纽约的单程机票并有简短附言，聘请他去做另一份工作。他乘飞机来到纽约，按信中所标明的路线来到一个地方，抬眼一看，一座金碧辉煌的大酒店耸立在他的眼前。原来，几个月前的那个深夜，他接待的是一个有着亿万资产的富翁和他的妻子。富翁为这个侍者买下了一座大酒店，深信他会经营管理好这个大酒店。这就是全球赫赫有名的希尔顿饭店首任经理的传奇故事。

真正的感动是不求回报的，但往往回报来的却比我们任何想要的都还多。生活里多一点感动，多一点温暖，生活便会变得不一样。一个拥有感动的人说明他的生活是幸福的，充满真情的。在这个高速发展的、人与人之间更显冷漠的社会里，我们更应该坚持感动，为自己的生活添彩，也为别人的生活添彩，有时候机遇就藏在你不经意对别人一次无私帮助。

有这样一个故事。

天黑了。外边的风雪大了。西丹妮太太用手试试孩子的前额，烫烫的！已经没车去城里了，赶快给托马医生打个电话。放下电话不一会儿，有人敲门。

这么快!？太谢谢了！西丹妮太太喜出望外，说："请进来医生。门没有关。"

一个陌生男人走进门来。跺跺雪。

"托马医生吗？"西丹妮太太眼不好，夜晚看不清东西。"谢谢您医生，天气不好。"西丹妮太太下来，领陌生男人去楼上卧室。

一个夜盲症的女人？男人有些得意，今晚也许能干点什么。当然，他记着西丹妮太太对他的称呼。马上去看了看躺在摇篮里的小女孩，伸手摸了摸女孩的头额，放缓语气说："孩子有些发烧。不过没关系，我来想想办法。"看到茶几上有瓶消毒酒精。他倒了点在手上，想糊弄一下孩子。

当他的手一激小女孩烧得红嘟嘟的小脸蛋，女孩马上睁开眼，看了一下陌生男人。男人以为孩子会惊哭起来，然而没有。小女孩对他甜甜地一笑，笑出两个酒窝。

男人脱口而出："小家伙笑得可爱极了！"

西丹妮太太在一边自豪地说："她父亲是校长，为救两个溺水的学生死了！她父亲要是还活着，她会更幸福的。"大概闻到酒精的味道，西丹妮太太问："不给孩子打针吗？"

陌生男人想了想，说："孩子太小，先用这种方法处理一下。"

酒精一时起了去热作用，女孩比先前平和了许多。西丹妮太太心里放松了些。下楼去给医生做吃的。

西丹妮太太一离开，陌生男人的眼睛，立即在房间搜索起来。他发现壁柜顶上有个红色的小漆盒，一定是装钱的吧？拿下来打开一看，里边都是卷着的钱。他一把将钱全抓在手里，掉过头，看看安详可爱的小女孩，又放下了。

这时，楼下的电话响了起来。听到西丹妮太太说："谢谢您，真不好意思，给你添麻烦了，实在抱歉！好的，我会照顾好孩子的。"

西丹妮太太回到楼上，平静地说："对不起，下去吃点东西吧。"

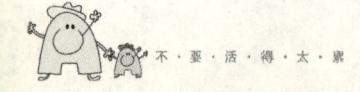

陌生男人说:"不了,不麻烦了。"

"你看,这么大的雪,你怎么走呢!"

陌生男人对窗外看看,看到前边有个小车库。就说:"哎,要是有辆车就方便多了。"

西丹妮太太一想,马上说:"我倒忘了,我丈夫有辆车,不知还能不能开。"

陌生男人一听,心里有些激动,就要往外走。

西丹妮太太叫住他:"请等等,即便不吃东西,也不能不付你出诊费的。"她说着,摸向放钱的壁柜。

陌生男人马上上前拦住她,说:"不必了,太太,我没做什么,就不收钱了。"

西丹妮太太虽然看不清男人的脸,但能觉得出他有点心虚,有点气粗。一想,又说:"那好吧,那就送你一样纪念品。"说着,打开抽屉,拿出一条红色领带。说,"这是我丈夫留下的。他让我送给帮助我们的好人。"

陌生男人舔了添干裂的嘴唇,好一会才说:"太太,你对我真的一点也不起疑心吗?"

西丹妮太太慢慢地说:"刚才的电话,是托马医生打来的。他在来我家的路上,摔伤了!"

"既然你已经知道了一切,为什么还要送给我领带?"

"从你对孩子的举动来看,我感到你不是一个坏人。"

"我是坏人。是刚出狱的小偷。人们对我充满了厌恶和鄙视,只有你的孩子给我一次微笑,她笑得很甜,让我心里充满了爱……"

"谢谢你!我把这条领带送给一个重新做人的好人吧。"

他收下领带。马上说:"太太,你赶快把孩子裹好,我开车送你去城里。"

人与人之间只要能够互相给予温暖,给予关心,把感动传递,生活就会有完全不一样的结果。试想席丹妮太太如果没有对小偷选择善意的一面,可能结果便是很糟糕的。

生命里都会不经意地从我们身周滑过一些我们未曾注意的感动，我们可能丢失了很多获得快乐与幸福的机会。如今人们的生活水平提高许多，物质条件越来越优越，可是感动幸福却是越来越少，人与人间越发冷漠。充斥的是敌对、漠视和虚伪，在这样环境生活里，又怎能有一颗轻松温暖的心，而感动犹如一盏盏串联的灯泡，从你我做起，点亮身周的所有人，让生活充满人情味。

有一位年轻的女记者，春节随兰州铁路局局长慰问青藏铁路大沙漠地段的职工，在慰问大会上局长问养路工有什么困难没有，一位满身沙尘的养路工悄悄凑过来，在局长耳边说了几句话。

局长随即把女记者叫到外面走廊里，严肃而诚恳地求她帮一个忙。局长说："好姑娘，刚才那位养路工说想拥抱你一下，轻轻地拥抱。那养路工在最艰险的一个道班工作，每天看着火车从自己身边轰轰隆隆开过去，他只能隔着窗子，向里面望。"

女记者被感动了，一口答应了下来。她很快就细心地化了妆，穿上了最美丽的衣裳。当她站在主席台上与那位养路工紧紧地拥抱时，几乎所有在场的人都流下了眼泪，在经久不息的掌声中其他养路工又去拥抱那位勇敢而又幸福的养路工。高建群在《拥抱青藏线》中描述的这番情景，令人们深深地感动。是的，每个女人，哪怕再矫揉造作的女人，面对当时的情景，也会答应的。但，作为男人中的老人，不知为什么，在一些正当场合对人性之美心存敬畏，以致很多备尝艰辛的老者没能得到"善良"的拥抱！

佛家有句话："心善如水。"刘墉说："我们总以为世界的温暖全来自阳光，其实脚下的大地更有着令人惊异的热力。天没暖，大地先暖，所以有许多花能钻出冰雪绽放；人情不暖，内心先暖，所以我们能在尘世，做一剂清流。"

把握生命的每一次感动，为生活添加炫目的色彩。

3. 幸福就在身边

有人问，幸福是什么？现在很流行这样的回答，猫吃鱼，狗吃肉，奥特曼打小怪兽，这就是幸福。

确实，幸福本身就是很简单的事情，不要总是把幸福看做是一件遥不可及的事情，其实幸福一直都在我们的身边，只是我们很少去发现，或者把他们忽略。幸福就犹如我们的影子，它一直都是和我们形影不离，只是我们只注意到自己的本体，而没有发现紧随的幸福的影子。

那究竟什么事幸福呢？

<u>需要的时候得到的满足，就是一种幸福。</u>

有一个人，他生前善良且热心助人，所以在他死后，升上天堂，做了天使。他当了天使后，仍时常到凡间帮助人，希望感受到幸福的味道。

一日，他遇见一个农夫，农夫的样子非常困难，他向天使诉说："我家的水牛刚死了，没它帮忙犁田，那我怎能下田作业呢？"

于是天使赐他一头健壮的水牛，农夫很高兴，天使在他身上感受到幸福的味道。

又一日，他遇见一个男人，男人非常沮丧，他向天使诉说："我的钱被骗光了，没钱回乡。"

于是天使给他银两做路费，男人很高兴，天使在他身上感受到幸福的味道。

又一日，他遇见一个诗人，诗人年青、英俊、有才华且富有，妻子貌美而温柔，但他却过得不快活。

天使问他："你不快乐吗？我能帮你吗？"

诗人对天使说："我什么也有，只欠一样东西，你能够给我吗？"

天使回答说："可以。你要什么我也可以给你。"

诗人直直地望着天使："我要的是幸福。"

这下子把天使难倒了，天使想了想，说："我明白了。"

然后把诗人所拥有的都拿走。

天使拿走诗人的才华，毁去他的容貌，夺去他的财产和他妻子的性命。

天使做完这些事后，便离去了。

一个月后，天使再回到诗人的身边，

他那时饿得半死，衣衫褴褛地躺在地上挣扎。

于是，天使把他的一切还给他。

然后，又离去了。

半个月后，天使再去看看诗人。

这次，诗人搂着妻子，不住地向天使道谢。

因为他得到幸福了。

你曾觉得孤独？你尝过幸福的味道？孤寂、璀璨本就是形容词，所有的形容词都是相对的。没尝过孤寂，又怎知何谓璀璨的人生？人都很奇怪，每每要到失去，才懂得珍惜。其实，幸福早就放在你的面前。肚子饿坏的时候，有一碗热腾腾的拉面放在你眼前，幸福。累得半死的时候，扑上软软的床，也是幸福。哭得要命的时候，旁边温柔地递来一张纸巾，更是幸福。幸福本没有绝对的定义，平常一些小事也往往能撼动你的心灵。幸福与否，只在乎你的心怎么看待。

帕里斯是一名出色的大银行家，在他65岁生日的时候，亲戚朋友们从四面八方赶过来为他祝贺，就连报刊和电台的记者也对他这次生日闻风而动。因为帕里斯平时即使一个小小的举动，都有可能给金融市场带来一次震动。

生日宴会上，当帕里斯吹灭生日蜡烛，在金碧辉煌的大厅里与众多亲友举杯共庆的时候，一名记者微笑着向帕里斯提问。他说："帕里斯先生，你觉得一生最幸福的时刻是什么时候，是不是现在这一刻？"帕里斯送到嘴边的酒杯停住了，他立刻说："不，不是这样的时刻。这样的幸福我觉得很平常，我最幸福的时刻是在我13岁过圣诞节的那一刻，我这一辈子都不会忘记。"

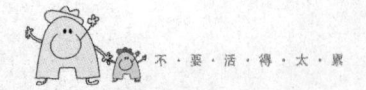

所有的人都愣住了，帕里斯说——

我小的时候，对汽水非常向往，觉得那是一种很神奇的东西，因为我看到有钱人家的小孩喝了那东西后，会站到大街上一个接一个地呕气，那长长的呕气，让我羡慕得要死，我经常想，什么时候，我也能喝上那种神奇的饮料，能站在大街上对着来来往往的行人呕气，那该是多么幸福的事情呀。

可是，我家里太穷了，穷得常常连饭都吃不上，哪还有钱买汽水呢？母亲知道我对汽水的渴望，对我许诺说，到圣诞节的时候，就给我买一瓶那种神奇的会呕气的饮料。

于是，我天天盼望着圣诞节的到来。母亲每天都忙忙碌碌的，公司一有加班的机会，她就抓住不放。

终于，圣诞的钟声敲响了。那天，在我家的饭桌上，饭菜并不比往常丰富，但是，我看到，餐桌上多了一瓶汽水。我知道，那是母亲给我的圣诞礼物。

母亲微笑地看着我，她小心地拧开瓶盖，递给了我，我幸福地喝了一口，仔细地品味着舍不得咽下——原来，这种东西是一种酸酸甜甜的感觉呀。我伸脖子，等待着呕出一口长长的气来，可等了好久，根本就呕不出气来。

母亲在一旁紧张地看着我，说："你喝得太少了，多喝一点再试试。"可是，那一瓶东西就那么多，我喝完了，母亲不是连尝尝的机会都没有了吗？我对母亲说："你也喝一口吧。"母亲说："我喝过了，真的。"我不相信地看着母亲，然而，她一口也不肯喝。

为了能幸福地呕出那长长的气来，我每喝几口，都要等待一会儿，可是，直到我把那瓶酸酸甜甜的东西喝了个底朝天，我也没能呕出那幸福的气来。我疑惑地看着母亲，母亲也慌了，她说：怎么会这样呢，经理说那东西就是这个味道的。我看看那瓶子上的字，不错，就是我见过的那种能呕气的饮料瓶子呀。就在这个时候，母亲突然抱着我哭了起来，她说："儿子，妈妈骗了你，那里面的东西，是妈妈自己制作的呀。"

原来，老板承诺圣诞节会发给妈妈加班的薪水。可圣诞节到来的时候，老板对母亲说，公司亏本，他根本没有钱再给妈妈发薪水

了，也许，过了圣诞节，他的公司就会倒闭了。听了老板的话，无可奈何的母亲充满了惆怅。她突然问老板，汽水是什么味道。老板奇怪地看着母亲，耸耸肩说："你问这个干什么？那是一种酸酸甜甜的东西，就像是糖和醋同时放到水里混合在一起的味道。"母亲指着老板桌子上的空汽水瓶说："这个，可以给我吗？"

那天晚上，母亲用这个空汽水瓶子装上糖、醋和水。她尝了一小口，那种酸酸甜甜的味道很好喝。她想，也许，那种会呕气的饮料，就是用这些东西做成的吧。

听完母亲的话，我的眼里闪出泪花。我使劲地伸长脖子，咽下一口气又一口气，然后，真的呕出了一口长长的气来。我装作惊喜地对母亲说："妈妈，那些东西在我胃里面沉淀后，终于呕出气来了。你给我制作的这种酸酸甜甜的饮料，也会呕气呀。"

母亲的脸上挂着泪水，她说："是真的吗？帕里斯。"我说："是的，妈妈。"母亲说："儿子，我知道，你想呕气就能呕出来的呀。"母亲紧紧地把我搂在了怀里。

所以，我现在最喜欢喝的饮料，就是自己调配的糖醋水，里面充满着浓浓的亲情。

帕里斯的故事讲完了，金碧辉煌的大厅里静得能听见一根针掉下地的声音，许多人的眼里也和帕里斯一样噙着泪花。帕里斯端着酒杯对那名记者说："年轻人，我以我65年的人生经验告诉你，生命的幸福不在于环境、地位、财富和他所能享受到的物质。贫困的岁月里，人也能感受到幸福，也许，那种幸福还会让你的记忆更深刻。就像我喝的那瓶糖醋水，那里面的幸福就犹如家中一面镜子，一直在我的身边伴随我的生活。"

如果能以一个正确的心态看待生活，那么幸福就时刻地伴随在我们的身边。幸福是内心的一种满足感，它与金钱和地位都是无关的，它是纯净的内心感受，无法用一切物质来衡量。

幸福一直都在我们生活中，只是人们太注重形式化的生活，而忽略了幸福的真谛。只要拥有一个好的心态，哪怕是日常生活中的小事，你都会觉得满足和幸福。

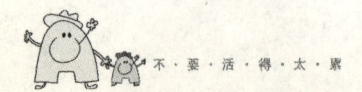

4. 打开心灵的枷锁

一个人的快乐来自于心灵，只有心灵是自由的，是没有束缚的心灵才能够快乐。世界上最令人恐惧和害怕的监狱不是金属和栅栏，那样的监狱最多可以折磨人的肉体，而一个人的心灵如果架上枷锁，则是不会有自由的时候，心灵不会有轻松的时刻。上了枷锁的心灵便是给自己的快乐突然判了一道无期徒刑。

我在一本杂志上看到过这样一个故事：曾经有一位撑杆跳的选手，他一直苦练却无法越过某一个高度，于是失望地对教练说："我实在是跳不过去。"教练问："你心里在想什么？"选手说："我一冲到起跑线时，看到那高度，就觉得自己跳不过去。"教练告诉他："你一定可以跳过去，先让你的心从竿上跃过去，那你的身子也会跟着过去的。"于是，选手撑起竿又跳了一次，果然越过。其实，只要打开心中的枷锁，便可以排除困难，完成自己的心愿。

心理上的枷锁往往会加重自身的负担，甚至有时会把自己压得喘不过气来，只有把它们卸下来，才能一身轻松地去奋斗，向着自己的目标勇往直前。

美国某大学的科研人员进行过一项有趣的心理学实验，名曰"伤痕实验"。他们向参与其中的志愿者宣称，该实验旨在观察人们对身体有缺陷的陌生人作何反应，尤其是面部有伤痕的人。

每位志愿者被单独安排在没有镜子的小房间里，由好莱坞的专业化妆师在其左脸做出一道血肉模糊、触目惊心的伤痕。志愿者被允许用一面小镜子照照化妆的效果后，镜子就被拿走了。

尤为关键的是最后一个步骤，化妆师表示需要在伤痕表面再涂一层粉末，以防止它被误擦掉。实际上，化妆师用纸巾偷偷抹掉了化妆的痕迹。

对此毫不知情的志愿者们被派往各医院的候诊室，他们的任务就是观察人们对其面部伤痕的反应。

规定的时间到了，返回的志愿者们竟无一例外地叙述了相同的感受——人们对他们比以往更加粗鲁无理、不友好，而且总是盯着他们的脸看！

毫无疑问，他们的脸上什么也没有，是不健康的自我认知影响了他们的判断。

与脸上的伤痕相比，一个人心灵的伤痕虽然隐蔽得多，但同样会通过自己的言行显现出来。如果我们自认为有缺陷、不可爱、没有价值，这样就会给自己的心灵架上一个枷锁，也往往会以同样的怀疑、缺乏爱心、令人气馁的态度对待别人，从而很难建立起互信互利的人际关系。

人的心灵犹如飞舞的小精灵，如果你自己给它以束缚，那它也会将所有的负面情绪带给你。只有勇于去发现和打破，才能获得心灵的自由。

德国有家马戏团做过一个关于跳蚤的实验，跳蚤之所以叫跳蚤，因为它前进时不是走，而是跳，并且一跳可以跳到身体的近百倍高度。但德国柏林马戏团里的跳蚤却是用走前进的，甚至会表演拉车的特技（当然，观众要用放大镜来观赏）。为什么会有这种怪事呢？原来是马戏团的驯养师对跳蚤施以特殊的驯养。首先，驯养师将跳蚤放在玻璃瓶内，玻璃瓶盖的高度比跳蚤跳跃的高度低，跳蚤一跳，头就碰到玻璃瓶盖，它慢慢地就不敢再跳那么高；然后，驯养师逐步降低玻璃瓶盖的高度，跳蚤怕痛，只好越跳越低；到最后，跳蚤在盖子压顶下，就不敢再跳而只能用走了。经过这种特殊的驯养，跳蚤彻底失去了与生俱来的跳跃能力。

教练法则：人跟跳蚤不同的地方是，跳蚤一旦被驯养，就很难恢复跳跃的能力，但人类会反省。要想挣脱牢笼、跳出框框，必须先知道自己的头脑被监禁。只有挣脱无形的牢笼，才能释放我们被监禁的创造力，我们应该学会跳出心灵的牢笼。

世间最可怕的监狱与枷锁都是无形的，用沉重的金属炼就的枷锁会折磨一个人的躯体疼痛不堪，而用无尽的怨气铸就的枷锁则会深深地套牢一个人的心灵。

当你终日耿耿于怀于那些给你带来不堪回首往事的人，并为此彻夜难眠

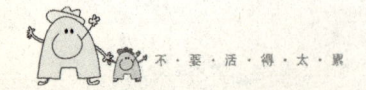

时，你便不自觉地给自己的心灵套上了一块沉重的枷锁。而能帮你开启这块无形枷锁的人又会是谁呢？

据说有这样一个故事：二战结束刚刚结束时，有一排士兵迟缓地走在莫斯科的一条大道上，他们即将以俘虏身份接受审判。大道两侧挤满了满目怒色的苏联百姓，他们当中的一个苏联老妇却挣扎着从愤怒的人群中冲进了战俘里面，硬是将几个鸡蛋塞进了一个年轻的、头缠绷带的德兵衣袋……，老妇的异常举动只是因为"他的样子让我想到了在前线作战受了重伤的儿子"。

老妇的行为感动了在场百姓，消除了他们心头的怨恨，于是纷纷散开了紧攥的拳头，学着老妇人回家将鸡蛋、水果等带来争着分给了这些曾让他们恨之入骨的敌人。所有的德兵顷刻间被感动地泪流满面。所有的心灵都需要爱的关怀，而我们只要打开被愤怒和怨恨构造的心灵枷锁才可以坦然面对这些，才能够让他人让自己获得应有的快乐。

有一位大师与弟子们行吟江边，大师问他们："假如有一只乌鸦飞经你家庭院，被你家中你心爱的一个美丽池塘所吸引，由于过分迷恋，而忘了飞翔，一不小心跌进了池塘，弄脏了池水，把一池清水染成了墨黑色，这时你会怎么样呢？"几乎所有的弟子都借用佛家所谓"善有善报，恶有恶报"之类的观点表示要惩罚这只做了错事的乌鸦。只有一个弟子说："我会立即想办法，从水中打捞起这只乌鸦，在阳光下凉干它的羽毛，然后将它放飞蓝天。"只有这个回答得到了大师的首肯赞许。

大师明白，<u>一个心中时常堆积着怨气的人是永远不会快乐的</u>。只有懂得用心中博爱的细水去浇灭那些仇恨的火焰的人，才能彻悟到人生的真谛，并最终获得身心的自由。

打开心灵的枷锁，让生活更加充满阳光，让自己的心灵自由呼吸。给自己插上翅膀，飞跃心灵最困苦的高山，寻找那片内心世界的沃土，用心收获快乐。

5. 活着便是一种幸福

世界上没有比活着是更幸运的事。只有明白活着很重要，才能够懂得生活的真谛，去更热爱生活，热爱身边的一切，热爱自己所拥有的一切，找到真正属于自己的幸福。

有一位哲学家不小心掉进了水里，被救上岸后，他说出的第一句话是：呼吸是一件多么幸福的事。

空气，我们看不到，也很少人想看到。但失去了它，你才发现，我们不能没有它。后来，那位哲学家活了整整100岁。临终前，他微笑着宁静地重复那句话：呼吸是一件幸福的事。换句话说，活着是一件幸福的事。人能活在世上就是一件很幸福的事情，不论你拥有多少财富，还是有多高的权势，化为尘土后也不能够带走。我们只能享受现在的生活，享受我们所有的幸福。

有这么一个故事。

有个年轻人，近来很烦，常躲在酒吧里喝闷酒。一位调酒师小心地问他："先生有什么困难？说说看，也许我能帮上忙。"

那个年轻人喝尽了最后一口酒，冷冷地看了调酒师一眼："我的问题太多了，没有人能为我解决，而且简单解释不了。"

调酒师微笑着说："我在这里工作已10年了，15岁就出来打天下，我也有过你这种感觉，后来一位高人指点过我，明天，我带你去一个地方，他曾带我去过那儿……"

第二天下午，他们如约出发了。

那地方原来是座陵园。

调酒师指着一坟墓说："躺在这里是没有问题的，不管你的问题有多少，只要能活下去，就有解决问题的希望。"

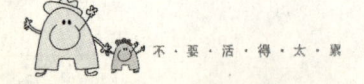

而所谓的"高人",就是他所在酒吧的老板。"高人"曾自杀过,在与死神握手时,他觉悟了,死都不怕还怕活吗?他有一句名言:只有活着,才有资格拥有幸福。

年轻人很客气地回应说,这些道理他也懂,但就是无法摆脱烦恼。调酒师说,你的烦恼是因为你没有意识到,你能活着是多么值得开心的事情。

年轻人笑了,从那以后便努力地生活好每一天。

生命本就是如此,只要活着就可以去创造一切。活着就意味着一切都是未知数,你心中任何的设想都可能会实现。生活的琐碎会给我们带来烦恼,但这些烦恼并不是生活的全部,我们可以用活着的时间去解决这些烦恼。失意时,只要提醒自己,我还活着,我还有大把的机会,我们早晚会走出失败的泥坑。不论生活如何,活着都是最重要的。

一位成功的人去世了,朋友们都来参加他的追悼会。昔日前呼后拥、香车宝马的他躺在骨灰盒里,万贯家财不再属于他,豪华的别墅也不再属于他,现在,他所拥有的只是一个骨灰盒大小的空间。

追悼会后照例是个小型的答谢酒会,朋友们几乎是不约而同地叹息,似乎每一个人都看破了红尘。那么聪明的一个人,那么会算计一个人,每一个人与他斗来斗去地都败下阵来,可是他斗来斗去也斗不过命。撒手人寰以后,一切都是空。

有人举杯:"趁现在好好活着吧,活着就是幸福。"

是啊,有时我们不禁想,我们活着究竟是为什么呢?都是短短的几十年的时间。我们可以选择职业、选择机会、选择爱人,我们可以选择的事情太多了;我们也可以放弃、可以把握、可以拥有,我们可以控制的东西其实也很多很多。

可是我们独独对死亡无能为力,无法把握与控制,无法挥去、遣散。它没有时间,没有地点,随时都可以来临,我们只能看着它慢慢地带走我们所有的一切,我们恐惧也无济于事,我们的呐喊与哀求都永远得不到结果。死亡很残酷,从不讲平等,也从没有怜悯。我们对死亡无可奈何,我们最终都只会化做一团烟雾。

我们的生命如此的短促,生不带来,死不带走的那些什么名誉、地位、金钱、那费力伤神得到的一切,究竟有没有价值?那些流言蜚语,能够伤害我们到什么程度?难道比死亡还叫人畏惧吗?它们在死神的面前都是那么的虚幻无影。

能够活在这个世上,其实就是一种幸福,不是吗?能够看到阳光、蓝天、白云,能够去感觉、去感受,说真的就是一种幸福,不是吗?我们又何苦不去珍惜呢?倒不如利用我们现有的时间,每一分、每一秒地去享受生活带给我们的惬意,空气赋予我们的活力,快乐带给我们的向往。

有一颗平常心、知足心,就可以淡化恐惧,享受美好!其实,活着,真的就是一种幸福。

6. 我们都是幸运的

很多人认为自己是倒霉的,买彩票从没有中过奖,公司升迁怎么都轮不到自己,或是就认为自己的生活里处处是不顺利,没有一件可以开心的幸运的事情,很多人都认为幸运离自己是很遥远的。

其实,我们每个人都是幸运的,只是我们未曾理解怎样才是幸运,幸运的定义是什么?幸运并不是一定要他人说,幸运不是万中无一。幸运只是自己真正明白自己所拥有的。

有这么一个故事,考特公司的年庆活动中有一个传统的抽奖游戏,叫"幸运波多黎各"。参与活动的员工,每人拿出十美元作为奖金,并把自己的名字写在小纸条上放进一个空玻璃缸里,再由嘉宾从里面摸出一个幸运者的名字,被抽中的人就可以用这笔奖金在波多黎各享受两周的假期。

今年的庆祝会如期举行,唯一不同的是,今天也是看门人维利·琼斯退休的日子,他已经在公司当了四十多年的门卫了。他患

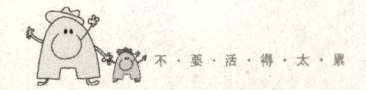

有小儿麻痹症,但性格很开朗。上下班的时候,人们都能看见老维利在轮椅上微笑招手。想到这次将是维利最后一次参加新年庆祝会,大家心里不免有些失落。

庆祝会快结束的时候,主持人让迈克上台负责摸纸条。迈克把手伸进玻璃缸,在一堆小纸团中间摸索了半天。因为在刚才写纸条的时候,他没有写自己的名字,而是写上了"维利·琼斯",希望能给这个可爱的老人多一份机会。最后,迈克拣出一个跟他的纸团手感最接近的纸团递给主持人。主持人展开纸条,大声念出上面的名字:"维利·琼斯!"

迈克简直不相信自己的耳朵,没想到摸到的果真是自己的纸条,实在太幸运了。这时台下也一片欢呼雀跃,全体员工都拥向维利,大声祝贺他,跟他握手拥抱。每个人都异常兴奋,比他们自己中了奖还高兴。迈克突然意识到了什么,把手再次伸进玻璃缸,悄悄抓出四五个小纸团,展开以后,发现每张纸条上都有不同的笔迹,但却写着同一个名字——"维利·琼斯"。

迈克终于明白大家为什么这么开心,每个人都以为自己的纸条被抽中了。得到免费旅游固然值得高兴,但能送给维利一个惊喜更令人激动。

故事里,迈克是幸运的,同样,他的那些同事们也是幸运的。维利·琼斯是一个残疾人,上天待他党不公平的,也是他自己的不幸。但在他工作的最后的时间,他收获的是别人对他最真挚的关心。而他的同事们都不约而同关心维利·琼斯,为他的获奖去真正的高兴,这也是他们的幸运,因为他们拥有一群最真挚的同事和朋友。

我们都是幸运的,只是幸运的角度不同。任何时候我们都应该相信自己是幸运的,上天没有不公平,幸运一直都在我们的身边。只是我们未曾发现。

幸运之神每天早上出来散步,路过公园时他发现有个衣着破旧的年轻人坐在公园的长凳上死死盯着对面的酒店,一连多天都是这样。幸运之神于是化为一位老者,走到年轻人面前问道:"请原谅,

我很想知道你为什么每天早上都盯着那家酒店看，是不是很想住进去啊？"

"当然"，年轻人说，"可是我没钱，也无家可归，现在是萧条时期，像我这样的人工作都找不到，每天只能在公园里睡长凳。不过每天晚上我都梦到我住在那家酒店里。"

幸运之神微微一笑，"今天我就让你得偿所愿，那家酒店最好的房间我已包下一整年，最近我要去欧洲旅行，我可以让你住进去一个月，费用全包了。"

两个星期之后，幸运之神想看看年轻人是否觉得满意，因为他最喜欢看到人们在幸运中获得快乐。可是，他发现年轻人已经搬出了酒店，又回到公园的长凳上了。

幸运之神又化为那个老者，来到年轻人面前，有点愠怒地问他，"怎么，酒店里服务不好吗？"

年轻人回答道："哎，多谢您的好意啊。但您有所不知，我睡在公园里，每天都能梦见睡在豪华酒店，那种感觉真是妙不可言；可是我睡在酒店里，老是梦见自己又回到冰冷的长凳上，这梦真是可怕极了，我几次从恶梦中惊醒。我想还是回到这里睡得舒服。"

有时候生活给了我们想要的，并不能使我们幸福。为什么呢？是不是得不到的才是最好的？抢着吃才吃得香？

<u>此时此刻的我们就是最幸运的，没有必要去羡慕别人。</u>

7. 上帝是公平的

一个青年人非常的不幸。10岁时母亲害病去世，他不得不学会洗衣做饭，照顾自己，因为他的父亲是位长途汽车司机，很少在家。

7年后，他的父亲又死于车祸，他必须学会谋生，养活自己，

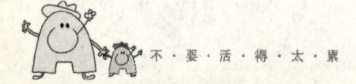

他再没有人可以依靠。

　　20岁时他在一次工程事故中失去了左腿,他不得不学会应付随之而来的不便,他学会了用拐杖行走,倔强的他从不轻易请求别人的帮助。最后他拿出所有的积蓄办了一个养鱼场。然而,一场突如其来的洪水将他的劳动和希望毫不留情地一扫而光。

　　他终于忍无可忍了,他找到了上帝,愤怒地责问上帝:"你为什么对我这样不公平?"

　　上帝反问他:"你为什么说我对你不公平?"

　　他把他的不幸讲给了上帝。

　　"噢!是这样,的确有些凄惨,可为什么你还要活下去呢?"

　　年轻人被激怒了:"我不会死的,我经历了这么多不幸的事,没有什么能让我感到害怕。终有一天我会创造出幸福的!"

　　上帝笑了,他打开地狱之门,指着一个鬼魂给他看,说:"那个人生前比你幸运得多,他几乎是一路顺风走到生命的终点,只是最后一次和你一样,在同一场洪水中失去了他所有的财富。不同的是他自杀了,而你却坚强地活着……"

上帝总是公平的,一个人在为自己的经历或者生活不满不甘的时候,请回头看看自己所得到的吧! 上帝关上门,总会给你留下一扇窗,在生活中,我们应该善于去发现那扇窗,而不是终日抱怨命运的不公,我们应该想着自己是幸运的,至少上帝还给我们留下了一扇窗。

　　有这么一个小故事,在天堂里,一位果农遇到了牛顿。他愤愤不平地对牛顿诉苦道:"我每天都辛苦地耕耘着果园,无数次见苹果落地,却怎么也发现不了万有引力定律。现在到了天堂,也还是一个默默无闻的果农。而你仅躺在苹果树下睡了一觉,上帝就赐予你一个万能的苹果,让你在瞬间就发现了万有引力定律,让你成了一位举世闻名的名人,上帝真是太不公平了。"

　　牛顿笑着回答道:"你每天辛苦地耕耘着果园,想的是如何收获更多的果实,所以得到了收获果实的喜悦;而我每天想的是如何解开万有引力之谜,所以得出了万有引力定律。其实上帝对每个人

都是公平的，你一门心思想着什么，他就让你得到什么样的结果。"

很多时候便是如此，我们总是紧紧地抓住那些自认为不公平的地方死死不放，逢人便用这些理由来掩盖自己的失败或者无能。有多少人就在自己的手中把机会给丢失了，命运并没有什么不公的，只是在于你有没有抓住，怨天尤人的同时也应该好好的审视自己。

有本叫做《庞城末日》的书里面有这样一个情节。

意大利古城庞培城里有位卖花女叫做倪娣雅。她虽双目失明，但并不自怨自艾，也没有垂头丧气把自己关在家里，而是像常人一样靠劳动自食其力。

不久，维苏威大火山爆发，庞培城面临一次大地震，整座城市被笼罩在浓烟和尘埃中，昏暗如无星的午夜，漆黑一片。惊慌失措的居民跌来碰去寻找出路却无法找到。但倪娣雅本来看不见，这些年又走街串巷在城里卖花，她的不幸这时反而成了她的大幸，她靠着自己的触觉和听觉找到了生路，而且她还救了许多人。因为她可以不用眼睛安全如常行走，她的残疾已成为她的财富。

上苍真的很公平，命运在向倪娣雅关闭一扇窗的同时，又为她打开另一扇窗。世上的任何事都是多面的，我们看到的只是其中的一个侧面，这个侧面让人痛苦，但痛苦却往往可以转化。有一个成语叫做"蚌病成珠"，这是对生活最贴切的比喻。蚌因身体上嵌入砂子，伤口的刺激使它不断分泌物质来疗伤，到了伤口复合，旧伤处就出现一颗晶莹的珍珠。哪粒珍珠不是由痛苦孕育而成？任何不幸、失败与损失，都有可能成为我们有利的因素。

放开对生活的偏见，放开对命运的指责吧。上帝一直都是公平的，我们只要把握好自己生命中的那一扇窗，幸福与成功就会属于我们。

第十卷 Chapter 10

穿越心灵低谷——领悟生活的真谛

生活的真谛就是要知道什么时候收,什么时候放,因为生活即是矛盾:一方面它鞭策我们不懈追求,另一方面又强迫我们在生命终结时放弃一切。睿智者说:『一个人来到这个世界时,他紧握双拳;离去时,却松开了双手。』明白生活的本质是快乐与幸福,热爱生活,生活充满了奇迹和美丽。不要在我们回首往事的时候才领悟这条生活的真谛…

1. 快乐是不分贫富的

什么是贫穷？也许有人认为开不上名车，没尝过鲍鱼龙虾便是贫穷。什么是富贵？拥有丰厚的物质生活，有着别人所仰视的地位。

人与人之间却是有着贫富之分，有的人很贫穷，终日苦闷忧愁，羡慕富人，认为只有那样才能够开心快乐。其实快乐是不分贫富的，富人中也有很多沮丧忧郁的，穷人你也有幸福快乐。**快乐只分懂得享受生活的和不会享受生活的，懂得享受生活的人不论贫富，都可以自己找到属于自己的快乐。**

孔子表扬学生颜回："一箪食，一瓢饮，在陋巷，人不堪其忧，回也不改其乐。"虽然生活条件很艰苦，但颜回却安贫乐道、自得其乐；孔子赞赏曾点："莫（暮）春者，春服既成，冠者五六人，童子六七人，浴乎沂，风乎舞雩，咏而归。"

我们伟大的先贤都已经很早的论及贫富与快乐没有关系，只要拥有一颗懂得欣赏生活的闪光点，明白为什么而活的心，那么快乐就不难寻找，每一个人不论贫富，在生活里都可以找到足够自己快乐的事情。这些都是基于一个人对生活的态度。相反，如果因为贫困而苦闷忧愁的话，你不但不会快乐，还失去最重要的获得快乐的财富。

有两个人，一个极富，一个极贫。富的是有名的房地产老总，开着价值300万元的车，喜欢摄影，还读了MBA。

穷的是蹬人力三轮车的，天天守在超市边，拉几个零活，一天下来，好的话能挣20元，坏的话就几元钱，住在城市边缘的窝棚里。

富的人虽然富，可也活得潇洒。他说，钱，是挣了用来显示自己的能力的，除此之外，还有多大作用？他建了好多希望小学，带着太太去欧洲旅游，不像别的有钱人那么忙得脚不沾地。读MBA时，教授说做个实验就知道大家谁会经营自己的企业。所有人的手机全放到前面去，必须开机。都是老总级的人物，自然生意是忙

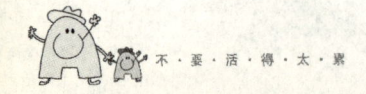

的，所有人的手机都响个不停，只有他的手机是沉默的。教授说。这个男人才是最会生活也最会经营自己企业的人，他懂得放手，懂得让自己有私人空间。

他笑了，他说："我告诉自己的副总了：只有公司发生两件大事可以给我打电话，一是公司里着了大火，二是公司出了重大事故死了人。其他的，可以自己处理。"因为他已经把基础打好了。

他说自己计划 45 岁退休，然后去各地拍片子，自己花钱出版，不为别的，因为那是他年轻时的一个梦。

而穷人的幸福并不比他少。虽然挣的钱少，回到家，老伴会问寒问暖。老伴会唱戏，他便学会了拉二胡，吃过饭后一定要唱一段。他也知足，虽然穷是穷了点，可有老伴的爱，有那喜欢的京剧唱，他也知足了。老伴没有去过北京，他就骑三轮车拉着她去，一边走一边唱。有电视台拍下他们，说他们是流浪的大篷车，他笑笑说，就是图个乐。

富人与穷人的快乐有什么区别？如果用钱来衡量，区别很大，富人可以用钱买来很多物质，穷人不能。如果用精神来衡量，那几乎是一样的，他们感受到的快乐，谁也不比谁少多少。

他们同样拥有快乐，在物质上却是截然不同的，这一切都说明快乐本身是不分贫富的。

相信大家都听过这个故事：

从前，海边有一个渔夫，他每天上午会在海边和朋友聊天、打渔，中午回家吃饭，下午和老婆睡个午觉，晒晒太阳，在咖啡店来一杯咖啡，傍晚孩子放学回来，全家享受天伦之乐，他很满意他的生活。

直到有一天，他的生活因为一个陌生人而打乱了。

那天，有位富有的商人来到了海边，看到他打渔打得很起劲儿，跟他聊了起来，并且给了他一些人生的"教导"。

富商说："你以后不仅早上要打渔，下午也要打渔。"

"为什么？"渔夫问。"因为这样可以多赚钱。"

"然后呢?""赚够了钱,你就可以买条船,雇用一些人来帮你干活。"

"然后呢?""然后你就可以有很多渔货,卖到各地去,赚更多钱。"

"然后呢?""然后你就可以买船队,到真正的海洋上去打渔,再赚更多的钱。"

"然后呢?"渔夫搔搔脑袋。

那个富商说,然后你就可以退休,在家里每天过得轻松愉快,高兴打渔的时候就打渔,下午你就可以喝喝咖啡,和老婆孩子快乐生活啦!

渔夫微笑着说:"那样的生活和现在的生活有什么不同呢?这就是我现在的生活啊!"

我们的一生都在追寻快乐,这种追求也贯穿我们一生。然而快乐的源泉究竟在哪里,却并不是每个人都可以找到的。

在生活里,当我们没有房子的时候,我们就会想到,要是能有一间房子该多好啊!哪怕是一间很小的平房。然而,当我们终于住进小房子的时候,就会又想到,这房子太小了,连一套家具都摆不下。有了大房子又会想到,住别墅多好,地方更大,还是独立的,还有自己的草坪。

人为什么会不快乐,就是因为总是把目光放到更长远的名利上,为实现这些,拼命地去努力,却忽略了在追求这些东西的时候,自己是否收获了快乐,在获得这些东西的时候与从前相比,是不是拥有了更多的快乐。这样不断追求的生活会过得很辛苦,快乐也不是用这些物质可以衡量的。只要有一颗积极客观的心态,就是苦日子也是甜的。

其实,快乐是朴实的,他并没有区分贫富。快乐也是公平的,任何人都可以享受。快乐也不一定是物质的,它也不是量化的。快乐存在于生活中的每时每刻,要获得它并不困难,只需要有一颗懂得发现、懂得欣赏的心,充满对生活热情而又安宁的心。

2. 学会自己找乐子

有的人总是很忧愁，因为他们总想着过去的悲伤，有的人总是很伤感，因为他们总是很担心将来会有什么变故，有的人很忧郁，因为总是觉得自己现在的生活很不顺心。

而有的人却是很快乐，心境犹如春天一般充满勃勃的生机与明媚。生活本就如此，可能并不能给你带来快乐，很多时候都靠我们自己去寻找。不论何时，都去给自己找乐子，让自己的生活变得有情趣，可以贫困，但并不会潦倒，自己添加快乐的清香剂，让它充斥在生活的每一个角落。

生命的河流当中，我们所乘的方舟总会有在拐弯的浅滩处搁浅的时候，这时候我们就需要一颗乐观豁达的心态，努力去自己寻找浅滩上的美丽景色，让人生在搁浅的时候也不缺乏乐趣。

苏轼被贬黄州的时候，有著名的《猪肉颂》打油诗："黄州好猪肉，价钱等粪土。富者不肯吃，贫者不解煮。慢著火，少著水，火候足时它自美。每日起来打一碗，饱得自家君莫管。"这里的"慢著火，少著水，火候足时它自美"，就是著名的东坡肉烹调法了。苏东坡后来任杭州太守，修苏堤，兴水利，深受百姓爱戴。而这"东坡肉"也跟着沾光，名噪杭州，成了当地的一道名菜了。苏东坡在官位前途都受到打击的时候，并没有颓废萎靡，让自己变得消沉下去。而是努力地积极地生活，去自己选择有情趣的生活，哪怕是那时候被有地位的人所不屑的猪肉，都吃出了自己的情调和名气。苏东坡后来流传下来众多脍炙人口的诗句，多是豁达豪迈的诗词，这也跟他的生活态度有关。只要有一颗能去自我寻找生活亮点的心灵，就算是苦日子也会变得甜。

有一位诗人。他写了不少的诗，也有了一定的名气，可是，他还有相当一部分诗却没有发表出来，也无人欣赏。为此，诗人很苦恼。

诗人有位朋友，是位禅师。这天，诗人向禅师说了自己的苦

恼。禅师笑了，指着窗外一株茂盛的植物说："你看，那是什么花？"诗人看了一眼植物说："夜来香。"禅师说："对，这夜来香只在夜晚开放，所以大家才叫它夜来香。那你知道，夜来香为什么不在白天开花，而在夜晚开花呢？"诗人看了看禅师，摇了摇头。

禅师笑着说："夜晚开花，并无人注意，它开花，只为了取悦自己！"诗人吃了一惊："取悦自己？"禅师笑道："白天开放的花，都是为了引人注目，得到他人的赞赏。而这夜来香，在无人欣赏的情况下，依然开放自己，芳香自己，它只是为了让自己快乐。一个人，难道还不如一种植物？"

禅师看了看诗人，又说："许多人，总是把自己快乐的钥匙交给别人，自己所做的一切，都是在做给别人看，让别人来赞赏，仿佛只有这样才能快乐起来。其实，许多时候，我们应该为自己做事。"诗人笑了，他说："我懂了。一个人，不是活给别人看的，而是为自己而活，要做一个有意义的自己。"

禅师笑着点了点头，又说："一个人，只有取悦自己，才能不放弃自己；只要取悦了自己，也就提升了自己；只要取悦了自己，才能影响他人。要知道，夜来香夜晚开放，可我们许多人，却都是枕着它的芳香入梦的啊。"

就如禅师所说的，我们活着并不是总为别人，为一些莫须有的东西活着。<u>一个人活在世上就应该懂得取悦自己。</u>

生活的情调要靠自己去创造，与其苦苦地抱怨现实，倒不如主动地创造生活中的美好，给自己找一些乐子，让自己的生活更加充实。

快乐不仅仅是一种情绪，也是一种心境，是一个人的内心的最强大力量，我们应该让这股力量爆发出来。用这最纯净的心灵力量洗涤被尘世渲染疲惫的心灵，这种力量很多时候可以创造生命的奇迹，会给你带来许多意想不到的变化，会让你的生命变得更加精彩起来。

我有一个朋友，刚刚参加工作，朋友不勉有些紧张，很怕看那一张张面无表情的脸。有一位30岁左右的女同事很快引起了朋友的注意，因为，她是这里第一个对着朋友微笑的人。看到她那张清

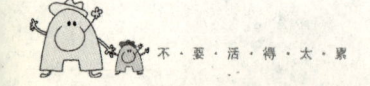

秀的挂着微笑的脸，朋友的心情就格外的好。

慢慢地我朋友发现，她有一面精致的小镜子，每当午休时，她都拿出来照一照。她会独自一个人对着镜子微笑。有一次，朋友忍不住问她："你为什么看起来总是很开心？"她听了朋友的话微笑了一下，给朋友讲了一个她自己的故事。

三年前，她得了乳腺癌，做过切除手术后，丈夫就和她离婚了。望着只有5岁的女儿，她泪流不止。在她最需要关怀的时候，她的丈夫抛弃了她。她以泪洗面地度过了很长一段日子，感觉天空都是灰色的……

有一天，她站在镜子前，看到镜子里映出了一张陌生的脸，那张脸苍白得没有一丝血色，显得呆板、苍老而又茫然。她吓了一跳，这哪里是自己那张年轻、俊美的脸啊！她努力冲镜子笑了一下，那张脸明显有了一丝生机；她又笑了笑，那张脸有了神采，变得美丽起来。她的心情也随之振奋了一下。"难道我就这么忧怨地过下去吗？"她对自己说，"绝不！无论发生什么事情，我都要坚强、快乐地去生活。"她痛下了决心。

此后，她常常对镜子中的人笑，那人也就对她笑。她用业余时间搞文学创作，发表了许多文学作品，也收到大量的读者来信，她活得很充实。她的工作做得也非常出色，每年的年终都能拿到很多奖金。她和周围的人相处得很好，因为她常常对人们友善地微笑，人们也同样回报她以微笑。

在这个世界上，只有快乐者可以更好的生存。在他们的世界里，不论是阴云密布，还是阳光明媚，生活的每一天都是快乐，每一天都给自己充分快乐的理由。他们会让生活变得更有趣味，给身边的人也同样带来乐趣，快乐者生活是永远健康富足的，永远充满欢声笑语的，他们擅长给自己制造快乐，我们为何又不能呢？

取悦自己，为生活找乐趣也是一种习惯，我们都应该去养成，没有快乐，生活会像秋天里干瘪的树叶，而不停地发现快乐，制造快乐，你的生活便犹如苦咖啡中加入了最甜的糖。

3. 宠辱不惊，处之泰然

季羡林先生长年任教北京大学，在语言学、文化学、历史学、佛学、印度学和比较文学等方面都有很深的造诣，研究翻译了梵文著作和德、英等国的多部经典，其著作已汇编成 24 卷的《季羡林文集》。即使身居病房，每天还坚持读书写作。

季羡林先生为人所敬仰，不仅因为他的学识，还因为他的品格。他说：即使在最困难的时候，也没有丢掉自己的良知。他在"文革"期间（1996—1976 年）偷偷地翻译印度史诗《罗摩衍那》，1992 年又完成了《牛棚杂忆》一书，凝结了很多人性的思考。他的书，不仅是个人一生的写照，也是近百年来中国知识分子历程的反映。

林肯是美国最伟大的总统之一，但他更是一个从种种不幸、失败中走出来的坚强的人。如果不是因为具有那种面对苦难，坚强以对的精神，他就不会在经历了如此多的打击之后，还能进驻白宫。

1816 年，家人被赶出了居住的地方，他必须出去工作，以抚养他们。那一年他还不到 10 岁。

1818 年，母亲去世。1831 年，经商失败。

1832 年，竞选州议员，但落选了。那一年，他的工作也丢了，想就读法学院，但又进不去。

1833 年，他向朋友借了一些钱，再次经商，但年底就破产了。接下来他花了 16 年的时间，才把欠债还清。

1834 年，再次竞选州议员，这次命运垂青了他，他赢了！

1835 年，订婚后即将结婚时，未婚妻却死了，因此他的心也碎了。

1836 年，精神完全崩溃的他，卧病在床 6 个月。

1838 年，争取成为州议员的发言人，但没有成功。

1840 年，争取成为选举人，但失败了。

1843 年，参加国会大选，但落选了。

1846 年，再次参加国会大选，命运第二次垂青了他，他当选了！而且前

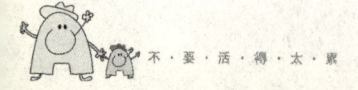

往华盛顿特区，表现也可圈可点。

1848年，寻求国会议员连任，但失败了。

1849年，他想在自己的州内担任土地局长的工作，但被拒绝了。

1854年，竞选美国参议员，但落选了。

1856年，在共和党的全国代表大会上争取副总统的提名，但得票不到100张。

1858年，再度竞选美国参议员，再度落败。

1860年，当选美国总统。

有人曾为林肯做过统计，说他一生只成功过3次，但失败过35次，不过第3次成功使他当上了美国总统。事实也的确如此。而最终使他得到命运的第三次垂青，或者说争取到第三次成功的，完全是他的坚强。在他竞选参议员落选的时候，他就说过："此路艰辛而泥泞，我一只脚滑了一下，另一只脚因而站不稳。但我缓口气，告诉自己，这不过是滑一跤，并不是死去而爬不起来。"

只有面对任何困难都永远坚强如林肯的人才能说出这样的豪言；也只有面对任何困难都坚强如林肯的人，才能像林肯那样，在跌倒无数次后，登上金字塔的塔尖。

战国时期，靠近北部边城，住着一个老人，名叫塞翁。塞翁养了许多马，一天，他的马群中忽然有一匹走失了。邻居们听说这件事，跑来安慰，劝他不必太着急，年龄大了，多注意身体。塞翁见有人劝慰，笑了笑说："丢了一匹马损失不大，没准会带来什么福气呢。"

邻居听了塞翁的话，心里觉得很好笑。马丢了，明明是件坏事，他却认为也许是好事，显然是自我安慰而已。过了几天，丢失的马不仅自动返回家，还带回一匹匈奴的骏马。

邻居听说了，对塞翁的预见非常佩服，向塞翁道贺说："还是您有远见，马不仅没有丢，还带回一匹好马，真是福气呀。"塞翁听了邻人的祝贺，反而一点高兴的样子都没有，忧虑地说："白白得了一匹好马，不一定是什么福气，也许惹出什么麻烦来。"

邻居们以为他故作姿态纯属老年人的狡猾。心里明明高兴，有

意不说出来。

　　塞翁有个独生子，非常喜欢骑马。他发现带回来的那匹马身长蹄大，嘶鸣嘹亮，膘悍神骏，一看就知道是匹好马。他每天都骑马出游，心中洋洋得意。

　　一天，他高兴得有些过火，打马飞奔，一个趔趄，从马背上跌下来，摔断了腿。邻居听说，纷纷来慰问。

　　塞翁说："没什么，腿摔断了却保住性命，或许是福气呢。"邻居们觉得他又在胡言乱语。他们想不出，摔断腿会带来什么福气。不久，匈奴兵大举入侵，青年人被应征入伍，塞翁的儿子因为摔断了腿，不能去当兵。入伍的青年都战死了，唯有塞翁的儿子保全了性命。

　　在生活中，我们会面对失去，会面对失败。同样会面对得到与成功，不论是那一种情况，我们都应该保持一颗平静的心态，得取生活的真谛。坐到宠辱不惊，处之泰然。

4. 懂得幽默，让生活更精彩

　　有人说过，拥有幽默感，会让你成功的难度减少十分，而让你的生活更精彩十分。

　　一个人活在世上，如果没有幽默感的话，会让别人感觉难以接近，会丧失很多本可以得到的机会。一个人拥有幽默感，却会让原本很难得的事情变得简单，更有甚者可以带动身边人的态度和情绪，在很多的场合幽默感都起到很大作用。很多人都可以巧妙地利用幽默来实现自己的想法，用幽默将事情简单化，用幽默把生活变得更加精彩。

　　意大利文艺复兴盛期的名画家拉斐尔（1483—1520年），曾经在梵蒂冈教皇皇宫里绘制壁画。他对此项工作倾注了大量的心血，表现了极大的虔诚，他按自己对《圣经》的理解和想象，仔细地勾

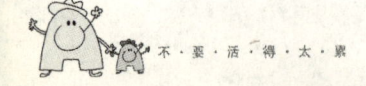

勒着每一个线条。经他手,一个个宗教人物栩栩如生地呈现在墙壁上。

有一天,两位红衣主教突然有兴致来观看拉斐尔作画。当时的拉斐尔正站在支架上,酸痛的手臂吃力地挥动着画笔。红衣主教看了一会儿,然后半开玩笑地批评拉斐尔,说他把壁画上的耶稣和圣保罗的脸都画得太红了。

说者无心,听者有意。拉斐尔停下画笔,背对着主教,用非常低沉的声音回答道:"阁下,我是故意这么画的,因为圣主在天堂里看到教堂被你们这些人管辖而感到有些羞惭。"

幽默有时候是一种最好的反击武器,当你怒气冲天地面对一件糟糕的事情时,倒不如用几句幽默的言语能得到更好的结果。

罗斯福在当选美国总统之前,家里被窃,朋友写信安慰他。
罗斯福回信说:
"谢谢你的来信,我现在心中很平静,因为:
第一、窃贼只偷走了我的财物,并没有伤害我的生命。
第二、窃贼只偷走一部分东西,而非全部。
第三、最值得庆幸的是:做贼的是他,而不是我。"

要知道幽默也是调节自身心情的一种好办法,如果罗斯福面对家里被窃,大动肝火的话,只会让自己的损失更大,更可能也会牵连到关心他的人的心情,甚至于彼此之间的关系。而他用幽默的方法,既是给自己一个好心情,也让朋友安心,试想,谁都愿意和这样的一个人交往,而不愿意和一个为一点小事就大动肝火的人深交。

美国前总统里根,在任初期,有一次被枪击中,身负重伤,子弹穿入了胸部,情况危急。
在生死攸关的时刻,里根面对赶来探视的太太所说的第一句话竟是:
"亲爱的,我忘记躲开了。"

美国民众得知总统在身受重伤时仍能保持幽默本色,康复应该指日可待。他的幽默稳定了因受伤而可能产生的动荡局势。

幽默有时候往往可以一举两得,一件坏事情换上一个幽默的处理方法,或许会给你带来更多的意想不到的收获。

英国首相威尔逊,在一次演讲中,在刚刚进行到一半时,台下突然有个捣蛋分子高声打断了他:"狗屁!垃圾!"

威尔逊虽然受到了干扰,但他情急生智,不慌不忙地说:"这位先生,请稍安勿躁,我马上就会讲到你所提出的关于环保的问题。"

全场人不禁为他的机智的反应鼓掌喝彩。

还有另外一个故事。一次,英国首相丘吉尔在公开场合演讲,从台下递上一张纸条,上面只写了两个字"笨蛋"。

丘吉尔知道台下有反对他的人等着看他出丑,便神色从容地对大家说:

"刚才我收到一封信,可惜写信人只记得署名,忘了写内容。"

丘吉尔不但没有受到不快情绪的控制,反而用幽默将了对方一军,实在是高!

幽默带给人不光光只是开心与几声欢笑,更多的时候是带给人成功。懂得幽默的人会让不利对自己有利,能把最坏的事情向好的方向引导。幽默更多的时候,也是一个人素质与修养的体现。

有一次,萧伯纳在街上行走,被一个冒失鬼骑车撞倒在地,幸好没有大碍。肇事者急忙扶起他,连声抱歉,萧伯纳拍拍屁股诙谐地说:

"你的运气真不好,先生,如果你把我撞死了,就可以名扬四海了。"

有幽默感的人,凡事健康思考,保持正面态度,在遇到困难时,容易化

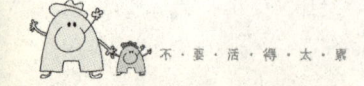

险为夷。

天才幽默大师卓别林曾被歹徒用枪指着头打劫。卓别林知道自己处于劣势，所以不做无谓抵抗，乖乖奉上钱包。

但是，他对劫匪说："这些钱不是我的，是我老板的，现在这些钱被你拿走了，老板一定认为我私吞公款。兄弟，我想和你商量一下，拜托你在我帽子上开两枪，证明我被打劫了。"

歹徒心想，有了这笔钱，这个小小要求当然可以满足了，于是便对着帽子开了两枪。

卓别林再次恳求："兄弟，可否在我衣服和裤子上再各补一枪，让我老板更深信不疑。"

头脑简单、被钱冲昏头的劫匪统统照做，6发子弹全部打光了。这时，卓别林一拳挥去，打昏了劫匪，取回钱包喜笑颜开地离去了。

朋友们，在生活中请学会幽默，摒弃愁苦的生活状态。幽默本身就是一种生活态度，它带给人健康积极的一面，带给人正面向上的一面，更带给人生活里最精彩的一面。

5. 不盲目攀比

现实生活中，很多人都爱去攀比，希望自己能在各个方面超过自己的身边的人，以期得到一种他人之上的虚荣感。在超过周围的人之后，就想超过更远的人，得到更多的第一，获得更高的赞扬。其实人的精力是有限的，没有谁可以在任何方面都去超过别人。

生活里，我们应该尽量地避免盲目的攀比，因为攀比只会给自己带来更大的压力，甚至超出自己能力范围之外，那样只会给自己带来更多的痛苦。我们应该去拥有一颗清澈的心灵，将盲目的攀比心赶出体内，做一个健康生活、健康工作的人，顺其自然，生活才会有快乐和幸福，人才会有进步和成长。

　　爱因斯坦十六岁那年，由于整天与同一群调皮贪玩的孩子在一起，致使自己几门功课都不及格。在一个周末的早晨，爱因斯坦正拿着钓鱼竿准备和那群孩子一起去钓鱼。这时，他的父亲拉住了他，心平气和地对他说："爱因斯坦，你整日贪玩且功课不及格，我和你的母亲都很为你的前途担忧。"

　　"没有什么可以担忧的，杰克和罗伯特他们也没有及格，不照样去钓鱼吗？"

　　"孩子，话可不能这么说。"父亲充满关爱地望着爱因斯坦说："在我们故乡流传着这样的一个寓言，我希望你能认真地听一听……昨天，"爱因斯坦父亲说，"我和咱们的邻居杰克大叔去清扫南边工厂的一个大烟囱。那烟囱只有踩着里边的钢筋踏梯才能上去。你杰克大叔在前面，我在后面。我们抓着扶手，一阶一阶地终于爬上去了。下来时，你杰克大叔依旧走在前面，我还是跟在他的后面。后来，钻出烟囱，我们发现了一个奇怪的事情：你杰克大叔的后背、脸上全都被烟囱里的烟灰蹭黑了，而我身上竟连一点烟灰也没有。"

　　爱因斯坦的父亲继续微笑着说："我看见你杰克大叔的模样，心想，我肯定和他一样，脸脏得像个小丑，于是我就到附近的小河里去洗了又洗。而你杰克大叔呢，他看见我钻出烟囱时干干净净的，就以为他也和我一样干净呢，于是就只草草洗了洗手就大模大样上街了。结果，街上的人都笑痛了肚子，还以为你杰克大叔是个疯子呢。"

　　爱因斯坦听罢，忍不住和父亲一起大笑起来。父亲笑完了，郑重地对他说："其实，别人谁也不能做你的镜子，只有自己才是自己的镜子。拿别人做镜子，白痴或许会把自己照成天才的。"

　　爱因斯坦听了，顿时满脸愧色。爱因斯坦从此离开了那群顽皮的孩子们。他时时用自己做镜子来审视和映照自己，终于映照出了他生命的熠熠光辉。

一个人有了正确的参照物，才会有正确的方向与行动，切忌盲目地与别人相比较。

人都是各有所长的，我们应该尽量地避免盲目攀比，为了虚荣的一味攀比，只会带来痛苦，带给人烦恼，更让人无所收获。

我们应该活得自我，而不是活在与别人的攀比中，那样的话，你永远都不会快乐。你永远都会有不如别人的地方，为了竞争去努力奋斗，是为了提升自己。但虚荣是一种很可悲的事情，不要因为虚荣去盲目攀比，我们应该脚踏实地，一步一步地走好自己的路。

6. 不苟求完美

有一个这样的笑话：一个人来到一家婚姻介绍所，进了大门后，迎面又见两扇小门，一扇写着：美丽的，另一扇写着：不太美丽的。这个人推开"美丽"的门，迎面又是两扇门，一扇写着"年轻"的，另一扇写着"不太年轻"的。他推开"年轻"的门——这样一路走下去，男人先后推开九道门，当他来到最后一道门时，门上写着一行字：您追求得过于完美了，到天上去找吧。笑话当然是笑话，但是说明一个道理：真正十全十美的人是找不到的，我们不要苟求完美，因为追求完美的过程当中，往往会让我们失去自己更多的东西。

有一个樵夫在山上砍柴时捡到了一块很大很漂亮的玉，他非常喜欢。但是，让樵夫觉得可惜的是，这块玉上面有一些小瑕疵。樵夫想，如果能把这些小瑕疵去掉的话，这块玉就完美无瑕了，到时候就非常值钱了。于是，他把玉敲掉了一个小角，但是瑕疵仍在；再去掉一角，瑕疵依然有……最后，瑕疵是被去掉了，但玉也被敲得支离破碎了。

在现实生活中就有很多这样的"樵夫"，他们过分追求完美，而其代价往往就是将稍有瑕疵的"宝玉"也追求没了。人们往往因为坚持完美而扔掉了一些他们原本可以拥有的东西，但他们是不可能拥有完美的，尽管他们还在永远找不到完美的地方到处搜寻。想追求完美无缺的事物，本是无可厚非的，然而，这种愿望一般情况下是不可能实现的，落空是必然的结局。"优点与缺点齐飞，长处共短处一色。"最完美的是最好的，但是最好的却不等于就是最完美的。"白玉无瑕"是基本不可能的，"瑕不掩瑜"才是正常的心态。

一个被劈去了一小片的圆，想要找回一个完整的自己，到处寻找自己的碎片，由于它是不完整的，滚动得非常慢，从而领略了沿途美丽的鲜花；它和虫子们聊天，感受到了阳光的温暖；它找到了许多不同的碎片，但它们都不是它原来的那一块，于是它坚持找寻……

直到有一天，它实现了自己的心愿，然而作为一个完美无缺的圆，它滚动得太快了，错过了花开的时节，也忽略了虫子。当它意识到这一切时，它毅然舍弃了历经千辛万苦才找到的碎片。

其实，很多时候失去和遗憾让我们变得完美。一个彻底完美的人，在某种意义上说，是一个值得让人同情的人，他永远无法体会有所追求、有所希冀的感觉，他永远无法体会爱他的人带给他一直求而不得的东西的喜悦。

一个有勇气放弃他无法实现的梦想的人是完整的。一个能坦然面对自己的缺陷的人是聪明，因为只有这样他才能够获得生活给予的更多东西。

生命不是上帝用来捕捉你的错误的陷井，你不会因为一个错误而成为不合格的人。生命是一场球赛，最好的球队也有丢分的记录，最差的球队也有辉煌的一天，我们的目标是尽可能让自己得到的多于失去的。

法国大思想家卢梭说过："大自然塑造了我，然后把模子打碎了。"我们人类很多时候就如此说，大自然塑造了我们，生活让我们拥有自我的一切，不论是性格、习惯还是情感。但我们却毫不留情地把自己打碎，又极力地去塑造一个完美的自己。但结局往往是连本来的自我都无法恢复，我们总是试图找出身上的瑕疵，然后便会牢牢记住，因为追求完美，这样又给自己带来更多的烦恼。

犹如你站在一面穿衣镜前，观察自己的面孔和全身，你可能喜欢某些部位，而不喜欢某些部位。有些地方可能不怎么耐看，使你感到不安，如果你看着自己不喜欢的地方，请你不要逃避，不要自卑，不要否认自己的容貌。这时候你就需要面对你不喜欢的地方，而用自己的标准来看待自己。否则你就无法自我接受，自我肯定。

生活中的琐事正如同镜子里你不喜欢的地方一样，如果你死盯着这些，那么你就无法拥有轻松而完整的生活。应当怎么办呢？你要用自己的眼光注视镜子里面的自我形象，并试着对自己说："无论我有什么缺陷，我都无条件接受，并尽可能喜欢我自己的模样。"

我们应该学会去接受自己的不足，学会去真正地面对自己，勇于揭露自己的缺陷。不要去苛求完美，因为很多东西是无法改变的，别为自己找烦恼，懂得生活与人都是无法完美的，不论是谁都会犯错。不追求完美是对自己的减负，让自己活得更轻松。

7. 苦日子里要过出甜来

生活是有苦有甜的，顺利时我们尽情品尝生活的甜果，困难时我们也应该努力地走出颓然与自弃，努力地把苦日子过甜。尽情地去咀嚼苦难的日子，犹如甘蔗一般挤尽最后的几滴甘甜的汁水。

其实生活的美好与幸福并不是在苦日子里就体会不到，每个人都有对生活的要求，对生活的心态。我们保持一颗平定淡然的心，努力在苦日子里，去寻找、去创造甜，去体味属于自己的甜。

20世纪最具影响力的英国思想家罗素，在1914年来到中国的四川。

当时正值夏天，四川的天气非常闷热，罗素和陪同他的几个人坐着那种两人抬的竹轿上峨眉山。山路非常陡峭险峻，几位轿夫累得大汗淋漓。作为思想家和文学家的罗素，此情此景使他没有心情观赏峨眉山的奇观，而是思考起几位轿夫的心情来。他想，轿夫们一定痛恨他们几位坐轿的人，这样热的天气，还要他们抬着上山，甚至他们或许正思考，为什么自己是抬轿的人而不是坐轿的人？

罗素正思考着的时候，到了山腰的一个小平台，陪同的人让轿夫停下来休息。罗素下了竹轿，认真地观察轿夫的表情，很想去宽

慰一下辛苦的轿夫们。

但是，他看到轿夫们坐在一起，拿出烟斗，有说有笑，讲着很开心的事情，丝毫没有怪怨天气和坐轿人的意思。他们还饶有趣味地给罗素讲自己家乡的笑话，还给这位大哲学家出了一道智力题："你能用11画，写出两个中国人的名字吗？"罗素承认不能。轿夫笑呵呵地说出答案："王一、王二。"罗素陡然心生一丝惭愧和自责，我凭什么去宽慰他们？我凭什么认为他们不幸福？他们的日子虽然苦，却是比大部分人都活得开心。

一个人的快乐哲学，不是因为他拥有很多，而是因为他计较的少，懂得放弃烦恼。懂得将生活中那些不快乐的因素都刨除掉，只是记住欢快的一面，让自己保持着开心。

一行人到美国观光，导游说西雅图有个很特殊的鱼市场，在那里买鱼是一种享受，同行的朋友听了都觉得好奇，使怕鱼腥味的人也很乐意在热情的掌声中一试再试，意犹未尽。

那天，天气不是很好，但市场并非鱼腥味刺鼻，迎面而来的是鱼贩们欢快的笑声，他们面带笑容，像合作无间的棒球队员，让冰冻的鱼像棒球一样，在空中飞来飞去，大家互相唱和：啊，5条鳕鱼飞往明尼苏达去了，8只螃蟹飞到堪萨斯。这是多么和谐的生活，充满乐趣和欢笑。

有人问当地的鱼贩，你们在这种环境下工作，为什么会保持愉快的心情呢？他说，事实上，几年前的这个鱼市场本来也是一个没有生气的地方，大家整天抱怨，后来，大家认为与其每天抱怨沉重的工作，不如改变工作的品质，于是他们不再抱怨生活本身，而是把卖鱼当成一种艺术，再后来，一个创意接着一个创意，一串笑声接着另一串笑声，他们成为鱼市场中的奇迹。

他说大伙练久了，人人身手不凡，可以和马戏团的演员相媲美，这种工作的气氛还影响了附近的上班族，他们经常来这里和鱼贩用餐，感染他们乐于工作的好心情，有不少没有办法提升工作士气的主管还专程跑到这里来询问，为什么一整天在这个充满鱼腥味

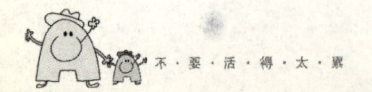

的地方做苦工，你们竟然还这样快乐，他们已经习惯了给这些不顺心的人排疑解难。

　　有时候，鱼贩们还会邀请顾客参加接鱼比赛，即进了这个鱼市场都会笑逐颜开地离开，手中还会提满了情不自禁买下的货，心里似乎也会悟出一些道理来。

　　其实生活的情调要靠自己去创造，与其苦苦抱怨现实，不如细心体会眼前实在的快乐，我们往往在山间海边追寻青鸟，却不知青鸟就在眼前。

　　我们往往在感慨生活的艰难，整日里除去抱怨苦闷，便是想法设法地脱离这样的生活。一路奔跑着要摆脱所谓的苦日子，我们应驻足停步，仔细地看看这一路早已被忽略的风景，用一个欣赏享受的心态品味现在的生活，给生活的苦咖啡里加些糖。

第十一卷 Chapter 11

笑对人生——让快乐成为一种习惯

笑对人生，要真正快乐。每个人都想快乐，都想得到幸福，但期望往往太高而适得其反。人，快乐不是他拥有很多，而是他计较得少，多是一种负担，是一种失去；少不是不足，而是另一种有余。为何追求那虚渺的梦而忘记了沿途的风景？想拥有快乐，就要学着做减法，卸下过重的负担，去掉沉重的行李，赤脚在无际的天空畅快地奔跑。

1. 快乐是一种习惯

芸芸众生之中，我们每一个人都扮演了一个角色；茫然浑沌的大千宇宙，我们每一个人都有一个属于自己的位置。在生活中现代人最大的难题，也许就是如何能够保持自己有一颗经常快乐的心。

现代人所面临的现实社会，充满了令人紧张的问题：股市的扑朔迷离，物价的跌宕起伏，单位的分流精减，爱人的变化莫测……无时无刻不在困扰、煎熬着我们每一个人试图快乐的心。

事实上，快乐是一种可以培养和发展的心理习惯，除了不食人间烟火的神仙，没有一个人能够随时都感觉到百分之百的快乐。

生活在这个无比丰富而又充满各种压力的社会中，大小问题总会不断出现，困难与挫折常伴随你左右。它们像赶不走的飞蛾一样，不停地围绕着你转。对于这些烦恼和挫折，你很可能习惯性地反映出暴躁、不满、懊恼与不安，这样的反应你已经"练习"了很久，所以成了一种习惯。从此可以诠释出：习惯是我们反复练习后培养出的一种不需要思考的自动反应。如：诗人吟诗不需要思考；钢琴家按琴键不需要思考；歌唱家唱歌不需要思考；舞蹈家移动舞步不需要思考……因此，生活在这个竞争激烈的社会中，我们要保持一种健康的心态，让我们习惯性地反映出快乐，并反复"练习"它，让快乐成为一种习惯。

人的一生就是在困难与挫折中度过的，如果生活太过平淡，缺乏困难与挫折，那么你的生活只能是僵化呆板、单调乏味的，就像一杯白开水一样——无味。你将在这种平淡的生活中停止不前，换来的只是一声声无止的叹息与一个个无聊的背影，可以这样说，人的一生就是在不断地出现问题而后解决问题中度过的。生活就是一连串的问题，一个问题解决了，另一个问题又会接踵而至。没有问题与解决问题的人生是空白的。

既然人的一生是这样的，那我们为什么不健康、快乐地对待呢？当出现问题的时候你为什么要有困扰、沮丧呢？那些消极的心态对你有什么好处呢？它能让你解决问题吗？不，它不能。它只能消磨你的思想动力，让你烦

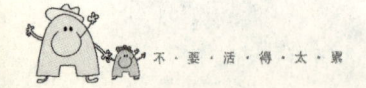

躁不安，所达到的效果是使你身心疲惫。相反，如果我们学会调节，有自我愉悦的思想。在出现问题时，不要烦躁不安，要冷静地思考，快乐地解决。那么所达到的效果是身心愉悦。快乐不是在解决外在问题的条件下产生的，快乐是一种心理习惯，是一种心理态度，要反复"练习"。因为快乐而快乐，让快乐成为一种习惯。

在现实生活中，我们对于快乐的看法有很多种，但大多都是不切实际的。有的人说："如果我成功了，我就快乐了。"，或者"对于别人的谢谢，我会感到快乐。"我只想说的是，你只因为这些而快乐吗？那么你不是快乐的生活，也不是在享受快乐，而是在等待快乐的事情发生，你得到的将会是更多的失望。快乐并不是赚来的东西，也不是应得的报酬。快乐是"无条件"的。它不是由在你身上发生的事决定的，而是你自己所做的事和取决于你自己的事，是你的选择、注意和决定的问题。快乐取决于你是否保持着思想愉悦的观念，这是一种对待人生的态度，保持一种观念会让你对生活有另一种新的看法——或者就是如此轻松愉悦的事情，就是享受如此轻松愉悦的心态。

怎样才能使自己快乐呢？就是让自己的心态"活"起来，并积极地参与到生活中去，是最好的良策。我们所谓的灾难与不幸，很大程度上归结于人们对现象采取的态度。不管环境如何，只要有积极的生活态度。人生往往就是在玩"心态"的游戏，随时在面临着一场场"心态"考试。同样一种生活状况，有的人过得悲惨、无奈，但有的人却活得有滋有味，你能说得清楚什么才是快乐，什么才是你的幸福呢？因此，我们要学会快乐，让快乐成为一种习惯，体会快乐人生。

许哲，1898年出生于中国广东汕头，1937年到重庆从事新闻工作及抗日战争中的伤员救护工作，1945年赴英国学习护理专业并周游欧洲帮助病人和穷人，1953年赴南美洲的巴拉圭做慈善医院的义工以帮助犹太难民及当地穷人，1961年回到马来西亚照顾母亲，1963年后定居新加坡创办养老院无偿帮助穷苦人至今。她以助人为己任，快乐健康，被称为"106岁的年轻人"。

我们总是有太多的愿望，为自己定下太多的目标，所以我们总是把快乐

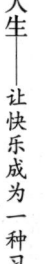

放到未来，把快乐供奉在内心深处，而逼迫着自己付出当下全部的精力去为未来的快乐不停地努力，从而忽视了身边的快乐。

我们总是在想：如果能够如何如何的话，我就会快乐。而这个"如何"（可能是赚更多的钱、买到房子和汽车、升迁至理想的职位或找到一个可心的爱人等等）并不在眼前，那么快乐就要等到将来"如何"实现后才能享受，所以快乐就被我们收藏了起来。姑且不说将来"如何"能否实现，会受到种种条件的制约而有很大的不确定性，使快乐成为一种人生的赌注；即使将来"如何"真的实现了，你可能会发现你并没有真的快乐起来，因为你已习惯于把快乐放到未来，你又会为自己设定新的目标。这种习惯使你忽视并浪费了当下生活的快乐。

《列子》中的一则"攫金者"寓言十分有趣：一个人进入集市，见了金子就拿，如入无人之境。当然，此人很快就被人们抓住了。当人们问他怎么竟会如此大胆，答曰：当时只看见金子，没有看见人。是啊，他太想得到金子了，金子是他惟一执著的目标，他的注意力高度集中在这个目标上，周围的一切人和事自然都视而不见。

所以庄子说："其嗜欲深者，其天机浅"。"天机"是什么？就是我们每个人都拥有的天赋灵性啊！我们想一想，自己是不是经常像那个"攫金者"一样，脑子里只有远大的目标之"金"，而对身边的快乐视而不见、听而不闻呢？是不是已让对目标的深切欲望耗磨掉自己太多的"天机"呢？庄子又言："至人无梦"。我们是否该从梦中醒来，放松心思，恢复固有的灵性，从容地去感受生活中的点滴快乐呢？

这是一种坦荡的习惯，一切都在平平常常之间，并没有去刻意追求什么。这样，我们就可以理解许哲从无烦恼，只有快乐的生活状态了。

快乐是一种习惯，习惯着去微笑，习惯着去生活，让习惯带着你去前进，去奋斗。不要太在意自己的得失，开心的生活，有一句很土的一句话：<u>快乐是一天，不快乐也是一天，为什么不快乐呢</u>？用你的开心，用你的微笑去感染大家，感染你周围的朋友。一个快乐的开始，会有一个快乐的结局，因为我们都在追求着快乐。

2. 幸福没有什么可比性

幸福是什么呢？恐怕哪位先哲也很难给出一个正确的回答，每个人都会有不同的解释。可是幸福到底是什么呢？其实幸福不过是一种感觉，每个人对周围的环境和自己的生活都会有着不同的感知，感知上的差异造成幸福感的来源不同，而幸福也就是这种感知上的高峰体验！

一个生活在大都市享受着现代科技带来便捷的人和一个生活在偏远山村原生态环境下的人哪一个更幸福，答案是同样幸福！每个人都有属于自己的幸福，两者之间没有什么可比较的，根本没有什么可比性！幸福没有高贵和卑微之分，蚂蚁有自己渺小的幸福，大海有自己浩瀚的幸福，而我们也都拥有属于自己的幸福。

树林里住着两个长臂猿兄弟，他们整天在树枝上荡来荡去。嬉戏玩乐的日子固然欢乐愉快，但对于每天只能找到一点点食物果腹一事，它们一直耿耿于怀。有一次，长臂猿兄弟闲逛到山脚下的动物园，只见其中一个笼子里关着一只红毛猩猩。在红毛猩猩面前摆了许许多多的水果和食物，令它们垂涎欲滴。

长臂猿弟弟就对哥哥说："老哥！我真羡慕那只红毛猩猩的待遇，他每天不用做任何事，就有这么多美味可口的东西可以大吃大喝，不像我们必须十分操劳才能得到稀少的食物。"长臂猿哥哥搂着弟弟无奈地点点头说："你说的对极了。"

这时候，笼子里的红毛猩猩无精打采地抬起了头，以十分羡慕的眼光望着长臂猿兄弟，心里想："唉！我真是羡慕那两只长臂猿兄弟，每天可以在树林里自由地荡来荡去，多么的逍遥自在啊！"

每个人拥有的都是幸福的，拥有了就一定要学会珍惜！幸福是和每个人的生活紧密联系在一起的。人们的生活各不相同，幸福的理由也就因人而异。因而判断幸福与否的标准也是没有可比性的，也是因人而异的。所以，不必羡慕别人，每个人的生活中都蕴涵着独一无二的幸福因素。

我们在疯狂地追求物质生活的同时，应该稍稍停下来深思一下，在最基本的物质生活得到保障后，幸福感并不因为物质的积累而增加，其实人们的需求并不多，幸福也是如此简单！"从黎明到黄昏/阳光充足/胜过一切过去的诗"，难道不是这样吗？充足的阳光足以让人感受到现实生活中的幸福，就可以去超越很多物质拥有的幸福。

海子的诗里写道，"活在这珍贵的人间/人类和植物一样幸福/爱情和雨水一样幸福"，活在这珍贵的人间是幸福的，在幸福面前人类和植物是平等的，爱情和雨水是平等的！幸福是简单的，幸福的人也是简单的。

哲学家马斯洛把人的需求由高到低分为尊重需求、社交需求、安全需求、生理需求四个层次，从精神到物质任何一个层面上的需求得到满足都会使人感到幸福！其实幸福并不是得到与满足，幸福只是自身对生活的一种感觉，我们每个人都拥有着幸福。张爱玲有一句经典话语：<u>家家的幸福都是一样的，只是各有各的不幸！在我们更多的去追求那些不属于自己的东西时，现在拥有的很多就会悄然离逝。</u>

幸福没有可比性，只有珍视自己的价值，珍爱自己的生活，幸福才会将我们更紧地包围！

3. 努力走好生命中的每一天

生命对每个人而言，都只有短短的一程。在这世上，我们人人都只走一遭！

只走一遭的人，你们真正想过生命对自己意味着什么吗？真正探究过什么是一生中最该关心的事吗？

生命的智慧在于我们要努力走好生命中的每一天。

生命的每一天里都是有阳光的，这份阳光有别于其他，它不受外界限制，没有人可以夺走！不论我们碰到怎样的磨难与坎坷，不论我们有多么糟的境遇，生命的每一天里，我们都应该充分去享受其中的阳光。

别人也许可以给你道路，但谁也无法给你奔跑的双腿；别人也许可以给

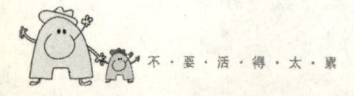

你天空，但谁也无法给你腾飞的翅膀！要对得起这份仅仅一次属于你的人生，你就必须拥有这份属于自己的阳光！

只有你具有了这样的阳光，你的心灵与道路才被照亮！

罗伯斯是古巴著名的田径运动员，他被誉为古巴运动史上最伟大的英雄。在巴黎黄金联赛上，他创造了12秒88的成绩，一举打破了刘翔所保持的110米栏世界记录。

然而很少有人知道，两个月前，他还经历了一次死里逃生。

生活中的罗伯斯喜欢聚会、音乐和跳舞，尤其是对旅游情有独钟，他从小的理想就是做一次环球旅行。但是因为训练和比赛的原因，这一计划每次都被搁浅。

2008年5月，他认为时机终于到了。

背上厚厚的旅行包，他坐上了到埃及的飞机，他的第一站是金字塔，而最后一站则是中国北京。如果没有出现意外，他到北京后还能参加为期半个月的封闭训练。

下了飞机，他没有坐汽车，而是选择了一路小跑。凭着良好的身体素质，不出半日，他就前进了30英里。

中午，他简单地吃了一点干粮，给母亲报了个平安，准备继续前行。按照计划，他将在晚上6点到达金字塔，到时可以美美地吃上一顿丰盛的晚餐，当然还有他最喜欢的香槟。

然而，他没有料到，一股巨大的旋风竟然会在他身后五百米外形成，并以箭一般的速度向他扑来，来不及思索，他本能地往下面一倒，但还是没能幸免被卷入。

半个小时后，他才从昏迷中醒过来，他被带到了另一片沙漠里，地上一片狼藉，除了一瓶水和一些散落的饼干，他发现风暴什么也没给他留下。更为糟糕的是，他迷了路，他不知道眼前这一片浩瀚的沙漠，他何时能走出去。

吃了一点饼干，等身体恢复些力气，他开始起身。此时的罗伯斯清楚地知道，不管有多么艰难，他都必须走出去，否则将永远没有在"鸟巢"一展雄风的机会了。为了节省体力，他不得不放慢速度。

下午，天气变得异常炎热，他渴得厉害，但他一直忍着，只有在感觉难以支持的情况下，才小心翼翼地打开水瓶，轻微抿一口，然后，快速地盖上。

一个下午加一个晚上，他不知道自己走了多远，第二天天亮的时候，他依然看不见尽头。前后左右，都只有讨厌的黄沙相伴。

实在是支撑不住了，他找了稍微感觉安全的地方躺下，一个小时后，他继续前进。累了就倒在沙子上睡会儿，醒了就继续走，到了第三天下午的时候，他已经什么都没有了，为了生存，他不得不把自己的尿液装在瓶子里。至于吃，他只得寻找沙漠里那些仅存的稀有小草，抹一把就塞进嘴里，如果能捡到骆驼拉下的一团干粪，此时，对他来说已经是最丰富最美的晚餐了。

与炙热的气温搏斗，与随时席卷而来的龙卷风斗智斗勇。就是在这样恶劣得让人难以置信的环境里，罗伯斯整整坚持了十天。

最后一天的行走，他突然看见沙坡的对面有个巨大的湖泊。几乎是随着一声尖叫，他像狼一样奔过去。前面是一段水草地，他大踏步走过去，他没意识到灾难再次来临。直到身体猛然往下面沉，他才慌了，他越是挣扎，就越陷得厉害。

他忽然想起小时候看过的《长征》，脑子里立刻冷静下来。他尽量把身体展开，以此增大身体的浮力。五分钟后，他听到不远处有人说话的声音。他大声呼叫起来，很快他就听到了对方的回答。

他以英语回复了他们的叫喊。

他得救了。

在医院休整了两天后，他给父亲打了个电话。

面对闻讯而来的媒体，他深有感触地说："这十天比我二十年的收获还要多，因为我学会了一步步的生活。我永远都不知道出路会落在脚下的哪一步，所以我只得向前，再向前。我至此才深深明白，其实，每个生命都是一种行走，我要做的就是努力的走好每一天，不管有多大的困难。"

一个人应该有着活好每一天的意识，生活中很难有如罗伯斯所遭遇的磨难，罗伯斯用自己的行为证明了生命的每一天他都在努力走好。我们生活的

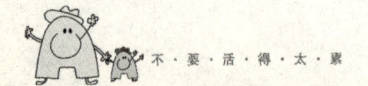

世界中，正因缺乏这种磨难，每日里的生活也总是千篇一律，从而麻木于生活。我们何不设想自己每天都会失去，每天都只有一天的生命，那样我们会格外珍惜生活中的一切，会去努力地过好每一天。

放下包袱，及时清空自己的心灵，你就能感受到一个不一样的新鲜世界。也许说起来容易，做起来难。那么你就把每天入睡当做生命的终点，准备上床后再也不会起来——一些僧人就是这么做的，他们会把自己用的碗倒扣在桌子上，意思是从此以后再也用不着它了。这并不完全是一种假想，谁也不知道死亡什么时候到来。

如果第二天醒来了，我们就把自己当做一个新生的婴儿。你会发现每一个人都很友善——一个婴儿怎么会有仇人呢？每一声鸟啼、每一朵花儿都是令人兴奋的，因为你从来没有听过、见过它们。

生命的每一天我们都要学会去珍惜，懂得每一天都要走好。

有这样一户人家，在那个特殊的年代里，被迫从城里流落到乡下。朋友送他们走的时候，都落了泪。从小在城里长大的夫妻俩，手无缚鸡之力，除了满脑子的学问，几乎什么农活都不会做。更要命的是，他们的一对儿女还不到五岁，一家人该怎么活啊！望着他们远去的背影，朋友们都很担心，而他们的脸上却非常平静，根本看不出痛苦和绝望。

若干年过去了，城里的朋友决定去遥远的乡下看看这一家人。在朋友们看来，这家人一定生活得很凄惨。于是他们凑了一些钱，到商店里买了所有能够买到的东西，大大小小装了许多包，开始朝一个叫圪塄营的村庄出发。

汽车在坑坑洼洼的土路上颠簸了很长一段时间，才到了圪塄营。这是一个荒凉的小村庄，没有几户人家。轻轻地走到屋里，朋友们都惊呆了。只见他们一家人围坐在一张破旧的八仙桌旁，桌上，是新沏好的茶水，一缕淡淡的清香飘散在空气中。丈夫，妻子，儿子，女儿，每人手里捧着一本书，在这样一个初夏的午后，正静静地埋头读着。

朋友们都知道，原先在城里的时候，男人就有这样一个习惯：每天午后，跟妻子一道沏一壶好茶，然后在茶香的氤氲中，品茗读

书。没想到这么多年过去了，在这么荒凉的乡下，他们竟然还保持着这样一个高贵的习惯，几年的艰苦生活，竟没有压垮他们。

据说，这一家人在小村庄里一直这样精神昂扬地生活了近二十年。落实政策后，男人又回到了城里，成了一所著名大学的教授，而他们一双在贫穷中长大的儿女，大学毕业后，一个留学于德国，一个留学于意大利。

生命犹如是一捧沙，最初承载了满满的一捧希望，就像一个满满的沙漏，经过一道道岁月的流逝，这沙慢慢地从指缝之间流逝着，最初人们还不觉得，到最后当人们感觉到沙的数量在指缝间越流越快的时候，人们才大惊失色甚至恐慌：这沙快流完了！这一辈子也快结束了！

生命是一捧沙，人们小心翼翼地捧着手里的细沙，偶尔人们会腾出一只手做别的事情，却发现只用一只手捧沙，沙却流失得反而很快，于是人们想尽各种方法把沙的流速变慢，但是并不能阻止沙的流动，换句话说，无论人们如何在意，手中的沙最后都会流向大地，最后与大地合为一体。

手中的沙，越用力从指缝中漏得越快，而且只能消耗，不能存储。我们的生命也是这样，那些把金钱和事业看得比生命还重的人，沙粒漏出的速度是很难控制的。因而很多人手中的沙早早的就消耗光了。

生活不论有怎样的磨砺和境遇，都请善待生命，善待自己，善待自己手中的沙，努力过好生命中的每一天，选择让自己手中的沙一直保持匀速消耗，是不是一种聪明的做法呢？

4. 简单的生活，简单的快乐

每个人都想快乐。她像一个使者，能让我们忘掉烦恼和痛苦。有许多人，与生俱来就有许多让他快乐的因素；也有许多人，一生漂泊一生落魄，好像注定与快乐无缘。然而，只要你用心去寻找，很快就会发现：快乐其实很简单。

快乐是可以练习的。快乐是一种修行，你可以通过练习获取。这并不是一个秘密，问题是当我们有苦恼的时候，要相信快乐其实可以通过一种技能去获得，而不是听凭坏心情一点点地蚕食你。当心情烦闷时，穿上运动衣裤，来个两公里慢跑，让自己出一身汗，再冲个热水澡；当遭遇工作压力时，也不必整日愁眉苦脸一支接一支地抽苦烟，可以走到室外，对着蓝天白云，张开双臂，做几次长长的深呼吸，大吼几声；你还可以上上网、聊聊天、听听音乐，幻想自己已经中了大奖……其实，快乐属于我们每一个人，它也是可以练习的。快乐就在那一次慢跑中，就在那一次深呼吸中，就在那一段美妙的音乐中，快乐其实很简单。

快乐是可以选择的。听过这样一则故事：穆罕默德和阿里巴巴是好朋友。有一次，阿里巴巴打了穆罕默德一耳光，穆罕默德十分气愤地跑到沙滩上写道：某年某月某日，阿里巴巴打了穆罕默德一巴掌。还有一次，当穆罕默德快要跌落山崖时，阿里巴巴及时拉了他一把。穆罕默德十分感激，于是在石头上刻道：某年某月某日，阿里巴巴救了穆罕默德一命。阿里巴巴十分不解。穆罕默德微笑着告诉他："我把你我之间的不快与误会写在沙滩上，是希望它在海水涨潮的时候就消失得无影无踪；我把彼此之间的快乐和友谊刻在石头上，是希望它能和石头一样不朽。"

穆罕默德是一个聪明人：他选择了快乐，于是快乐也就选择了他。有些人总觉得自己的生活充满不幸与悲伤，他们很奇怪为什么有些人每天总是快快乐乐的？其实道理很简单，这就在于自己的选择。原谅别人的错误，并且给予鼓励和改正错误的勇气；用心记住别人对自己的每次帮助，并且心中充满感激。这样，你就会得到快乐。其实，快乐在于选择，把快乐刻在石头上，你就会永远快乐。快乐其实就这么简单！

人最需要的是快乐，最不缺少的也是快乐。其实快乐是简单的，它像空气一样容易得到。一句温暖的话语，风雨中的一把雨伞，晚归时餐桌上热腾腾的饭菜，有情人之间脉脉的对视都让人感到快乐。阿拉伯故事里有一位国王，人间的荣华富贵已经享尽，但终日郁郁寡欢，于是他派大臣去寻找快乐的秘方。大臣走进一个贫穷的村落，听到一个快乐的人在放声歌唱。寻着歌声，他找到那个正在田间犁地的农夫，问他："你快乐吗？""我没有一天不

快乐!"农夫答道。大臣喜出望外地向农夫索要快乐的秘方,农夫不禁大笑起来。因为在他看来,快乐没有什么秘方,快乐在心里,在于能劳动,如此简单而已。

快乐该是人们的最高精神享受了。<u>快乐地生活,首先应该是一种自然的回归,不需要有好多钱,不需要有多大权势,不需要有多么漂亮的庄园,只需要有一份安于享受快乐的简单就行</u>。元代清欲禅师"睡起有茶饥有饭,行看流水坐看云"的诗句就是绝妙快乐的境界。睡觉时好好睡觉,睡得甜熟安详;睡醒了有茶喝,就喝得满怀温润;饿了有饭吃,不计粗精,一样吃得滋味深长。用简单的心面对世界,过朴素的生活,这或许就是快乐的本意。

喜欢快乐的人很多,真正能享受快乐的人却是凤毛麟角,更何况让快乐变得简单?快乐在于心,不断地发现自己的内心世界,与自己的内心交谈。无法满足的欲望是人们不快乐的主因。仔细想一想,人生不如意十常八九,快乐无忧的日子不会从摇篮就开始一直到人生的终点。既然生活对每一个人都是真实的、公平的,就没有必要使自己整日的头昏脑涨,一副昏昏欲睡慵懒的模样儿,在半醒半睡的混乱中努力挣扎着寻找活着的理由。坦然地笑对人生,把一切不如意看作美好生活的调味品,把所有的忧伤化作过眼烟云,让时间去淡化,让生命的足迹去淹没,感触欢乐和幸福才不会是脆弱的、短暂的。

一个孩童在庙宇里看到一长者比丘在洗鲜桃,他站定了不想离去。见此情景,长者比丘将洗好的桃子递给了一个孩童,孩子的母亲不肯接受:"师父还是自己留着吧,这桃子若是给他,你就少了一个!"长者比丘微微一笑:"我是少吃了一个桃子,但世间却多了一份吃桃子的快乐啊。"少一个桃子,却多了份快乐——这其中的佛理着实值得玩味。原来快乐竟是如此的简单啊。

快乐不是无心无肺的麻醉,不是所谓的洒脱,更不是无所事事。快乐是精神得以活泼和生动的简单空间,快乐因人而存在,因心情而存在。真正的快乐是心理和思想的放松、净化,融入快乐是一种精神上的升华。一个有生存智慧的人,必定是一个会享受快乐的人。只要拥有了一份安于快乐的简单心,一个清贫的人也会变得非常富有,因为他会很容易地发现,这个世界本身已经对我们不薄,我们何必自怨自艾愁苦一生呢?活着本身就是一种幸福,我们为什么不快乐一些呢?

简单地生活,就是从复杂的人际关系中挣脱出来。人们爱把人脉当成自己事业成功的黄金定律,四处结交朋友,甚至不惜血本地为人脉投资。殊不知,一个人一生所要面对的人其实不需要很多,相互琢磨和提防的、需要处理和对付的,也就是身边的几个人;而能真正珍惜你和你要真正珍惜的人,也就是你的亲人和知己而已,忙于应酬人脉关系,是一件累人的、复杂的事。

简单地生活,就是选定一个目标日复一日地努力。每个人都只有一辈子,真正可以利用起来的时间其实极其有限。无论哪一个领域的"家",都不是一两天能成功的。选一样自己喜爱又有相应条件做的事,一心一意地做好,内心就会充实,将来就会收获。修汽车、煎大饼、刻印章、写字、养花、卖菜……可做的事太多,一旦学会了,做精了,双脚也就站稳了。

简单地生活,还要坚决地抛弃你力不能及的欲望。功名、利禄、权势、地位……都具有强大的诱惑力,有欲望,就有追求;有追求,就有收获。这是无可非议的,但是,我们必须明确一点:不是所有的欲望都能够实现。不贪心,痛苦便少。

人生是一场旅行,轻装上阵,一路高歌,生活才会宁静、祥和。<u>简单地生活,就是快乐地生活</u>。

5. 将烦恼踢到门外

烦恼是心灵的不速之客,总在不经意中来拜访我们。发现它已经登堂入室的时候,我们虽然明知道没什么大不了,它一定会走,但当下却束手无策,无法摆脱烦恼的羁绊。

狄更斯说过,永远得不到安宁,永远得不到满足,老是追求着永远得不到的东西,情节、计划、忧虑和烦恼永远萦绕在脑。烦恼的来源有很多,有外在的原因,也有自身的原因。但生活既然给了我们烦恼,也就给了我们解决的办法。

人活在世上，都会遇到各种各样的事情，工作不顺，人际关系失败，买房置业。很多人都被各式的问题缠身烦恼。我们不应该为这些问题去纠缠，而是去想如何解决这些问题，让烦恼不再。

一个人坐在公园里抽烟，陷入深深的苦闷里。

一个牧师来到他的身边："您一定有什么解决不了的问题吧？说出来让我帮帮你。"

这个人看了牧师一眼，然后冷冷地说："我的问题很多，我厌倦了，没有人能够帮我。"

牧师把自己的名片留下，约这个人明天见面。出于好奇，这个人如约而至。牧师把这个人带到教堂后面的墓地里，指着一片墓碑对他说："你看一看吧，这里所有的人都没有任何问题。"

是啊，只有在地下躺着的人，才不会有任何问题去烦他。

这是个伟大的真理。一旦真正想通了这层道理，我们就能超越它。一旦真正了解而且接受了人生困难重重的事实，我们就不会那么耿耿于怀，人生也就显得不那么多灾多难了。

大部分的人都没有意识到这个事实。他们不断怨天尤人，要不就自艾自怜，彷佛人生本来应该既舒服又顺利似的。他们坚持自己的难处与众不同，认为所有最难以想象的困难总是降临在自己和家庭，甚至他们所处的社会阶级、国家和民族，任何一个别人都能得以幸免。

问题层出不穷，唯有想办法解决问题才能去除烦恼。有些问题是由于我们自己造成的，有的则是别人的影响，但不管是哪一类问题，我们都要尽快解决掉。否则等最后问题堆积如山之时，无论是我们有多少机会，烦恼都会紧跟我们。

以前有一个孝廉名叫陈琮，性情洒脱。他曾在一个叫二里冈的地方建了一所别墅。这地方虽靠近外城，但还是在城的北面，别墅前后，密密麻麻排满坟墓。有人到他别墅拜访后说："眼睛中每天看的是这些东西，心情肯定不快乐。"

而他却笑道："不，每天都看这些东西，就使人不敢不快乐！"

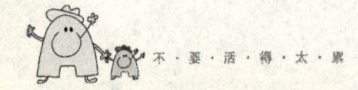

当我们遇到问题时，可以对自己说："这个问题需要我解决，说明我能够解决。如果不能解决，说明它本来就是留待将来解决的。"这样本来的烦恼也会烟消云散。

<u>一个人在遇到逆境和不顺，并且知道人力不能改变的时候，与其烦恼，不如随遇而安。我们要学会如何去调整自己的心态，把烦恼远远地踢开。</u>

有一个人开车在山里游玩，结果迷路了。

这时他看到一辆车陷在泥坑里，怎么也无法挣扎出来。站在路边的中年人挥挥手要求搭车，他请他坐了上来。

这位中年人告诉他，他住在山下的一个镇上，是到山里来钓鱼的，但运气特别不好：车子的轮胎就在路上爆了，换备用轮胎耽误了一个小时，来到水库以后，钓鱼杆又被水底的树根挂住，拉断了，返程时车又陷在了泥坑里，所以只好搭车回家。

在中年人的引领下，他们把车开到了镇上。

到了家门口，中年人邀请农场主进去坐坐。来到门口，满脸晦气的中年人并没有马上走进去，而是站到门口，伸出双手，抚摸门旁一根突出的栅栏。

打开门，中年人笑逐颜开地和孩子紧紧拥抱，又给妻子一个热吻。然后，中年人高高兴兴地向家人介绍这位新朋友，并请他吃了一顿饭。

这个人离开的时候，中年人送他出来。

他问中年人："刚才你在门口的动作，有什么用意吗？"

中年人回答："这是我的解决烦恼的方法。我到外面时，不顺心的事情总是能遇到，可是烦恼不能带进门，不能带给老婆和孩子。我就把它们挂在门口，准备明天出门再带走，可第二天我来到门口时，烦恼已经不见了。"

这位中年人把烦恼挂在门外的方法，就是情绪的积极转移，即通过自我疏导，主观上改变自己的注意力，把烦恼慢慢抚平。

我们可以从中得到很有意义的启发，一旦遇到烦恼、郁闷时，如果我们爱好文艺，不妨去听听音乐，跳跳舞；如果喜欢体育运动，可以打打球、游游泳等，借以松弛一下绷紧的神经；或者观赏一场幽默的相声、哑剧、滑稽电影；如果我们天生好静，那也可以读一读内容轻松愉快、饶有风趣的小说和刊物。

这样，我们就有了一种近似永恒的观点，这时"自己的"烦恼就会变得微不足道，我们就能学会耐心等待，而不再为了约会对方迟到半个小时而恼火。

不管是哪一种方式，我们根据自己的兴趣和爱好，都可以在自己喜爱的活动中找到把烦恼挂在门外的"栅栏"。这不仅可以舒体宽怀，消忧排愁，怡养心神，把所有的烦恼和怒气发散掉，化为无形。我们作完这些后，心情就可以宽松下来，这样才没有做无用功。

如果一件烦恼的事情发生后，我们时时把它牢记在心里，随时带着它，那我们就是铁了心与自己过不去，给自己添加烦恼。

唐代著名的慧宗禅师非常喜爱兰花，在平日弘法讲经之余，花费了许多的时间栽种兰花。

有一回，他为了弘法讲经，而外出云游四海，临行前，他特意吩咐弟子们要看护好寺院的几十盆兰花。

弟子们深知禅师酷爱兰花，因此侍弄兰花非常殷勤。但一天深夜，狂风大作，暴雨如注，偏偏当晚弟子们一时疏忽将兰花遗忘在了户外。第二天清晨，满院是倾倒的花架，破碎的花盆，棵棵兰花憔悴不堪，狼籍遍地。

弟子们后悔不迭，打算等师父回来后，向师父赔罪领罚。

几天后，慧宗禅师泰然自若，神态依然是那样平静安详。

他看了看枯死的兰花，宽慰弟子们说："我种兰花，一来是希望用来供佛，二来也是为了美化寺里环境，不是为了生气而种兰花的。"

就这么一句平淡无奇的话，在场的弟子和香客们听了以后，不由得在肃然起敬之余，如醍醐灌顶一般大彻大悟。

不是为了生气而种兰花的，看似平淡的偈语里，暗示了多少佛门玄机，

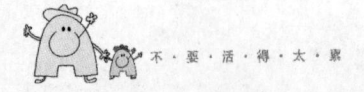

又蕴含了多少人生智慧，它时刻在提醒我们扪心自问：难道我们是为了烦恼而活的吗？

我们并不是为烦恼而活，就如禅师所说一般，我不是为了生气种兰花的，我们应该以一个快乐的心态面对生活，我们工作不是为了烦恼，学习不是为了烦恼，生活不是为了烦恼。

学会自己远离烦恼，才能拥有快乐的生活。

6. 直面生活，笑对人生

有个故事说，能到达金字塔顶端的只有两种动物，一是雄鹰，靠自己的天赋和翅膀飞了上去。北大有很多雄鹰式的人物，很多同学不需要太努力就能到达高峰。大家也都知道，另外一种动物也到了金字塔的顶端，那就是蜗牛。蜗牛肯定只能是爬上去，从地上爬到上面可能要一个月、两个月，甚至要一年或两年。我相信蜗牛绝对不会一帆风顺地爬上去，一定会掉下来，再爬，掉下来，再爬。蜗牛只要爬到金字塔的顶端，它眼中所看到的世界、它收获的成就，跟雄鹰是一模一样的。

生活里，很多时候我们在扮演着蜗牛的角色。我们一直在爬，也许还没有爬到金字塔的顶端。但只要在爬，就足以给自己留下令生命感动的日子。我们在面对自己生活的同时就应看清自己，不论自己的条件如何，生活的轨迹是困苦还是艰难，我们都应坚持，给自己一个微笑，面对自己的人生。

人的一生是奋斗的一生，但是有的人一生过得很顺利，有的人一生过得很坎坷。如果我们敢于直面生活，有一颗能微笑面对人生的心，我们一定能把很多坎坷的日子堆砌起来，让生活变得顺利起来。如果你每天仇怨悲哀，没有热情，从此就会停止进步，那你一辈子的日子堆积起来将永远是一堆坎坷磨难。所以，我们每个人都应用微笑去直面自己的生活。

在一次讨论会上，一位著名的演说家没讲一句开场白，手里却高举着一张二十美元的钞票。面对会议室里的二百个人，他问："谁要这二十美元？"一只只手举了起来。他接着说："我打算把这二十美元送给你们中的一位，但在这之前，请准许我做一件事。"他说着将钞票揉成一团，然后问："谁还要？"仍有人举起手来。他又说："那么，假如我这样做又会怎么样呢？"他把钞票扔到地上，又踏上一只脚，并且用脚碾它。尔后他拾起钞票，钞票已变得又脏又皱。"现在谁还要？"还是有人举起手来。"朋友们，你们已经上了一堂很有意义的课。无论我如何对待那张钞票，你们还是想要它，因为它并没有贬值，它依旧值二十美元。人生路上，我们会无数次被自己的决定或碰到的逆境击倒、欺凌甚至碾得粉身碎骨。我们觉得自己似乎一文不值。但无论发生什么，或将要发生什么，在上帝的眼中，你们永远不会丧失价值。在他看来，肮脏或洁净，衣着齐整或不齐整，你们依然是无价之宝。"

是啊，我们永远是自己最珍贵的财富，上帝创造了我们，给予了我们独特的面孔与思想，他是一位仁慈而公平的父亲。就像那二十美元，当它变得又脏又皱时，它依然是二十美元，为何有人还可以接受，而有人却选择了放弃？是理念，对我们自己生命认识的理念。坚强的人可以面对大大小小的困难，而懦弱的人却选择了退缩。当心灵遇到了些许的撞击，那也正是考验我们的时候，只要我们紧握住那属于我们的"二十美元"，就是读生活对自己的一种肯定，不论在人生的道路上遇到怎样的困难，我们都会微笑地坚持下去。

一块亚麻布放在桌子上，质地很好。"我将会被作成一件漂亮的外套！"它很自负。突然，它注意到一件扔在旁边的旧外套，就嘲弄地对旧外套说："真替你悲哀，你这块可怕的旧布，多么单调的样子！"

几天过去，亚麻布被主人缝成了一件外衣，但当它出去的时候，还是披上了那件旧外套。当新上衣认出旧外套时，它充满了不满。"你怎么变得如此重要，要在我的外面？"它质问道。旧外套回答说:"一开始,他们把我带到洗衣间,用棒槌重重击打我,把灰尘、沙子和泥土都打了出来。当一切都结束时,我对自己说,这都是值得的,因为我又变干净了。正在这么想时,他们又朝我泼来一壶热水,然后又是一壶温水。突然我看到自己成了一件漂亮的外套!这时我才意识到一开始受到苦是有价值的。"

可见,生命的旅途中,有晴朗的日子,也有阴暗的日子,而这阴暗的日子就是被击打、被泼水的日子,也是我们遭受挫折的时候。

阴暗的日子我们洗礼过去,晴朗的日子我们对未来更加的坚持。苦过我们依然笑对人生,笑过依然不忘生活的艰辛。生活很多时候都是残酷的,可日子是要自己走过的,今天也许会流泪走到时钟的敲响,可明天依然可以笑对生活的残酷,每一天都是美的开始,不管生活将面临什么,我们可以勇敢面对。

笑对人生,是一份豁达。生活中不如意事十之八九,不应一味的抱怨,应学着微笑面对,那么生活将还你五彩斑斓;工作中或许会有些小磨擦,不要去责怪他人,而要笑对他人,相信你的微笑会使凝结的空气瞬间变得流畅,而不久的将来他人也会还你同样甜蜜的笑容。

人生的低谷也罢、高峰也好,你要做的不是想得太多、要得太多,而做的是摆正位置,拿出真正的豁达,不必把一时的得失看得太重,更不必把别人一句无意的话当成有意的话,自寻烦恼和痛苦。

笑对人生,要真正快乐。每个人都想快乐,都想得到幸福,但期望往往太高而适得其反。<u>人,快乐不是他拥有很多,而是他计较的少,多是一种负担,是一种失去;少不是不足,而是另一种有余</u>。为何追求那虚渺的梦而忘记了沿途的风景?想拥有快乐,就要学着做减法,卸下过重的负担,去掉沉重的行李,赤脚在无际的天空畅快地奔跑。

第十二卷 Chapter 12

扬起人生的风帆

——寻找生命的每一丝精彩，拼出最美的画面

人生如一条河流，奔腾向前，永不停歇；人生是一首诗，写满了悲欢离合，却挥不走哀愁忧伤；人生像一滩清水，偶尔的几粒石子，也能激起层层波浪；人生是一张白纸，需要的是自我奋斗，为之增添色彩。人生是一条漫长而又短暂的路，当你遥望将来，依然是前途无量，当你回首过去，你居然发现时间的仓促。人生如同故事，重要的并不在于有多长，而在于有多精彩。所以，人活着就应该好好对待有限的生命和生活，学会美化它，欣赏它，让有限的生活更大限度地充满阳光和欢乐。

1. 点燃生命的激情

在某些情况下，失望和忧虑的磨炼只会使生活变得快乐和振奋。激情是主宰和激励我们一切才能的力量，如果没有激情，生命会显得苍白和凄凉。激情的真理是适用于一切活动领域的。

它一直是我们生活的核心。无论你们是从事什么职业；无论你们是绝顶聪明，还是和我们常人一样资质平平；无论你们是高矮胖瘦贫富，是怎样的人并不重要，如果你希望生活得有成就感，希望生活得充实，有一样必不可少的东西，那就是："激情"！

雷石东，他是当今世界传媒业最富有、最成功的创业者。

出生于一个清贫的美国犹太人家庭，31岁时开始创业，55岁时经历的一场大火，烧掉了身体45%的皮肤，右手腕几乎脱离身体，动了六次手术方得以生存。63岁时收购维亚康母公司，开始二次创业，先后收购派拉蒙电影公司和哥伦比亚广播公司，成就了世界最伟大的娱乐帝国，其疆土几乎覆盖了全球每一个角落，从出版社到电影制作到电影院与影像出租，从儿童频道到青少年最爱的MTV音乐电视网，从有线电视台、广播台到户外媒体与主题公园，维亚康母以800多亿美元的市值成为全球最大的传媒公司。

雷石东的事业是从那场几乎夺命的大火开始。没有埋怨，只有顽强斗志。雷石东以此做序幕的真义在于告诉世人，其个人信念并没有因为这场大火而发生任何变化，"我的价值观始终不曾改变，那就是永远追求赢的激情，这种激情体现了我全部的意义。"

正是这种赢的激情和坚忍不拔的毅力使雷石东度过了生命中最艰难的岁月，并且乐观向上："你并不一定需要先接近死亡，然后才能体会到生的可贵，只要你愿意，生活随时可以开始。"

成功者其实都是相似的。但是像雷石东这样，相信直觉，执着赢的激情并终生持之以恒的创业者仍然罕见。从这些人的身上可以感受到生命的持续爆发力与成功的甜蜜诱惑，不朽的激情成为超越平凡的力量，让人不断前行。

1997年，台湾联经出版公司推出了全球第一套《魔戒》的中文译本《指环王》，但是，销售情况不佳。台湾一个名叫朱学恒的电子工程专业毕业生，平时最爱读魔幻小说，他在读完英文版《魔戒》后，发现台湾的中文译本《指环王》简直不忍卒读，凭借对成功的渴望和创业的激情，他提笔写信给联经出版公司，希望能重译，并自荐担此重任。他还慷慨地表示，如果重译本销量不到一万册，他分文不取。台湾联经出版公司据此与这个大胆的读者签订了翻译合同。

《魔戒》的作者是牛津大学的教授拖尔金，他是语言学的集大成者，在《魔戒》这本书中他运用了大量的古英文、晦涩的词藻和无边的想象力，因此也使这本书成了全球翻译界公认的最难译的书籍之一。朱学恒在家里闭门修炼，每天翻译16个小时，坐坏了8张椅子，通过9个月的努力，功夫不负有心人，他终于翻译出了这套120万字的《魔戒》中文译本《指环王》。

结果，就像所有童话故事里的情节一样，重译本《指环王》一分风行天下，一版再版，销售量一发而不可收。朱学恒的口袋也一下子鼓了起来，一下子就赚了2700万元新台币（大概相当于人民币700万元）。拿到这笔巨额版税时，朱学恒才27岁。

在现实生活中，上天往往眷顾那些富有激情、勇于去做的人，这样的事例在功成名就的富豪中有很多很多，世界首富比尔·盖茨的成功创业史就很好地证明了这一点。他在哈佛大学读书时，看到了软件业的广阔前景，毅然退学，用自己的激情开创了微软的世界，赚了个盆满钵满，最后把自己的名字推上了世界首富的位置。

激情是人生行走的加油站，是你走向未来去迎接一个又一个困难和挫折的无穷动力；是你获得每一次成功喜悦的源泉；更是你坚守本色的基石，是获得成功的加速器。

生活中，当一件事情完成时，我们想好好的休息调整时，可是另一件事情会不期而来，日复一日，我们在生活的历练中，把我们的性格都变成摸棱两可时，没有了年少时的轻狂，年轻的热情，生活变得枯燥乏味，一切都变得麻木了。

岁月的流逝，我们可以慢慢走向衰老，当一切渐行渐远，当回忆变成沉淀，我希望内心深处的激情依然执著相随。

生活需要激情。没有激情的日子是苍白的、无望的，索然无味，如同嚼蜡。有了激情，你会觉得生活是那么美好，尽管还有这样或那样的不如意，但你的心中始终充满着希望。有了激情，你会觉得每一天都是那么快乐，尽管有时也会痛苦，但你的心中始终充满着自信，相信自己会克服一切困难。有了激情，你会觉得自己的心中盛满了爱，热爱生活、热爱生命、热爱亲人、热爱朋友，热爱一切与你相关的人和事。

激情，它无时无刻地在身边徘徊，在心底的血管里流动，当人拥有希望、梦想、目标、动力之后它就会跳动着舞步，合着这些节奏创造人生中的奇迹。

激情就像清晨第一缕阳光，照亮阴郁的心灵；激情就像及时的春雨，滋润干旱的生活。激情是生命鲜活的源泉，激情是生活精彩的动力。

2. 给予别人是一种快乐

给予别人是一种快乐，当你把可有可无的东西给予别人，解她的燃眉之急的时候，别人许你以感谢的眼神和话语，你收获的不只是一个简简单单的快乐，更有沉甸甸的朋友真情，是双倍的幸福和开心。

因为索取而得到的快乐是本能的反映，就像天冷了皮肤会感觉冷一样；而给予得到的快乐需要一种境界，是广博的、深层次的快乐。

从前有个人，在沙漠中迷失了方向，饥渴难忍，濒临死亡。

可他不气馁，仍然拖着沉重的脚步，一步步艰难地向前走，终于，找到了一间废弃的茅屋。

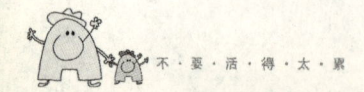

这间茅屋已久无人住，风吹日晒，摇摇欲坠。在屋前，他发现了一个吸水壶，壶口被木塞塞住，壶上有一个纸条，上面写着："你要先把这壶水灌到吸水器中，然后才能打水。但是，在你走之前一定要把水壶装满。"

看了纸条后，他小心翼翼地打开水壶塞，里面果然有一壶水，口渴难忍得他面临着艰难的抉择：是按纸条上说的做；还是把这壶水喝下去先保住自己的生命。一种奇妙的灵感给了他力量，他决心照纸条上的做，果然吸水器中涌出了泉水，他痛痛快快喝了个够！

休息一会，他把水壶装满水，塞上壶塞，在纸条上加了几句话："请相信我，纸条上的话是真的，你只有把生命置之度外，才能尝到甘美的泉水。"

一味贪图获取只能满足自己的私欲，而获取则必须善于给予，在给予中快乐倍增。一个人如果大度一点，乐于奉献，赢得的是人们的尊重，而尊重则是人追求的幸福。

有这样一个曾经打动过无数人的小故事。

有一天，学生和教授一起散步。他们在田间的小道上看到了一双旧鞋子，估计这双鞋是属于在附近田间劳作的一个穷人。学生转向教授说："让我们给那人来个恶作剧吧——把他的鞋藏起来，然后躲到树丛后面，这样就可以等着看他找不到鞋子时的困惑表情。"

"我年轻的朋友，"教授回答道，"我们绝不能把自己的快乐建立在那个穷人的痛苦之上。但是因为你有钱，你或许可以通过那个穷人给自己带来更多的乐趣，在每个鞋子里放上一枚硬币，然后我们躲起来观察他发现这件事后的反应。"

学生照做了，随后他们俩都躲进了旁边的树丛。

果然，不一会儿，那个穷人干完了活儿，穿过田间回到他放衣服和鞋子的小道上。他一边穿衣服，一边把脚伸进一只鞋子里，但感到鞋子里有个硬邦邦的东西，他弯下腰去摸了一下，竟然发现了一枚硬币。他的脸上看上去充满着惊讶和疑惑的表情，他捧着硬币，翻来覆去地看，随后又望了望四周，没有发现任何人。于是他

把钱放进了自己的口袋，继续去穿另一只鞋，他又一次惊喜地发现了另一枚硬币。

他激动地仰望着天空，大声地表达了炽热的感激之情，他的话语中谈及了生病和无助的妻子、没有面包吃的孩子，感谢那来自未知处的及时救助，这救助将他们一家人从死亡中拯救出来。

站在树丛中的学生被深深地感动了，他的眼中噙满了泪花。

"现在，"教授说，"你是不是还觉得恶作剧更有趣呢？"

年轻人答道："我感觉到了以前我从来都不曾懂得的这句话的意味——给予比接受更快乐。谢谢您。"

帮助别人是最令人骄傲和自豪的事情，也是最有价值和意义的事情。送人玫瑰，手留余香。在帮助别人的同时使心灵受到一次净化，充满成就感、幸福感和快乐感。帮助别人并不是为了得到回报，而是为了让自己活得更快乐。它可以使自己有一个发展个性和创造力的自由天地，并享受到一种施惠与人的快乐，从而有助于个人的身心健康。

有的时候，人们总是在想我能得到多少，而很少有人会去想我做了多少，我让别人得到了多少。我们常常拿得到多少来衡量自己的付出是否会值得，却忘记了给予他人带给我们的快乐。

中国有条处世的古训叫"助人为乐"，把这话的含义引申开来，它说的是：给予，也可以使人获得一种快乐。

有个故事说：一位老母亲的四个儿子从外地回来，都想让老母亲开心。大儿子说我给您带来许多钱，老母亲摇摇头说：人老了还有什么地方可花钱的！二儿子说我给您盖间新房子，老母亲又摇头说：老屋最舒适，哪儿也不搬！三儿子说我带您去旅游，老母亲还是摇摇头说：老了哪还有心思到处逛！三个儿子虽一心想孝敬母亲，却未能让她开心，这时最小的儿子有些撒娇地搂着母亲的肩膀说：我在外面最想吃的就是您给熬的山芋玉米粥了，再给我们做一回吧！老母亲听后顿时眉开眼笑，一面忙着挪动身子下床，一面连声说：好，好，我这就给你们做去，看把你们这帮猴仔们馋的……

这故事虽说的是母爱，但人间的一切爱心莫不说明：并非"获得"才使人快乐，有时"给予"给人带来的快乐要更多些，也更大些。

卡耐基说："寻求快乐的一个很好的途径是不要期望他人的感恩，付出是一种享受施与的快乐。"

那天是圣诞节，杰克去逛街。路过一家商场时，看到一个乞丐装束的老人蹲在商场门口，双手捧着一些棒棒糖，一脸的忧愁。杰克走到他面前，从口袋里拿出一枚硬币，想给他。

当杰克准备把硬币放到那捧着棒棒糖的手里时，老人说话了："朋友，今天，我不需要您的施舍，我需要你从我手里拿走一个棒棒糖。"

"为什么？"杰克带着惊讶问。

"每天，我都在这里乞讨，看到路人掏钱给我的时候，他们脸上都带着快乐的笑容，我想他们一定很快乐。今是圣诞节，我也想为别人做点事，体会一下给予的快乐。我买来了这些棒棒糖，可是，已经好长时间了，没有人从我这拿走一块。"老人说完，用一种恳求的眼光看着杰克。

杰克没再犹豫，从老人的手中拿起了一块棒棒糖。杰克看见老人的脸上露出了开心的笑容。

杰克找来一张看起来有些发黄的纸，用钢笔在上面写下了一句话：请来拿一块棒棒糖吧，让老人也体会到给予的快乐吧！杰克站在老人身旁，两手高举着那张纸。

老人不停地对杰克说谢谢。他双手捧着棒棒糖，平举着，面带笑容地迎着每一个路人。

不到十分钟时间，老人手里的棒棒糖已经被行人全部拿走了。老人高兴得跳起来，拍着手说："我好开心！好开心！"完全像个孩子。

老人得到了快乐，因为帮助他，杰克也获得快乐。更重要的是，杰克因此而认识到了给予永远比得到快乐！杰克想这是圣诞节自己收到的最好的礼物。从别人那里得到帮助固然是可喜的，但是，在我们心灵深处，会为别人

的给予而感到负累。只有在给予别人，为别人付出的时候，内心才会保持平和的心态，才会感受到真正的快乐。

给予的快乐是索取远远无法企及的，尽管有些给予显得那么微乎其微。可能只是一句真诚却不一定能够实现的梦想，可能是一个遥遥无期的承诺，甚至只是一个宽慰或赞赏的微笑，但这足以让他人受益终身。只因这给予多半是建立在坦荡无私的基础上的，因此这快乐就来得那么亲切和自然，那么真挚而感人。

所以，请不要再埋怨你的付出多而回报少，换个角度去体会给予的快乐，当我们以这种心态去看待人和事时，就会发现生活中无数美好的闪光点。

3. 用宽容给自己加分

给人宽容，就是为自己加分。宽容是一种心境，是一种修养，宽容是中华民族的一项美德。宽容会给他人给自己带来生活更多的宽容，一个能宽容别人的人，生活便也会善待他，一个能够不去斤斤计较的人，他的生活也是充满欢声笑语的。相反，一个处处与人为难的人，生活也不会让他好过，自己的内心也会永远充满愤怒与急躁，快乐也会远离他。

宽容会给人带来更多的机会，因为生活也会给予你宽容与机会。

一位部门经理，在一次外出时，手提包被盗，里面除了常用的钱物外，还有公司的公章。当她又内疚又担心地站在总经理面前讲完所发生的事情后，总经理笑着说："我再送你一只手袋好吗？你前段时间的工作一直非常出色，公司早就想对你有所表示，但一直没有机会，现在机会终于来了。"

那位没有暴跳如雷的总经理，用宽容的态度处理了这件事，使部门经理心怀感激，后来任凭其他公司有多么优厚的待遇聘请她，她都不为之所动。

这就是宽容的力量。

宽容是人和人之间必不可少的润滑剂。它和诚实、勤奋、乐观等价值指标一样，是衡量一个人气质涵养、道德水准的尺度。宽容别人是对对方的一种尊重、一种接受、一种爱心，有时候宽容更是一种力量。

宽容并不等于懦弱，这是在用爱心净化世界，而绝不是含着眼泪退避三舍。宽容不是天平一端的砝码，不停地忙碌，维持着不断被打破的平衡，而是人世间永恒的爱与被爱。投我以木桃，报之以琼瑶，把宽容插在水瓶中，她便绽出新绿；播种在泥土中，她便长出春芽。

宽容是生命的第三选择，当面对别人的伤害或错误时，不是只有退缩与报复。宽容往往是最好的选择，那样的选择带来的是别人对善的理解，对人情温暖的感受，让心灵在这其中洗涤新生。

佛典中记载了这样一个关于选择的故事：有位老禅师住在深山中。一日他很晚才踏着月光回家，到家时发现有个小偷正在光顾他家。老禅师初见之时起了些微嗔怒之意，想将小偷抓住，但佛法的教诲令他放弃了这个念头，他选择了仁慈与宽容：脱下身上的长袍，静静地候在门外，等小偷出来之时，老禅师对小偷说："您大老远来看望，可我实在穷，没什么好让你拿的，就把这件长袍送你吧。"说着便将长袍塞在小偷手里。小偷有些惊慌，抓着长袍跑了。老禅师看着小偷远去的背影，又看看头上的明月，叹了口气："但愿我能将这轮明月送给他。"

"人非圣贤，孰能无过。"很多时候，我们都需要宽容，宽容不仅是给别人机会，更是为自己创造机会。同样老板在面对下属的微小过失时，则应有所容忍和掩盖，这样做是为了保全他人的体面和企业的利益。

艾丽是一个部门经理，她的手下有一个雇员总是消极怠工，并且对艾丽不是很尊重，艾丽一直想找机会将她开除，这一天这个雇员又和艾丽吵了一架，正当艾丽气冲冲地要解雇她时，却想起了一个很久以前的故事。

艾丽刚参加工作时，干着一份全日制工作，以资助丈夫迈克完成学业。终于，他毕业的日子要到了。艾丽和迈克的父母将从州外赶来参加他的毕业典礼，而艾丽也为那天做了许多计划。比如，毕业典礼后，去吃冰淇淋，然后去镇里潇洒一回。

艾丽兴高采烈地跑进她工作的那家书店。"我要在感恩节后的

那个星期六休假,"艾丽向老板宣布,"迈克毕业了!"

"对不起,玛丽,"老板说。"假日后的周末是我们最忙碌的时间,我需要你在这儿。"

艾丽无法相信老板会如此不通情理。"可迈克和我等这天已经等了五年了啊!"艾丽大声辩解说,声音因激动而发颤。

"当然,我不会在毕业典礼时,给你安排活儿。"他说。

"我根本就不能来,罗斯,"艾丽的脸因发怒而绷紧,"我不会来的!"最后她咆哮着冲了出去。

后来的那些天,艾丽对他都不理不睬。他问话时,也只是三言两语冷漠地应答。

他们的关系越来越紧张,虽然罗斯看起来依旧热诚,而且常常是笑脸相迎,可艾丽知道他心里不舒服,而艾丽也铁了心,一定要请一天假。

就这样冷战了几个星期。一天,罗斯问艾丽是否愿意和他单独谈谈。于是,他们去阅览区坐了下来。艾丽告诫自己无论发生什么都要坚强地承受。显然,艾丽老板想解雇她。他不可能任艾丽这样轻视他而无动于衷。毕竟,他是老板,而老板总是对的。

但艾丽不屑地冷冷地扫视他时,艾丽惊讶地看到他眼中受伤的表情。"我不想在你我之间存有任何的怒气和不快,"他平静地说,"你可以在那天休假。"

艾丽不知道该说什么。愤怒,狭隘,孩子气的行为在他的谦卑的面前是那样的微不足道。"谢谢,罗斯。"艾丽终于"挤"出了一句话,"我不会忘记这事的。"

现在,这段往事又跳回艾丽的脑袋里,引起艾丽的思索:我怎么就忘了罗斯对我的友善呢?在过去几天里,我怎么就没有能把这种友善传递出去呢?

上帝有办法把我们的人生中所学到的东西深藏于我们心灵深处,并在需要的时候,让它们浮现出来。而且她也让我明白,有时候,对人友善比坚持"正确"更重要。

我们要在生活里多给予一些宽容,不仅仅是感受你的善意,让彼此间能

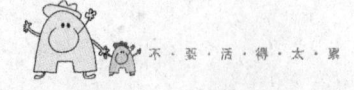

够更融洽的相处。更是让自己少一些怒火，少一些埋怨，让生活更加的充满理解与希望。

多一分宽容，就是让自己多一分温暖。

4. 拥有理想，才能创造美好

人生是对理想的追求，理想是人生的指示灯，失去了这灯的作用，就会失去生活的勇气。因此，只有坚持远大的人生理想，才不会在生活的海洋中迷失方向。托尔斯泰将人生的理想分成一辈子的理想，一个阶段的理想，一年的理想，一个月的理想，甚至一天、一小时、一分钟的理想。

很多人的理想都在生活中被消磨，我们曾经都拥有过理想，都为之努力过，奋斗过。却是在随着时间的打磨，逐渐被磨去棱角，只是浑浑噩噩的度着日子。

有一位朋友刚从学校出来，他有很大的理想，他说要做个大老板，想办一个很大的企业，有人问他："那么，你希望有多大？""最少也要十几亿啊。"又有人问他："那你计划什么时候实现呢？"他说："10年里吧！"他还说："我现在天天学习成功学，听成功学老师的磁带，我肯定会成功的。"

过了2年在一次聚会上，有人问他："现在怎么样啊？"他说了很多不理想的话："现在的理想就是1个亿就可以了。"去年再见到他，这一次他说："其实理想要实现很难，现在我就想有车有房有个好工作，我的银行卡有个100万就可以了。"

另外一个很成功的朋友什么也没有说。只是从包里拿出了一块鹅卵石。他不解地拿到手里看了又看，问他"光不光滑"，他说"很光滑啊"。

其实鹅卵石是经历过千万年前的地壳运动后，在古老河床隆起产生的砂石山中，经历过山洪冲击，流水搬运，不断地挤压、摩擦、碰撞失去了不规则的棱角。原来的它是有不规则的棱角的,就像我们刚从学校出来的时候那样,有很大的很高的理想,但是我们经历了一些挫折和打击,经历过一些痛苦和磨难后,我们原来的理想慢慢地磨灭了。当我们老的时候回头看看,我们成了光滑的"鹅卵石"了吗?生活是有琐碎与无奈,但我们都应该坚持自己的理想,不要被生活磨去了棱角。

唐朝贞观年间有个和尚,要到西天去取经。他需要一匹马,在长安城有一匹马,平时在大街上驮东西,结果选中了,选中之后,就准备去西域去取经。

这匹马有个很好的朋友,是头驴子。平时驴子都在磨坊里面磨麦子。这匹马临走之前就跟它的好朋友道别。道别完之后就走了。

一走呢走了十七年。十七年之后这匹马就驮着满满的佛经回到了长安城。它们受到了英雄般的欢迎。这匹马也一举成名。这匹马就回到它当年的好朋友驴子的磨坊里面,发现驴子还在。它们两个就一起诉说十七年的分别之情。

这匹马就跟这头驴子讲它这十七年的所见所闻:见了非常浩瀚的沙漠;一望无边的大海;有一条河木头浮不起来,叫黑水河;一个地方只有女人,没有男人,叫女儿国;有个地方,鸡蛋放到石头里能够煮熟,叫火焰山。讲了很多很多。

这头驴子听完流着口水说:"你的经历可真丰富呀!我连想都不敢想!"这匹马就接着讲:"我走的这十七年你是不是还在磨麦子呀?"这头驴子说:"是呀!"这匹马就问它:"那你每天磨多少个小时呀?"这头驴子说:"八小时。"

这匹马说:"我和唐大师当年,平均每天也走八小时,这十七年我走的路程和你走的路程是差不多的。可是关键在于我们当年我们朝着一个非常遥远的目标,这个目标有多遥远,非常的遥远,根本看不到边,可是我们方向明确,今天就终成正果。"

很多人,你也出来拼 20 年,他也出来拼 20 年,为什么成绩会不一样,因为有一些人目标明确、方向明确,虽然很遥远,可是朝着心目中的目标去走。有很多人还在园地里面磨呀磨,当今后我们跟他讲什么叫生活方式的时候，他们就会两只眼睛瞪着你，流着口水，跟你说："你的经验可真丰富呀，我们连想都不敢想呀。"这便是有理想与没理想的一个区别，有了理想，有了目标，你的一切行为和努力都会有着方向，让一切的前进都有着意义。

拥有理想可以改变人的一生，也许就是在不知不觉之间。

说是有两个美国小孩儿，上小学时，有一次老师让每个人说自己的理想。有一个小孩儿一下子说出了两个理想：希望有一匹小马和去埃及旅行，还有一个孩子始终没有说出来。于是老师建议这个没说出理想的孩子，从有两个理想的孩子那里买一个。于是他花了三分钱购买一个理想，这个理想就是：去埃及旅行。

很多年过去了，两个孩子长大了。那个卖理想的孩子成为一个成功的商人，有了自己的家庭。他到过很多国家，唯独没有去埃及，因为作为一个诚信的商人，他认为，自己已经把这个理想卖了出去，它已经不属于自己了，要到埃及旅行，就要先把理想买回来。于是他找到了当年的同学，提出了赎回儿时理想的请求。

不幸的是，他的请求遭到了拒绝。于是这件事被提交到法庭。法庭判决的结果是，赎回这个理想需要三千万美元！但即使是这样，那个孩子仍然不肯卖出，不是钱的问题。

他在法庭上说，小的时候因为家里穷，我不敢有自己的理想，但是自从买了这个理想以后，我变了一个人，我发奋学习，考进了大学；就是这个理想使我遇到了美丽贤惠的妻子，因为她是一个埃及迷；就是这个理想，使我的孩子考进了斯坦福大学，因为我答应他，如果考上斯坦福大学，我们就去埃及旅行。这个理想是我生命的一部分，是我的无价之宝。然而那个人说，即便是花上三个亿，即使是倾家荡产，也要把这个理想买回来！

理想是我们大家经常谈及和熟悉的话题，谁人没有自己的理想？人生，需要我们有理想，有了理想，我们的人生才有目标，才有奋斗的方向。在我们学习的历程中，我们的老师就曾让我们每个人畅想自己的理想，回及往事，那时候的我们天真烂漫的理想各式各样，或许那时我们是脱口而出，是不假思索，是缺乏理性的，但却从此灌输给我们一种信念和一个人生的道

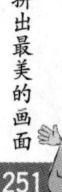

理，做人必须要有自己的理想。

在人生的旅途中，我们经历了很多次的选择，中考、高考、就业，是理想让我们选择了就读的学校和所学的专业。走出校园，踏入社会，我们选择了各自的工作岗位。平淡的生活让我们忘记了"理想"这个熟悉而陌生的词语，我们似乎已经忘记了过去还曾有理想。理想已被过去抛弃，被时间封存，被现实遗忘在寂静的角落，让我们的人生感到迷茫、失落和彷徨。

由此，联想到了著名影星周迅，在她读书的时候，班主任曾经问过她一个问题，那就是："你十年后的理想是什么？"，当时的周迅18岁，只是时常参演些小角色，并不出名，周迅皱起眉头，认真地说："我十年后的理想是当一名出色的演员和出一张自己的音乐专辑。"班主任表扬了周迅一番，认为周迅很有表演和音乐天赋，而且语重心长地说："那做一名出色的演员和出一张自己的音乐专辑的条件是什么呢？"周迅从班主任的话语中明白了老师良苦用心，从此周迅认真学习了声乐知识、表演专业技能、演唱技巧，而且抓住每次参演的机会，认真揣摩戏中所表演的角色。现实没有辜负她的努力和执着，如今的周迅已是红得发紫，她的电影、电视剧表演都取得了不俗的成绩，而且28岁的周迅如愿的发行了自己首张音乐专辑，成功地实现了十年前她对未来的理想。

拥有理想，才能创造美好，理想是人生的原动力，只要拥有理想，你就会有实现的机会。

5. 靠人不如靠自己，与生活搏击

生活不缺磨难，成功少不了险阻。在我们通往成功的人生道路上，想要获得成功，便要勇于和生活搏击。靠人不如靠自己，任何人都做不到全心全意的帮助别人，用一颗坚定的信念，与生活中的风浪搏击。只要勇于做勇于坚持，你都可以获得成功。

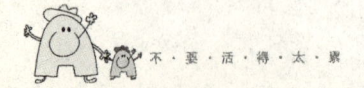

在一分生活搏击的途中，我们应该懂得快乐的重要性，只要在努力中快乐，在快乐中坚持，在坚持中达到，在达到后还能欣慰地回眸一笑，于自己便再没有什么遗憾与不快。

只要自己勇于去做，勇于争取，境遇不论有多么糟糕，都会有你意想不到的收获。

著名作家凌解放，他出生时恰好抗战刚刚胜利，他的父亲欣喜之下，就给他取名凌解放，谐音"临解放"，期盼祖国早日解放。几年后，终于盼来全国解放，但是凌解放却让父亲和老师们伤透了脑筋。他的学习成绩实在太糟糕，从小学到中学都留过级，一路跌跌撞撞，直到21岁才勉强高中毕业。

高中毕业后，凌解放参军入伍，在山西大同当了一名工程兵。那时，他每天都要沉到数百米的井下去挖煤，脚上穿着长筒水靴，头上戴着矿工帽、矿灯，腰里再系一根绳子，在齐膝的黑水中摸爬滚打。听到脚下的黑水哗哗作响，抬头不见天日，他忽然感到一种前所未有的悲凉，自己已走到了人生的谷底。

就这样过一辈子，他心有不甘。每天从矿井出来后，他就一头扎进了团部图书馆，什么书都读，甚至连《辞海》都从头到尾啃了一遍。其实，他心里既没有明确的方向，也没有远大的目标，只知道，如果自己再不努力，这辈子就完了。以当时的条件，除了读书，他实在找不出更好的办法来改变自己。

书越看越多，渐渐地，他对古文产生了浓厚兴趣。在部队驻地附近，有一些破庙残碑，他就利用业余时间，用铅笔把碑文拓下来，然后带回来潜心钻研。这些碑文晦涩难懂，书本上找不到，既无标点也没有注释，全靠自己用心琢磨。吃透了无数碑文之后，不知不觉中，他的古文水平已经突飞猛进，再回过头去读《古文观止》等古籍时，就非常容易。当他从部队退伍时，差不多也把团部图书馆的书读完了。就连他自己也没想到，正是这种漫无目的的自学，为自己日后的事业打下了坚实基础。

转业到地方工作后，他又开始研究《红楼梦》，由于基本功扎实，见解独到，很快被吸收为全国红学会会员。1982年，他受邀参

加了一次"红学"研讨会，专家学者们从《红楼梦》谈到曹雪芹，又谈到他的祖父曹寅，再联想起康熙皇帝，随即有人感叹，关于康熙皇帝的文学作品，国内至今仍是空白。言谈中，众人无不遗憾。说者无心，听者有意，他心里忽然冒出一个念头，决心写一部历史小说。

这时候，他在部队打下的扎实的古文功底，终于派上了大用场，在研究第一手史料时，他几乎没费吹灰之力。盛夏酷暑，他把毛巾缠在手臂上，双脚泡在水桶里，既防蚊子又能取凉，左手拿蒲扇，右手执笔，拼了命地写作。几乎是水到渠成，1986年，他以笔名"二月河"出版了第一部长篇历史小说——《康熙大帝》。从此，他满腔的创作热情，就像迎春的二月河，奔流不息。他的人生开始解冻。

毫无疑问，如果没有在部队的自学经历，就没有后来名满天下的二月河。他在21岁时跌入了人生最低谷，又在不惑之年步入巅峰，从超龄留级生到著名作家，其间的机缘转折，似乎有些误打误撞。但二月河不这么理解，他说："人生好比一口大锅，当你走到了锅底时，只要你肯努力，无论朝哪个方向，都是向上的。"

还有另外一个故事。

一位老人从东欧来到美国，在曼哈顿的一间餐馆想找点东西吃，他坐在空无一物的餐桌旁，等着有人来为他点菜。但是没有人来，他等了很久，直到他看到有一个女人端着满满的一盘食物过来坐在他的对面。

老人问女人怎么没有侍者，女人告诉他这是一家自助餐馆。果然，老人看见有许多食物陈列在台子上排成长长的一行。"从一头开始你挨个地拣你喜欢吃的菜，等你拣完到另一头，他们会告诉你该付多少钱。"女人告诉他。

老人说，从此他知道了在美国做事的法则："在这里，人生就是一顿自助餐。只要你愿意付费，你想要什么都可以，你可以获得成功。但如果你只是一味地等着别人把它拿给你，你将永远也成功

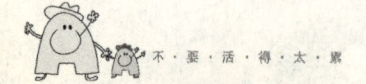

不了。你必须站起身来，自己去拿。"

人生是一顿自助餐，说得多好啊！自助，就意味着你要靠自己，要主动出击，寻找机会。成功固然需要机遇，但是幸运女神不会垂青于守株待兔的人。

在生活中，我们常常看到这样的例子：两个人一同大学毕业，但是几年后，两个人的境况却有天壤之别；我们也常常看到一些成功者和失败者的例子：有人才华横溢却无出头之日，有人却能大展身手、游刃有余……才华固然重要，但是，才华不等于成功。成功还需要自己去打拼、去争取、去营造。

世事沧桑，物是人非，"是金子总会发光"、"酒香不怕巷子深"的年代正在悄然发生变化。在这激烈竞争的年代，优胜劣汰不仅是自然法则，也是人生法则。如何在这世界上寻求一席之地呢？老人说得好："**人生就是一顿自助餐。只要你愿意付费，你想要什么都可以。**"各种各样的东西摆放在那里，只要你有能力支付得起。但是，你如何能够支付得起你想要的东西呢？你只有成功，而"如果你只是一味地等着别人把它拿给你，你将永远也成功不了。你必须站起身来，自己去拿"。

生活里不要依靠别人，只有勇于自我的拼搏，你才能够更踏实获得你所想要的。人生就如自助餐，你的事业、情感、幸福都摆在桌上，只有自己伸出手去拿，才会获得。

从人生舒适的座椅上站起，伸出自己获取的双手，与生活勇敢地搏击，收获属于自己的成功。

6. 活出自我，活出精彩

生活，就如同初升的旭日一般，散发着无穷的光芒，是如此的精彩，如此的耀眼。

太阳的意义就是照亮这个地球，给人们带来光明，带来无穷的力量；生活的意义则是创造精彩，让生命如同旭日一样经历了千辛万苦后发光发亮，

这样才是真正的人生，真正的生活。

人生短短数十载，人们为了生活而奔波，为了生活而吃尽了苦，就这样碌碌终生。你甘心吗？你情愿吗？你说愿意就这样度过你的短短数十载吗？不，不行。你的心里一定在这样呐喊着，既然如此，我们就应该站起来，仰首向前，走向精彩的人生。

想到了生活在大都市、苦苦追寻幸福生活的年轻人"拼"来的幸福的代价，早出晚归、用脑过度、过劳死，想想着实可怕，但例子却又比比皆是。是生活本身的问题？还是人们内心的一种矛盾？钱、权、健康、享乐，似乎永远是鱼和熊掌的关系，充斥在大千世界。多少年轻人，大学毕业，怀着满腔的热忱和激情，为了自己的梦想和追求打拼。商海沉浮，其中的痛苦和压力，不是用简单的言语可以表达清楚的，那是一种青涩的酸和植入内心的苦痛的集合。

高效率的工作、快节奏、满负荷、充实的生活，其实也是幸福所在。

生活的安逸、实际就是温水中的青蛙，先知先觉，从此让自己的大脑高速地运转起来吧。忙碌、充实未尝不是一种乐趣和幸福；云淡风清也有它独自的韵律。其实生活很平淡：平淡中饱含了人生五味，我们自身都在平淡中为生活点亮了色彩。

与我们朝夕相处的人的生活、习惯有时真的可以左右和动摇我们的决心，然而有这样一句话："真正的美，不是随波逐流，而是忠于自己。"我思故我在，让毅力之光，照亮我们心中的成功之路吧，今天的努力不是为了今天，而是为了明天的我们卓尔不群。

因为我们与生俱来的不平凡，就注定我们要付出不同寻常的努力和代价。脚下的不仅仅是路，更是我们为未来铺筑的梦想平台。

小事不做，大事不成。"不积跬步，无以致千里；不积小流，无以成江海。"改变现状的最佳途径就是：每时每刻都做最好的自己，无论在哪里；扮演好生活中的每一个角色，做自己心中的第一。做一只浴火中的凤凰，成就自己伟大的梦想。

自己是自己最大的敌人，要爱自己，但绝不溺爱自己，每天做好自己的目标管理。有效的控制、管理自己的情绪。在快乐中，我们在成长，经历自己心中那未必被认同的成功路上的历练，感受着自己心中那别样的幸福。

成功的定义永远都是抽象的，付出的努力没有对错。未来是公平的，幸福就在咫尺之间，活出自己的精彩，成就自己的未来！

在一所大学，五位刚毕业的同学受学校推荐去报社应聘，结果唯有小张落选。

那四位同学进了报社后，彼此默默地展开了竞争，每个人的发稿量均在报社中名列前茅，且有些颇具影响力的佳作。

这时，在某中学教学的小张，落寞地连连感叹——没有给自己那样的机遇，否则，凭自己的文学功底，丝毫不会逊色于那四位同学的。而现在他只能呆在校园这方天地里，难以接触到大千世界里的那些丰富多彩的人生了。

一日，小张陪记者去大山深处采访一位剪纸老人。他惊讶于那位一生未曾走出大山又不识字的老人高超娴熟的技艺——只见他随便地拿过一张纸，折叠几下，剪刀如笔走龙蛇，眨眼功夫，便魔术般地变成了一幅精致的作品。轻巧的构图、顺畅的线条、形态万千，那样自然、巧妙，又那样美观、大方，让小张和记者看得都呆了。

小张禁不住问老人："你几乎足不出户，怎么能够剪出这么漂亮的图案？"

老人笑了："因为我心里有啊，心里有个精彩的世界，才能在手上表现出来呀。"

小张怦然心动：原来，自己总以为只有面对精彩的世界，才能有精彩的创造。孰不知如果暗淡了心灵，即使面对再精彩的生活，也会熟视无睹的。

此后，小张怀着一腔热情边教书、边写作，他的精美的文章频频地出现在各类报刊杂志上，他利用寒暑假采写的纪实作品也连连获奖。

数年后，小张又考取了研究生，成为一所高校里颇受同学敬佩的副教授，还是国内颇有名气的自由撰稿人，其名气早已远远超出那四位当初让他羡慕不已的同学。

在对自己的学生演讲时，他给大家讲了自己的这段经历后，整个教室里掀起了雷鸣般的掌声。因为大家都真正读懂了黑板上的六

个大字——活得更加精彩！

世界上并不缺乏生命，但精彩的生命却寥若晨星。

每一个生命自从来到世上，都有自己的性情，与世隔绝的面目，但纷纭复杂的世界却又是那样的瞬息万变，因而，有的人便有了随波逐流，模仿世态的欲望。殊不知，人心本由上苍定，保持自我方是真，何必要舍弃这个真实的自我，而去盲目地追逐、模仿别人呢？别人的长处搬到自己身上，就可能成为缺陷，模仿的结果，都只能是失掉自我，邯郸学步就是一个最好的例证。

保持自己的特色，保持自己性格，保持自己的追求，不要因时光的流逝，人世的变迁而耿耿于怀，而时时想去克隆别人，改变自己。

与生俱来的，可能有华美的外表，可能有妩媚的气度，可能有花枝招展的万种风情，但必然的，还要有各自的缺陷与不足，有的可能是面颊上的一颗黑痣，有的可能是身材上的一点矮小，有的可能是体态上的一点肥胖。但是，既然这些都是与生俱来的，你大可不必过分地去计较，更不必为此而烦恼，那颗黑痣你完全可以把它当作上帝特给的一个信物；身材的确矮小，你完全可以宣称这是造物主的偏爱，让你较别人很早地进入了重量级人物的行列，因为我们都是"被上帝咬过一口的苹果"，你理解了这个道理，生活顿时会变得有滋有味，你也定然会因此活得格外精彩。

不管我们如何过这日子，总是这样一天又一天的日子不再回来，既然如此，为何我们不活得精彩、活得快乐些呢？快乐是一天，不快乐也是一天，为什么要选择不快乐的过呢？我们活，就要活得精彩，活出自己的未来。

生活的意义就在于，活出自我，活出精彩。